Go 并发编程实战

汪明 著

清華大學出版社
北京

内 容 简 介

Go 语言在多核硬件架构、超大规模分布式计算集群和 Web 应用上具有明显的优势，目前 Google、Facebook、AWS、Mozilla、七牛、阿里、腾讯、百度、京东等大公司都已经开始使用 Go 语言开发其云计算产品。

本书分为 12 章，第 1 章介绍 Go 语言的基本开发环境；第 2 章介绍 Go 语言的语法基础；第 3 章介绍 Go 语言的函数；第 4 章介绍 Go 语言的流程控制与错误处理；第 5 章介绍 Go 语言中的结构体、数组、切片和字典等；第 6 章介绍 Go 语言中的指针；第 7 章介绍 Go 语言的面向对象用法；第 8 章介绍 Go 语言文件读写；第 9 章介绍 Go 语言的并发编程；第 10 章介绍 Go 语言的反射特性；第 11 章介绍 Go 语言如何构建 Web 服务；第 12 章用 Go 语言实现了一个并发聊天实战项目。本书配套源码、课件、开发环境和教学视频。

本书内容详尽、示例丰富，是一本 Go 语言的入门教材，非常适合有一定编程基础的读者学习使用。当然，本书也适合对编程感兴趣的读者学习。同时，本书也非常适合高等院校的师生学习阅读，可作为高等院校计算机及相关专业的教材。

图书在版编目（CIP）数据

Go 并发编程实战 / 汪明著.—北京：清华大学出版社，2020.8
ISBN 978-7-302-56044-9

Ⅰ. ①G…　Ⅱ. ①汪…　Ⅲ. ①程序语言－程序设计　Ⅳ. ①TP312

中国版本图书馆 CIP 数据核字（2020）第 126982 号

责任编辑： 夏毓彦
封面设计： 王　翔
责任校对： 闫秀华
责任印制： 宋　林
出版发行： 清华大学出版社
网　址： http://www.tup.com.cn，http://www.wqbook.com
地　址： 北京清华大学学研大厦 A 座　　**邮　编：** 100084
社 总 机： 010-62770175　　**邮　购：** 010-62786544
投稿与读者服务： 010-62776969，c-service@tup.tsinghua.edu.cn
质 量 反 馈： 010-62772015，zhiliang@tup.tsinghua.edu.cn
印 装 者： 北京鑫海金澳胶印有限公司
经　销： 全国新华书店
开　本： 190mm×260mm　　**印　张：** 21.5　　**字　数：** 565 千字
版　次： 2020 年 9 月第 1 版　　**印　次：** 2020 年 9 月第 1 次印刷
定　价： 69.00 元

产品编号：086672-01

前　　言

Go 语言是什么？——谷歌出品，必属精品。

Go 语言是谷歌公司开发的一款开源的系统编程语言，被称为面向 21 世纪的 C 语言，在多核硬件架构、超大规模分布式计算集群和 Web 应用上具有明显的优势，原生支持并发、性能卓越、开发效率高，目前已经在众多大型互联网企业的云产品中使用。

Go 语言有哪些优势？——Go 语言就是为并发而生的。

Go 语言是静态类型语言，可直接编译成机器码，性能接近 C 和 C++，开发效率接近于 Python 等动态语言，因此 Go 语言非常完美地兼顾了性能和开发效率。Go 语言代码简洁、格式统一，且原生支持并发，可以快速开发出高并发的服务端应用程序。

Go 语言可以干什么？——只要敢想，Go 语言让一切皆有可能。

Go 语言具有跨平台的特性，由于从语言层面支持指针和并发，且标准库中的网络库提供的功能已经非常完备，因此可以用 Go 语言进行系统编程、网络编程、服务器编程和分布式编程。大名鼎鼎的 Docker 就是用 Go 语言编写的。

本书真的适合你吗？如果你对编程有一定兴趣，了解基本的编程知识，心怀用代码改变世界的理想，励志构建高并发、可扩展、易维护的 Web 应用，那么本书将适合你。

本书作为 Go 语言的入门教材，由浅入深地介绍 Go 语言的基本语法，特别对并发进行了详细的说明，最后结合实战项目将各个知识点进行有机整合，做到理论联系实际。

怕 Go 语言学不会？Go 比 Java 和 C#更容易学习，借助 IDE 开发工具，可以非常方便地进行代码编写和调试。

本书特点

- 理论联系实际，先从基本语法出发，然后对数组、切片、函数、结构体、接口以及面向对象编程等知识点进行讲解，并结合代码进行阐述，最后通过一个实战项目来说明如何从头到尾搭建一个并发聊天程序。
- 深入浅出、轻松易学，以实例为主线，激发读者的阅读兴趣，让读者能够真正掌握 Go 语言最实用、最前沿的技术。
- 技术新颖、与时俱进，结合时下最热门的技术，如并发、Web 服务（Web API、Web Socket、SSE）等，同时兼顾基础，如数据类型、包、变量、常量、运算符、注释、类型转换。

- 贴心提醒，本书根据需要在各章使用了很多“注意”小栏目，让读者可以在学习过程中更轻松地理解相关知识点及概念。

源码、课件、开发环境和教学视频下载

本书配套资源包括源码、课件、开发环境和教学视频，请扫描下面二维码获取。

如果下载有问题，请联系 booksaga@163.com，邮件主题为“Go 并发编程实战”。

本书作者

汪明，硕士，毕业于中国矿业大学，徐州软件协会副理事长，某创业公司合伙人，从事软件行业十余年，发表论文数十篇，著有《TypeScript 实战》一书。

作　者

2020 年 6 月

目　　录

第 1 章

搭建 Go 开发环境

本章是全书的开篇，首先对 Go 语言产生的背景以及 Go 语言的特性进行分析，总结出 Go 语言在多核架构、分布式计算和并发编程上具有明显的优势。然后阐述如何从头开始搭建 Go 语言的开发环境。Go 程序可以运行在多种平台上，虽然不同操作系统下搭建 Go 开发环境的细节有所差异，但是基本过程一致。在此基础上，我们编写第一个 Go 程序，并编译和运行。最后对 Go 语言的运行时、编译器和编辑器进行介绍，并简要实现一个 Exit 自动退出程序。

本章主要涉及的知识点有：

- Go 语言的特性：主要涉及原生支持并发、自动垃圾回收和高性能网络编程等。
- Go 软件的安装和环境变量配置：掌握如何在 Windows 和 Linux 操作系统上安装 Go 软件以及配置 GOROOT 和 GOPATH 等环境变量。
- Go 语言的运行时和编译器：了解 Go 语言运行时的内部原理和编译器的工作过程。
- Go 语言的编辑器和集成开发环境：重点掌握开源编辑器 Visual Studio Code 的安装和 Go 语言的配置，会用 Visual Studio Code 编写 Go 程序。
- 构建第一个 Go 程序，掌握 Go 语言程序的基本组成。

注 意

按照官方的说法，Go 才是这门语言的正确名称，而不是 GO 或者 go，其中 golang 只是其外号而已。

1.1 Go 的语言特性

Go 语言于 2009 年 11 月正式发布，它是谷歌公司开发的一种语法简单、原生支持并发、静态强类型的编译型语言。Go 程序可以运行在多种平台上，可在 Linux、Mac OS X 和 Microsoft Windows

操作系统上运行。在撰写此书时，Go 最新的版本为 1.13.4。Go 语言在设计时吸收了众多语言的优势，并尽量保持简洁且实用。

Go 语言在语法上和 C 语言非常相似，被称为面向 21 世纪的 C 语言，可见其在编程语言中的地位。Go 语言的设计理念是大道至简（Less Can Be More）。

Go 语言的三位创始人是编程界的大神级人物，分别是罗伯特·格瑞史莫（Robert Griesemer）、罗勃·派克（Rob Pike）及肯·汤普逊（Ken Thompson）。其中，Ken Thompson 是 UNIX 的发明人之一、C 语言的前身 B 语言的发明者和 1983 年的图灵奖获得者，而 Robert Griesemer 是 Google V8 JS Engine 和 Hot Spot 的开发者。

Go 语言虽然是静态编译型语言，但是它拥有脚本化的语法，支持多种编程范式，如支持函数式编程和面向对象编程。原生支持并发编程的特性应该是 Go 语言最让人着迷的地方，开发人员可以通过 goroutine 这种轻量级线程的技术来实现并发编程的目标。

Go 语言主要在多核硬件架构、超大规模分布式计算集群和 Web 应用上具有明显的优势。Go 语言最主要的特性有如下几个方面。

1. 原生支持并发

对于 Web 应用来说，高并发和高性能是其追求的目标之一。就高并发的程序而言，如何保证线程安全非常重要。与 Java 和.NET 等语言相比，Go 语言在并发编程方面要简洁很多，这也是 Go 语言适合编写高并发、高性能应用的前提。Go 语言的并发执行单元被称为协程（Goroutine），可以看作是一种微线程，它比线程更轻量、开销更小、性能更高。Go 语言原生提供关键字 go 来启动协程，在一台机器上可以启动成千上万个协程。

> **注 意**
>
> Go 语言原生支持并发，但是不能保证并发时线程一定是安全的，线程安全仍然需要用锁等技术进行实现。

2. 自动垃圾回收

C 和 C++编写的程序性能往往很高、运行速度比较快，但是这两种语言需要开发人员手动管理内存，包括内存的申请和释放等。由于没有垃圾回收机制，因此 C 和 C++编写的程序一不小心就可能会导致内存泄漏，进而导致程序甚至系统崩溃。内存泄漏这种问题不易发现并且难以调试。内存泄漏的最佳解决方案是在语言级别引入自动垃圾回收机制（Garbage Collection，GC）。

Java 和.NET 等高级语言引入了垃圾回收机制，内存释放由虚拟机（Virtual Machine）或运行时（Runtime）系统来自动进行管理。Go 语言也具有自动垃圾回收机制，因此可以解放开发人员让他们专注业务逻辑的实现。

> **注 意**
>
> Go 语言虽然有自动垃圾回收机制，但是在编写代码时，对于确定不用的对象，建议手动进行释放，这样可以避免自动垃圾回收机制不及时对内存进行回收而导致的内存泄漏问题。

3. 更丰富的内置数据类型

Go 语言除了内置简单数据类型（如整数类型和浮点类型等）和高级数据类型（数组类型和字

符串类型）外，还内置了 map 类型（字典类型，也被称为映射类型）和 slice 类型（切片类型）。slice 类型底层其实是一种可动态增长的数组。这几种数据类型基本上覆盖了绝大部分的应用场景。数组切片的功能与 C++标准库中的 vector 非常类似。

由于 Go 语言内置了更加丰富的数据类型，因此编写代码就更加简洁，例如不用额外导入包或模块就可以使用 map 和 slice 类型。

4. 函数可有多个返回值

当前的主流语言中除 Python 外，基本都不支持函数有多个返回值，比如 C 和 C++。虽然这项功能非常实用，但是 C 语言并不支持，C 语言为了解决多个返回值的问题，一般只能将函数返回值定义为一个结构体。

而 Go 语言原生就支持函数有多个返回值。在 Go 语言中，如果开发者只需要用到函数某几个返回值，而不是全部的返回值，则可以用下划线（_）作为占位符来忽略不关心的返回值。

5. 语言的互操作性和指针

Go 语言的互操作性指的是可以和其他语言进行互操作，如调用其他语言编译的库。Go 语言允许开发者调用 C 语言代码。

此外，C 语言和 C++中很重要的一个概念就是指针。指针比较抽象，而且不容易掌握。Go 语言也提供了指针，但并不能像 C 语言那样进行指针运算（安全模式下），而必须在所谓的非安全模式下。Go 语言允许我们控制特定集合的数据结构、分配的数量以及内存访问模式，这对于构建运行良好的系统是非常重要的。正确地使用指针，可以达到提升性能和减少内存占用的目的。在系统编程或者网络应用等方面，指针往往不可或缺。

6. 异常处理

Go 语言不支持 try...catch 这种结构化的异常处理方式，因为这种异常处理会增加代码量且可能会被滥用。Go 语言提倡的异常处理方式是：

- 普通异常：被调用方返回 error 对象，调用方判断 error 对象。
- 严重异常：中断性 panic（比如除 0），使用 defer...recover...panic 机制来捕获处理。严重异常一般由 Go 内部自动抛出，不需要用户主动抛出。当然，开发人员也可以使用 panic 主动抛出异常（错误）。

7. 类型推导和接口

Go 语言支持“var a =7”语法，这让 Go 语言有点像动态类型语言，但它实际上是强类型语言，只是变量 a 定义时会被自动推导出是整数类型。Go 语言在代码风格上像动态类型语言，在运行效率上则像静态编译型语言。

Go 语言用关键字 struct 来自定义类型，与 C 语言中的结构非常接近。同时 Go 语言还引入了一个无比强大的非侵入式接口的概念，只要某个对象实现了某个接口的定义，就会认为实现了该接口，而不用显式的语法来实现。

Go 语言提供了灵活、无继承的类型系统，无须降低运行性能就能最大程度复用代码。这个类型系统依然支持面向对象的开发，同时避免了传统面向对象的问题。在 Go 语言中，一个类型由其他更微小的类型组合而成，从而避免了使用传统的基于继承的类型系统。

8. 规范的语法

Go 语言的编程规范强制融入到语言中，比如明确规定大括号摆放的位置、强制要求一行一条程序语句、不允许导入没有使用的包、不允许定义没有使用的变量、提供 gofmt 工具强制格式化代码等。

从工程管理的角度，任何一个开发团队都会对特定的语言制定一定的编程规范，方便团队协作。Go 语言的设计者们认为，将规范写在文档里，还不如从语言层面以强制方式进行约束，这样更加直接，更有利于团队协作和工程管理。

Go 语言规范的语法，可以让不同团队编写的代码更加趋于一致，这样也更加易于理解。Go 语言编写的程序往往比其他语言更加易于阅读、更加简洁。

9. 闭包和匿名函数

在 Go 语言中，函数可以作为另外一个函数的参数进行传递。Go 语言支持常规的匿名函数和闭包，开发者可以随意对该匿名函数变量进行传递和调用。Go 语言闭包经常出现在这样的应用场景中，一个函数的返回值作为参数传递给另一个函数。

在 Go 语言中，闭包的价值在于函数可以存储到变量中，作为参数传递给其他函数，最重要的是能够被函数动态创建和返回。Go 语言中的闭包同样也会引用到函数外的变量。闭包的实现确保只要闭包还被使用，被闭包引用的变量就会一直存在。

> **注 意**
>
> 由于闭包会使得函数中的变量都被保存在内存中，只要闭包在使用，其引用的变量就不会消失，因此内存消耗比较大。

10. 反射

反射(reflect)技术是一种比较高级的功能，经常出现在框架类的工具开发中，在 Java 或者.NET 语言中会用到。反射就是用来检测存储在接口变量内部值（Value）和类型（Type）的一种机制。Go 语言的反射包提供了两个方法，分别是 reflect.ValueOf 和 reflect.TypeOf。

通过反射，我们可以获取对象类型的详细信息，并可动态操作对象。反射虽然功能非常强大，但是代码可读性不高且执行效率比较低。因此若没有必要，不推荐使用反射。

11. 内置 Runtime

Go 语言和 Java 不同，没有 JVM 虚拟机这一层，Go 程序编译后的二进制文件中内置了 Go Runtime 相关库。因此，发布 Go 程序无须安装额外的运行时环境。Runtime 负责管理任务调度、垃圾收集与运行环境等。

1.2 安 装

Go 程序的开发必须要安装 Go 语言开发环境。

1.2.1　Windows 下安装 Go

在 Windows 操作系统上，Go 语言的开发环境安装非常简单，首先需要到官网上下载合适的安装包，官网地址为 https://golang.google.cn/dl。访问国外地址比较慢，建议访问国内的网站 https://studygolang.com/dl，如图 1.1 所示。

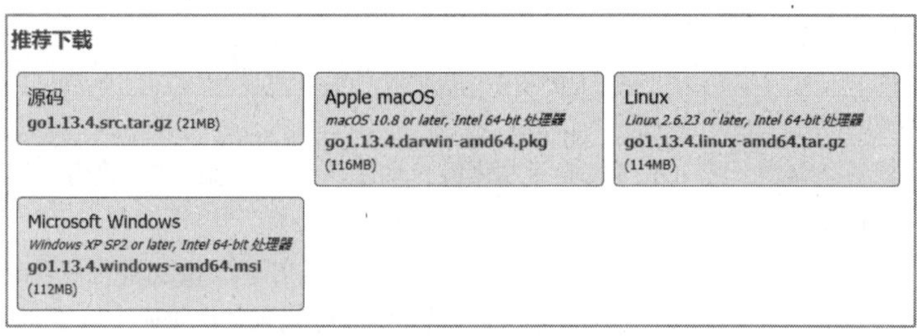

图 1.1　Go 软件下载界面

（1）下载安装包文件 go1.13.4.windows-amd64.msi，然后双击.msi 文件进行软件安装。安装过程非常简单，一直单击“Next”（下一步）按钮即可，如图 1.2 所示。

（2）默认情况下，Go 语言运行环境文件会安装在 C:\Go 目录下。我们可以将 C:\Go\bin 目录添加到 PATH 环境变量中。一般来说，环境变量配置完成后，需要重新启动“命令提示符”窗口，这些环境变量的设置才能生效。C:\Go 目录的结构如图 1.3 所示。

图 1.2　安装界面

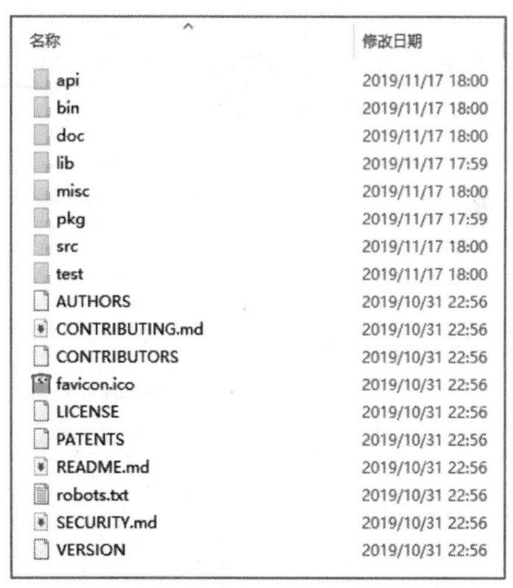

图 1.3　GOROOT 开发包目录

提　示

环境变量的设置会在 1.3 节介绍。

GOROOT 开发包目录说明如表 1.1 所示。

表 1.1　Go 开发包目录用途说明

文件夹	说明
api	Go API 检查器的辅助文件。其中，go1.11.txt、go1.12.txt、go1.13.txt 等文件分别罗列了不同版本的 Go 语言的全部 API 特性；except.txt 文件中罗列了一些可能会消失的 API 特性；next.txt 文件则列出了可能在下一个版本中添加的新 API 特性
bin	存放所有由官方提供的 Go 语言相关工具的可执行文件。默认情况下，该目录会包含 go 和 gofmt 这两个工具
doc	存放 Go 语言几乎全部的 HTML 格式的官方文档和说明，方便开发者在离线时查看
lib	存放 Go 语言用到的一些库文件
misc	存放各类编辑器或 IDE（集成开发环境）软件的插件，辅助它们查看和编写 Go 代码。有经验的软件开发者会在该文件夹中看到很多熟悉的工具
pkg	用于在构建安装后保存 Go 语言标准库的所有归档文件。pkg 文件夹包含一个与 Go 安装平台相关的子目录，称之为“平台相关目录”。Go 源代码文件对应于以“.a”结尾的归档文件，它们就存储在 pkg 文件夹下的平台相关目录中。值得一提的是，pkg 文件夹下有一个名叫 tool 的子文件夹，该子文件夹下也有一个平台相关目录，其中存放了很多可执行文件
src	存放所有标准库、Go 语言工具，以及相关底层库的源代码
test	存放测试 Go 语言自身代码的文件。通过阅读这些测试文件，可大致了解 Go 语言的一些特性和使用方法

（3）在后续的 Go 开发中，需要安装一些第三方依赖包，我们可以使用 go get 命令来下载并安装，但 go get 命令依赖 Git 工具。为了提高速度，我们可以访问国内的淘宝镜像，地址为 http://npm.taobao.org/mirrors/git-for-windows/v2.24.0.windows.2/，在此页面中下载 Git 文件 Git-2.24.0.2-64-bit.exe。下载完成后，双击进行安装，如图 1.4 所示。

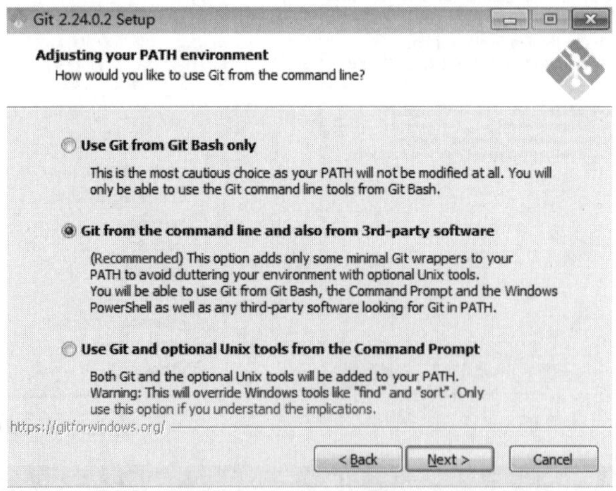

图 1.4　Git 安装界面

注　意

如果不安装 Git，调用 go get 命令时会报 go:missing Git command 的错误。

1.2.2　Linux 下安装 Go

本小节介绍在 Linux 操作系统 CentOS 7 下的 Go 开发环境搭建。

（1）在当前用户的目录下新建 gowork 目录（/home/jack），并在 gowork 下新建 bin 目录。

（2）在终端界面执行如下命令即可安装 Go。

```
wget https://studygolang.com/dl/golang/go1.13.4.linux-amd64.tar.gz
tar -xvf go1.13.4.linux-amd64.tar.gz
```

解压后会在/home/jack 目录下生成一个 go 目录。

1.3　配置环境变量

Go 语言的环境变量主要涉及两个：

- 一个是 GOROOT，它代表 Go 的安装路径，如果这个路径不正确，Go 的一系列命令都无法执行。
- 一个是 GOPATH，它是 Go 代码编译后二进制文件的存放路径和 import 包的搜索路径。

go install 和 go get 等工具都会用到 GOPATH 这个环境变量。最后需要将 GOROOT 目录下的 bin 目录和 GOPATH 下的 bin 目录追加到 PATH 环境变量中，否则无法直接在命令行进行调用。

Go 语言中除了%GOPATH%和%GOROOT%这样的显式环境变量外，还有其他隐含的环境变量，比如 GOOS 和 GOARCH 等。GOOS 代表程序构建环境的目标操作系统，可理解为 Go 语言安装到的那个操作系统的标识，其值可以是 Darwin、FreeBSD、Linux 或 Windows。GOARCH 代表程序构建环境的目标计算架构，可理解为 Go 语言安装到的那台计算机的计算架构的标识，其值可以是 386、AMD64 或 ARM。GOOS 和 GOARCH 参数在 Go 语言的交叉编译中会用到。

注　意

一般来说，我们将 Go 项目代码放在 GOPATH 目录下，但是这不是必须的，也可以根据需要放于其他目录中。

1.3.1　Windows 下的环境变量配置

本小节介绍 Windows 操作系统下的环境变量配置。一般来说，在 Windows 操作系统中的环境变量 GOROOT 值为 C:\Go。GOPATH 默认是当前用户下的 go 目录，如 C:\Users\JackWang\go，建议重新进行设置。

（1）在 C 盘下新建一个 GoWork 根目录，统一存放项目文件，这样在编译的时候才能找到依赖包。GOPATH 配置为 C:\GoWork。用户环境变量 PATH 配置为%GOROOT%\bin;%GOPATH%\bin。

Windows 环境变量设置如图 1.5 所示。

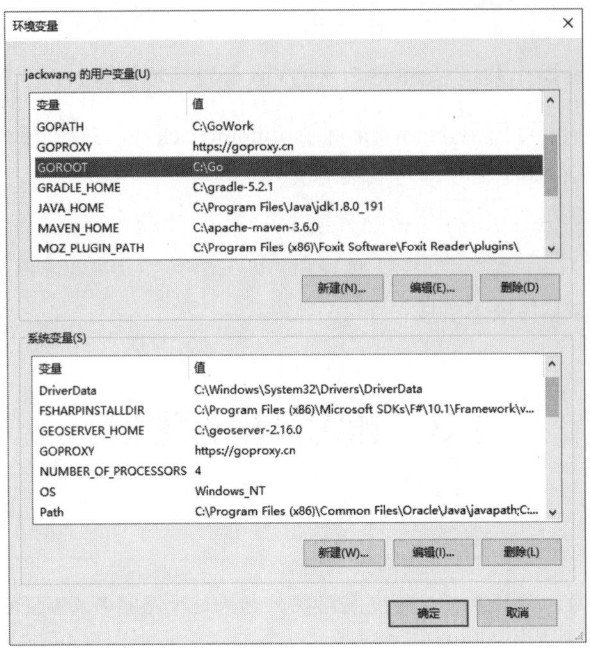

图 1.5　Windows 环境变量配置界面

（2）设置成功后，可以打开一个新的命令行窗口，输入 go version 命令，查看 Go 安装是否成功。如果提示具体的 Go 语言版本信息，如图 1.6 所示，则表示 Go 安装成功。同时可以用 echo %GOROOT% 和 echo %GOPATH%来输出环境变量配置的值。

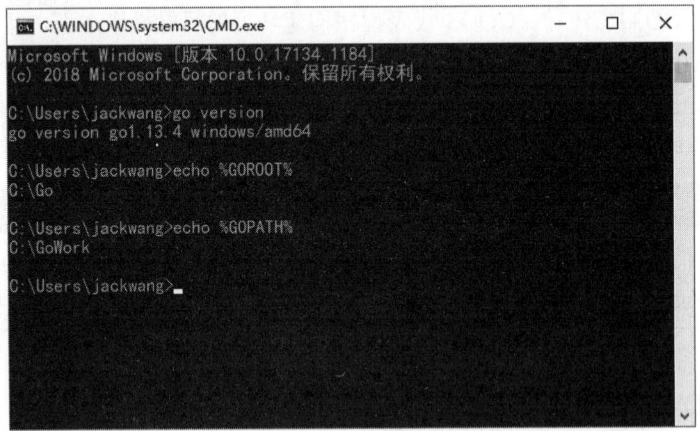

图 1.6　Windows 系统下 Go 安装成功后的提示界面

1.3.2　Linux 下的环境变量配置

本小节介绍在 Linux 操作系统 CentOS 7 下的环境变量配置。

（1）设置环境变量，用 vim 命令编辑/etc/profile 文件。

```
sudo vim /etc/profile
```

（2）打开后按下键盘 a 键即可进入插入模式，在文件中追加如下语句：

```
export GOROOT=/home/jack/go
export GOPATH=/home/jack/gowork
export PATH=$PATH:$GOROOT/bin:$GOPATH/bin
```

注　意

$PATH:$GOROOT/bin:$GOPATH/bin 中的分隔符为英文冒号（:），而不是分号（;）。

（3）按 Esc 键退出编辑，输入“:wq”保存配置。

（4）执行如下命令使配置生效，然后执行 go version 查看是否安装成功。

```
source /etc/profile                #配置生效
```

1.4　第一个 Go 程序

上面对 Go 语言的特性进行了介绍，并从头开始搭建 Go 语言的开发环境。当 Go 语言开发环境配置完成后，我们就可以着手编写第一个 Go 程序了。根据惯例，这里给出一个最基本的 Go 程序，输出字符串“Hello World”。

为了提高编程效率，编写 Go 程序，一般来说都需要借助集成开发工具。这里我们先用 Windows 的“记事本”来编写，并用 go build 命令来编译 Go 程序。

1.4.1　搭建本书项目代码结构

在编写第一个 Go 程序之前，首先构建本书的项目代码结构。顶级目录为 go.introduce，放于%GOPATH%目录下的 src 目录中。在 go.introduce 目录中，分别创建各章的子目录，如 chapter01 和 chapter02。目录结构如图 1.7 所示。

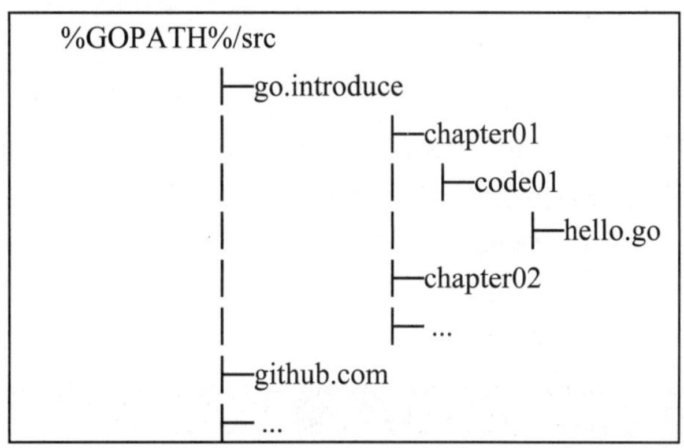

图 1.7　Go 项目的目录结构示意图

工作区目录%GOPATH%（C:\GoWork）有 3 个子目录：

- src 目录

用于以代码包的形式组织并保存 Go 源代码文件。这里的代码包与 src 下的子目录一一对应。例如，一个源代码文件被声明为属于代码包 logging，那么它就应当被保存在 src 目录下名为 logging 的子目录中。

- pkg 目录

用于存放经由 go install 命令构建安装后的代码包（包含 Go 库源代码文件）的.a 归档文件。该目录与 GOROOT 目录下的 pkg 功能类似。区别在于，工作区中的 pkg 目录专门用来存放用户代码的归档文件。构建和安装用户源代码的过程一般会以代码包为单位进行，比如 mylog 包被编译安装后，将生成一个名为 mylog.a 的归档文件，并存放在当前工作区的 pkg 目录下的平台相关目录中。

- bin 目录

与 pkg 目录类似，在通过 go install 命令完成安装后，保存由 Go 命令源代码文件生成的可执行文件。

说 明

在 Linux 操作系统下，这个可执行文件一般是一个与源代码文件同名的文件。在 Windows 操作系统下，这个可执行文件的名称是源代码文件名称加.exe 后缀。

1.4.2 创建并运行第一个 Go 程序

新建一个 hello.go 文本文件，并用“记事本”程序打开，编写脚本，参考示例程序 1-1。

示例程序 1-1 第一个 Go 程序：chapter01\code01\hello.go

```
01  //必须有一个 main 包
02  package main
03  import "fmt"
04  func main() {
05     fmt.Println("Hello World")
06  }
```

每一个可独立运行的 Go 程序必定包含一个 packagemain，在这个 main 包中必定包含一个入口函数 main，而这个函数既没有参数也没有返回值。

Go 语言的函数定义用关键词 func 进行定义。其中，import 关键词用于导入包，由于第 05 行用到了 fmt 包中的 Println 方法，因此需要在第 03 行提前导入。fmt 包中的 Println 方法可以将值打印到控制台中，即输出“Hello World”字符串。

注 意

如果用“记事本”进行编辑，特别是出现中文的情况下，就需要将“记事本”的编码改成 UTF-8，否则编译文件时会报错。保存文件名可以是任意名称，但必须以".go"后缀结尾。

“记事本”可以用另存为的方式来选择 UTF-8 编码，如图 1.8 所示。

图 1.8　“记事本”以另存为的方式选择文件的 UTF-8 编码

在目录 go.introduce\chapter01\code01\中打开“命令提示符”窗口。输入“go build”命令进行编译。若编译成功则会在 code01 中生成 code01.exe 文件。如果输入“go run hello.go”，则会编译并运行程序，输出“Hello World”字符串。

如果输入“go install”，就会编译成 code01.exe，并复制到%GOPATH%\bin 目录下，由于此目录配置在 PATH 变量中，因此可以直接调用。例如，输入“code01”则调用 code01.exe 程序，输出“Hello World”字符串，如图 1.9 所示。

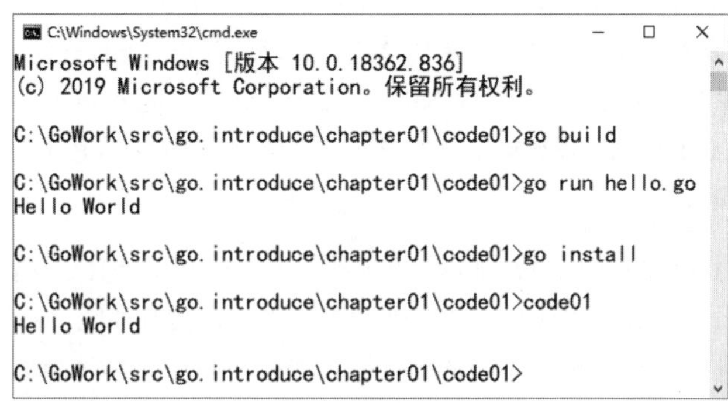

C:\Windows\System32\cmd.exe
Microsoft Windows [版本 10.0.18362.836]
(c) 2019 Microsoft Corporation。保留所有权利。
C:\GoWork\src\go.introduce\chapter01\code01>go build
C:\GoWork\src\go.introduce\chapter01\code01>go run hello.go
Hello World
C:\GoWork\src\go.introduce\chapter01\code01>go install
C:\GoWork\src\go.introduce\chapter01\code01>code01
Hello World
C:\GoWork\src\go.introduce\chapter01\code01>

图 1.9　GO 编译命令

注　意

go install 能生成包，而 go build 不能生成包。

1.4.3　Go 程序的编译

在 Go 语言 1.9 版本之后，默认情况下，Go 的编译器会利用并发特性进行并发编译，这样可以充分利用多核的优势，因此编译速度非常快。go build 命令在源代码编译过程中会根据源代码的依赖情况自动编译源代码依赖的包，并链接生成一个完整的文件。

go build 常用的编译方法如下：

- 无参数编译：go build 命令后面不跟任何参数，即无参数。首先 Go 编译器会在执行命令的当前目录下搜索*.go 源代码文件，成功编译后会在当前目录下生成与当前目录名同名的文件。
- 指定包名编译：go build 命令后面跟着包名，包名是相对于环境变量%GOPATH%下的 src 目录而言的。这种编译的好处是包内的文件数量的变化不需要调整编译命令。

- 文件列表编译：go build 命令后面跟着文件名，文件名可以是多个，中间用空格隔开，比如 go build main.go sum.go。这种编译方式对于一个目录当中有多个包的文件并需要指定文件来编译是比较适合的，但是需要注意文件列表的顺序，不同的文件列表顺序会影响编译结果。

另外，go build 命令还有一些参数，下面罗列一些分别进行说明：

- -v：编译时显示包名。
- -p n：开启并发编译，默认情况下该值为计算机的逻辑核数。
- -a：强制重新构建。
- -n：打印编译时会用到的所有命令，但不真正执行。
- -x：打印编译时会用到的所有命令。
- -race：开启竞态检测，常用于并发模式下的共享变量检测。
- -o：后接文件名，强制对输出的文件进行重命名。
- -work：打印编译工作的临时目录。
- -gcflags：后面的参数可以是多个，用空格进行分隔，并用""进行包裹，这些参数将传递到 go tool compile 工具中进行调用。例如，go build -gcflags "-l -m"。
- -ldflags：后面的参数可以是多个，用空格进行分隔，并用""进行包裹，这些参数将传递到 go tool link 工具中进行调用。例如，go build -ldflags "-w -s"。这个命令可以隐藏所有代码实现相关的信息，并减少生成文件的大小。其中，-w 可以移除调试信息（无法使用 gdb 调试），-s 可以移除符号表。

Go 支持交叉编译，比如我们在 Windows 操作系统上进行开发，但是需要部署到 Linux 操作系统上，由于不同操作系统的底层实现有差异，因此为了更好地提升性能，可以在 Windows 操作系统上通过配置环境变量来生成 Linux 操作系统下的文件。例如，在 Windows 操作系统的命令窗口执行：

```
set GOOS=linux
set GOARCH=amd64
go build -o linux-main
```

1.4.4 Go 的帮助系统

我们学习任何一种语言都可以参考其内置的帮助系统。Go 语言也不例外，打开“命令提示符”窗口，输入“go help”后按 Enter 键，则会显示 go 相关命令，如图 1.10 所示。

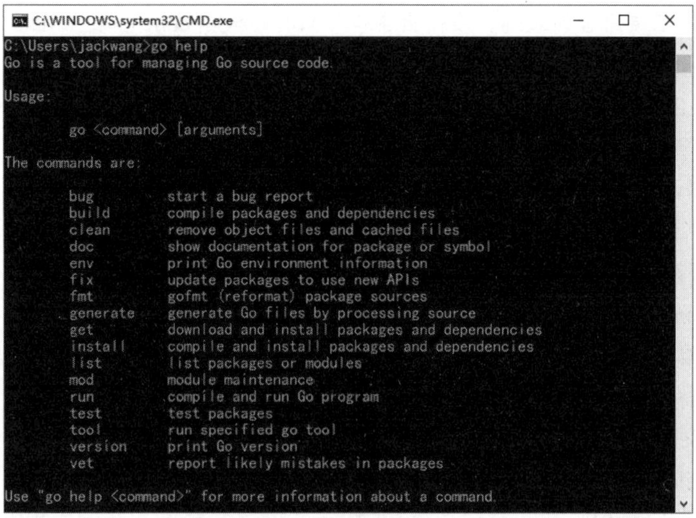

```
C:\WINDOWS\system32\CMD.exe
C:\Users\jackwang>go help
Go is a tool for managing Go source code.

Usage:

        go <command> [arguments]

The commands are:

        bug         start a bug report
        build       compile packages and dependencies
        clean       remove object files and cached files
        doc         show documentation for package or symbol
        env         print Go environment information
        fix         update packages to use new APIs
        fmt         gofmt (reformat) package sources
        generate    generate Go files by processing source
        get         download and install packages and dependencies
        install     compile and install packages and dependencies
        list        list packages or modules
        mod         module maintenance
        run         compile and run Go program
        test        test packages
        tool        run specified go tool
        version     print Go version
        vet         report likely mistakes in packages

Use "go help <command>" for more information about a command.
```

图 1.10　go help 帮助信息

从图 1.10 中可以看出，go 可以支持的命令有 bug、build、clean、doc、env、fmt、generate、install、test、get、run、tool 和 vet 等。下面重点介绍几个。

（1）fmt 可以用 gofmt 对源代码进行格式化，这个工具非常有用。我们在提交代码之前，建议都用这个官方提供的代码格式化工具对代码进行格式化，然后提交代码到 Git 或者 TFS 服务器上。

Git 或者 TFS 是分布式版本控制系统，可以实现团队对于代码的版本管理工作，防止代码版本不一致的问题。另外，后面介绍的 Go 语言代码编辑器中会用到此工具来格式化代码，可以说这个工具非常实用，而且可以让代码更加规范和优雅。

（2）test 命令可以测试包中的函数，其中分为单元（unit）测试和基准（benchmark）测试，单元测试一般验证函数的正确性，基准测试用于测试性能。test 可以指定参数 go test -cover 来查看测试覆盖率。测试覆盖率通过执行某包的测试用例来确认代码被执行的程度。如果覆盖率是 100%，那么证明单元测试的时候所有的代码路径都会执行一遍，如果运行结果都正确，则该函数发生 bug 的可能性将大大降低。

强烈建议

在命令行中执行 go help testflag 来查看一些 test 命令的细节信息，这个命令可以让我们知道 -memprofile、-mutexprofile、-trace 和-cpuprofile 等参数的作用。

（3）tool 命令允许特定的 go 工具，比如 compile 工具，我们可以在命令行中输入 go doc cmd/compile 来查看具体的说明信息。compile 工具的基本用法为：

```
go tool compile [flags] file...
```

注意，这个命令的 file 文件必须是 Go 源代码文件，并且属于同一个包，[flags]参数主要有以下几个：

- -N：禁止编译器优化。
- -S：打印汇编语言列表到标准输出窗口（只打印代码 code 部分）。

- -S –S：打印汇编语言列表到标准输出窗口（只打印代码 code 和数据 data）。
- -blockprofile file：将编译期间采样的 block profile 信息写入文件 file 中。
- -cpuprofile file：将编译期间采样的 cpu profile 信息写入文件 file 中。
- -dynlink：实验特性，允许共享库引用 Go symbols。
- -e：移除错误报告的数量限制（默认限制是 10）。
- -h：在检测到第一个错误时停止栈跟踪。
- -l：禁止函数内联。
- -lang version：设置 Go 语言的版本。
- -m：打印编译器的优化策略信息。
- -memprofile file：将编译期间采样的 memory profile 信息写入文件 file 中。
- -memprofilerate rate：设置 runtime.MemProfileRate 的内存采集频率。
- -mutexprofile file：将编译期间采样的 mutex profile 信息写入文件 file 中。
- -race：开启竞争检测。
- -traceprofile file：将执行的跟踪信息 execution trace 信息写入文件 file 中。

go tool compile 还有一些参数，这里就不一一阐述了，感兴趣的读者可以直接阅读帮助文档进行学习。如果需要继续查看某个命令的帮助信息，如 build 命令，则可以用 go help build 查看，如图 1.11 所示。

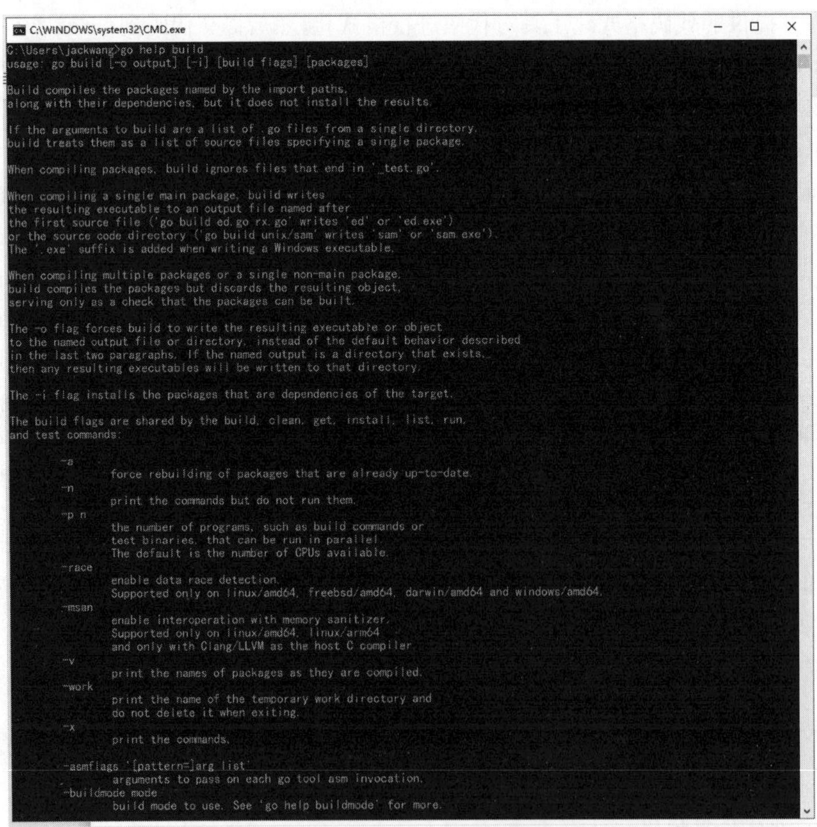

图 1.11　go build 帮助信息

从图 1.11 可以看出，前面列出的 go build 参数实际上都是可以利用此命令查看得到的，其实官方的英文对参数的描述更加准确，因此建议多阅读官方的帮助文档来学习。

（4）vet 命令是非常有用的一个工具。每个 Go 语言的开发者都应该了解并会使用这个内置的工具。vet 命令会对 Go 源代码进行静态检测分析，以发现可能的 bug 或者异常并进行提示，它是 Go tool 套件工具中 go tool vet 工具的封装，和 Go 编译器一起发布，不依赖任何第三方库，因此可以很方便地调用。

可以用 go vet hello.go 对文件 hello.go 进行静态分析，用 go tool vet help 或者 go doc cmd/vet 命令查看更多细节信息。vet 工具可以对代码进行如下检测（包含但不限于）：

- 检查赋值语句。
- 检查代码中对代码包 sync/atomic 的使用是否正确。
- 检查编译标签的有效性。
- 检查复合结构实例的初始化代码。
- 检查那些拥有标准命名的方法的签名。
- 检查代码中对打印函数的使用是否正确。
- 检查代码中对在 range 语句块中迭代赋值的变量的使用是否正确。
- 检查结构类型的字段的标签格式是否标准。
- 查找并报告不可到达的代码。

利用这个工具，我们可以对 code01 目录中的文件 hello_vet.go 进行静态分析，以发现潜在的 bug。在目录 code01 中打开命令行，执行如下命令：

```
go vet hello_vet.go
```

则会输出如下信息：

```
hello_vet.go:5:2: cannot find package "fmt1" in any of:
C:\Go\src\fmt1 (from $GOROOT)
C:\GoWork\src\fmt1 (from $GOPATH)
```

由此可见，vet 工具提示在%GOROOT%和%GOPATH%目录下没有找到文件 hello_vet.go 内第 5 行语句需要导入的 "fmt1"包，正确的包名应该是"fmt"。

注　意

vet 工具在检测到潜在 bug 时会停止后续检测，因此当修复某个 bug 后，需要用 vet 工具再次进行检测。

1.5　运行时

虽然 Go 程序编译后生成的是本地可执行代码，但是这些可执行代码必须运行在 Go 语言的运行时（Runtime）中。Go 运行时类似 Java 和.NET 语言所用到的虚拟机，主要负责管理包括内存分配、自动垃圾回收、栈处理、协程（Goroutine）、信道（Channel，也称为通道）、切片（slice）、字典（map）和反射（reflect）等。Go 语言的 Runtime 运行机制可以用图 1.12 来描述。

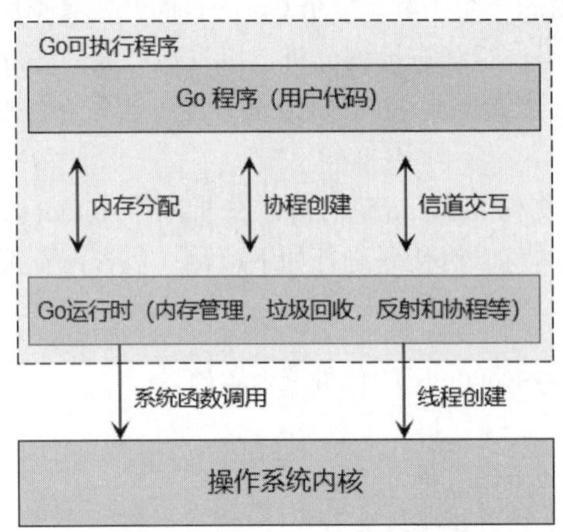

图 1.12　Go 语言的 Runtime 运行机制图

图 1.12 描述了 Go 程序、Go 运行时和操作系统内核之间的关系。Go 运行时和用户编译后的代码被 Go 链接器（Linker）静态链接起来，形成一个可执行文件。从运行的角度来说，这个 Go 可执行文件由两部分组成：一部分是用户的代码，另一部分就是 Go 运行时。

Go 运行时通过接口函数调用来管理协程（Goroutine）和信道（Channel）等功能。Go 用户代码对操作系统内核 API 的调用会被 Go 运行时拦截并处理。

Go 运行时的重要组成部分是协程调度器（Goroutine Scheduler）。它负责追踪、调度每个协程运行，实际上是从应用程序的进程（Process）所属的线程池（Thread Pool）中分配一个线程执行这个协程。因此，与 Java 虚拟机中的 Java 线程和操作系统（OS）线程映射概念类似，每个协程只有分配到一个操作系统线程才能运行。

注　意
虽然 Java 或者.NET 有虚拟机的概念，但是在某些方面其执行效率不一定比 Go 语言低。

1.6　编 译 器

编译器本质上是一种翻译器，其作用是将一种高级编译型语言翻译为计算机可以识别的机器语言（即低级语言）。编译器有本地编译器和交叉编译器之分。本地编译器用来生成编译器所在的计算机和操作系统相同的平台环境下可执行的目标代码。交叉编译器可以用来生成在其他平台上可执行的目标代码。

现代编译器都是分层架构，分层能够增加层之间的独立性，从而更好地完成任务。Go 编译器分为前端和后端。Go 编译器的可执行代码在 cmd/compile 目录中。Go 编译器的编译过程主要分为如下几个阶段：词法解析和语法解析、类型检查、生成 SSA 中间代码、生成机器代码。

1.6.1 词法分析和语法分析

Go 语言的编译器根据编译的参数，对当前涉及的所有 Go 源代码文件进行词法分析。词法分析的作用就是将源代码文件中的字符串序列化成 Token（标记）序列，便于编译器后面的进一步处理和分析。一般来说，我们把执行词法分析的程序称为词法分析器（Lexer）。

Go 语法分析过程就是将词法分析生成的 Token 序列按照 Go 语言定义好的语法（Grammar）进行整理，从而构建出抽象语法树（AST）。每一个 AST 都对应着一个单独的 Go 源代码文件，这个 AST 中包括当前文件所属的包名、定义的常量、结构体和函数等信息，方便后续调试。

1.6.2 类型检查

Go 作为一门静态类型语言，Go 源代码文件经过编译器的词法分析和语法分析会生成多个文件的 AST。Go 语言的编译器会对 AST 中定义和使用的类型信息进行检查。类型检查的主要内容有：

- 常量、类型和函数名和函数类型。
- 变量的赋值和初始化。
- 函数和闭包的主体。
- 哈希键值对的类型。
- 导入函数体。
- 外部的声明。

通过遍历所有 AST 语法树上的节点，实现对每一个 AST 节点上的类型进行验证。在这个过程中，只要有一处类型错误或不匹配，编译器就会终止编译过程，并抛出错误信息。

注 意

类型检查这个阶段除了类型验证外，还会对 AST 进行细节优化，比如无用代码消除、函数调用内联化等。

1.6.3 生成 SSA 中间代码

Go 编译器对 AST 每个节点上的类型检查通过后，就可以认为 Go 源代码没有语法错误，此时 Go 编译器可以将分析得到的 AST 翻译成中间代码。

Go 编译器利用 SSA（Static Single Assignment Form）特性来生成中间代码（Go 汇编语言）。SSA 能够比较容易地分析出代码中的无用变量和片段，并对代码进行优化。

Go 汇编语言作为一种中间代码，可以更好地实现 Go 语言的跨平台运行。Go 汇编语言基于 Plan 9 汇编，并不直接体现机器底层的硬件特性，直到最后续才会根据编译的参数来决定把 Go 汇编语言翻译成具体平台的机器代码。

1.6.4 生成机器代码

要执行 Go 程序代码，必须借助 Go 编译器来生成对应的二进制可执行文件。Go 编译器会针对特定硬件架构把中间代码转换成机器代码。该编译过程同样会进行代码优化，例如将变量移动到更靠近它们被使用的位置、删除从未被读取的局部变量以及分配寄存器。

Go 目录 cmd/compile/internal 中包含了非常多的用于生成不同机器代码所需的包。不同类型的 CPU（AMD64、ARM、ARM64、MIPS、MIPS 64、ppc64、s390x、x86 和 WASM）会用特定的包来生成机器代码，这也是 Go 语言能够在上述不同指令集的 CPU 上运行的原因。

其中，WASM（Web Assembly）是一种在栈虚拟机上使用的二进制指令格式，使得它成为 Web 浏览器上具有高可移植性的目标语言。Go 语言的编译器可以通过参数 GOARCH=wasm GOOS=js 来生成 WASM 格式的可执行目标文件，该可执行文件能够运行在主流的浏览器中。

注 意
Go 编译器的编译过程在不同版本中存在差异，而且实际过程往往更加复杂。

综上所述，Go 编译器的编译过程大致如图 1.13 所示。

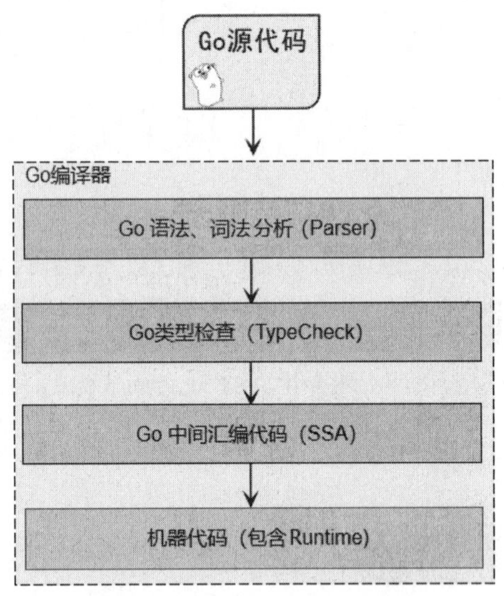

图 1.13 Go 编译器编译过程示意图

1.7 Go 程序的集成开发环境

虽然可以用任何文本编辑工具来编写 Go 语言的程序，但是纯文本工具编写程序代码的效率非常低，因为缺少语法高亮、代码智能提示以及调试等功能。因此需要找到一款适合自己的 Go 语言源代码编辑器，通过配置 Go 语言的开发环境，让源代码编辑器具有代码语法高亮、自动代码补全以及其他程序代码的编辑特性，从而提高程序代码的编写效率。目前支持 Go 语言的源代码编辑器与集成开发环境（IDE）主要有：

- Visual Studio Code
- GoLand
- LiteIDE
- Sublime text
- Netbeans
- Eclipse with goclipse
- Atom
- Brackets

其中，Visual Studio Code 是微软推出的一款开源免费的源代码编辑器，支持多种语言，有大量的插件可以安装，占用资源也较少。因此，这里推荐用 Visual Studio Code 作为源代码编辑器。

Visual Studio Code 可以运行在 Mac OS X、Windows 和 Linux 平台上，是一款针用于编写现代 Web 和云应用的跨平台源代码编辑器。Visual Studio Code 对 Web 开发的支持特别好，同时支持多种主流语言，例如 Go、Rust、F#、C#、Java、PHP、C++、JavaScript 和 TypeScript 等。

（1）打开网站 https://code.visualstudio.com/download，如图 1.14 所示。这里需要根据自己的操作系统来下载合适的版本。我们选择 Windows 平台，并下载 64 位的安装文件（User Installer 64bit）。

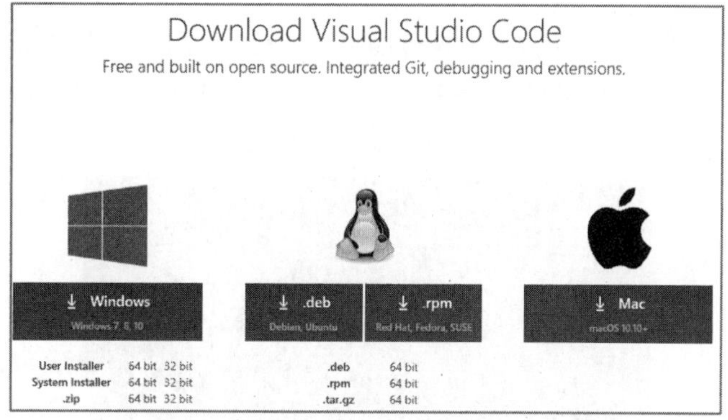

图 1.14　Visual Studio Code 下载界面

（2）下载的安装文件为 VSCodeUserSetup-x64-1.40.1.exe，双击该文件并按照安装向导进行安装即可。安装成功后，再安装 Go 扩展插件，如图 1.15 所示。

图 1.15　Visual Studio Code Go 扩展插件

（3）该 Go 扩展插件会在 C:\GoWork\bin 目录下安装如下模块：gocode、gopkgs、go-outline、 go-symbols、guru、gorename、gotests、gomodifytags、impl、fillstruct、goplay、godoctor、dlv、gocode-gomod、godef、goreturns 和 golint。成功安装后，Visual Studio Code 即可提供 Go 语言代码智能提示功能和调试功能（需要安装 delve），如图 1.16 所示。

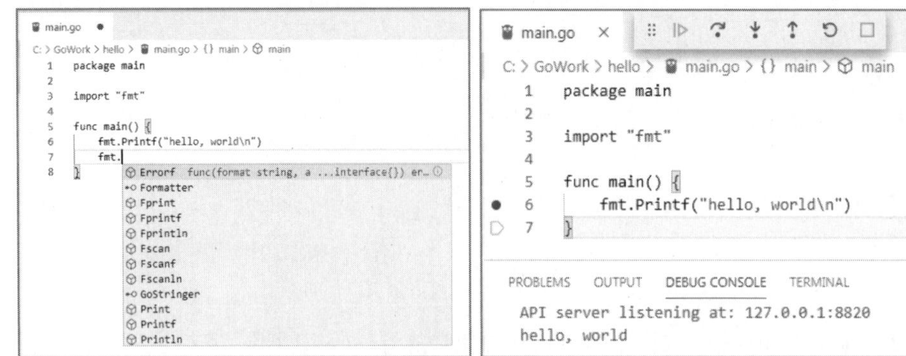

图 1.16 Visual Studio Code Go 代码智能提示功能

Visual Studio Code 是一款开源的源代码编辑器，由于它的安装简单、插件丰富、界面简洁美观、功能强大而又小巧，因此深受各类开发人员的喜爱。另外，Visual Studio Code 可以运行在多种操作系统上，是微软的良心之作。

注 意

安装适用于 VS Code 的中文（简体）语言包可使 Visual Studio Code 呈现为中文版的界面。

（4）如果无法访问国外官方的 Go 库镜像网站，那么 Visual Studio Code 的 Go 插件联网下载多个工具包时会提示下载失败的信息，如图 1.17 所示。根据不同版本的 Go 语言和 Visual Studio Code（Go 插件），需要下载的库个数和具体的包可能会存在差异。

```
Installing github.com/mdempsky/gocode FAILED
Installing github.com/uudashr/gopkgs/cmd/gopkgs FAILED
Installing github.com/ramya-rao-a/go-outline FAILED
Installing github.com/acroca/go-symbols FAILED
Installing golang.org/x/tools/cmd/guru FAILED
Installing golang.org/x/tools/cmd/gorename FAILED
Installing github.com/cweill/gotests/... FAILED
Installing github.com/fatih/gomodifytags FAILED
Installing github.com/josharian/impl FAILED
Installing github.com/davidrjenni/reftools/cmd/fillstruct FAILED
Installing github.com/haya14busa/goplay/cmd/goplay FAILED
Installing github.com/godoctor/godoctor FAILED
Installing github.com/stamblerre/gocode FAILED
Installing github.com/rogpeppe/godef FAILED
Installing golang.org/x/tools/cmd/goimports FAILED
Installing golang.org/x/lint/golint FAILED
Installing golang.org/x/tools/gopls FAILED
```

图 1.17 Visual Studio Code 的 Go 插件安装依赖包失败时的界面

（5）为了解决这个问题，这里需要配置 GOPROXY 国内代理地址来提高下载的速度，防止网络超时导致下载失败。国内代理有：

- 阿里云：GOPROXY=https://mirrors.aliyun.com/goproxy/。
- goproxy.io：GOPROXY=https://goproxy.io/。
- 官方代理：GOPROXY=https://proxy.golang.org。
- 七牛云：GOPROXY=https://goproxy.cn。

在 Windows 上，打开命令行，执行命令 SETX GO111MODULE on，开启 Go 的 MODULE 支持，然后配置环境变量 GOPROXY 值为 https://goproxy.cn。代理配置成功后，重启命令行，然后进行安装即可，如图 1.18 所示。

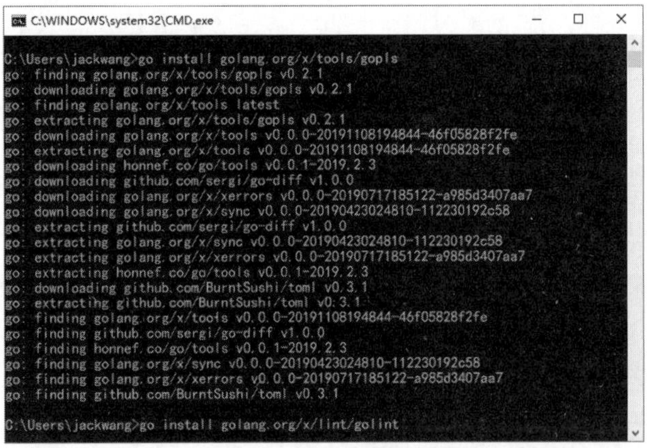

```
C:\WINDOWS\system32\CMD.exe

C:\Users\jackwang>go install golang.org/x/tools/gopls
go: finding golang.org/x/tools/gopls v0.2.1
go: downloading golang.org/x/tools/gopls v0.2.1
go: finding golang.org/x/tools latest
go: extracting golang.org/x/tools/gopls v0.2.1
go: downloading golang.org/x/tools v0.0.0-20191108194844-46f05828f2fe
go: extracting golang.org/x/tools v0.0.0-20191108194844-46f05828f2fe
go: downloading honnef.co/go/tools v0.0.1-2019.2.3
go: downloading github.com/sergi/go-diff v1.0.0
go: downloading golang.org/x/xerrors v0.0.0-20190717185122-a985d3407aa7
go: downloading golang.org/x/sync v0.0.0-20190423024810-112230192c58
go: extracting github.com/sergi/go-diff v1.0.0
go: extracting golang.org/x/sync v0.0.0-20190423024810-112230192c58
go: extracting golang.org/x/xerrors v0.0.0-20190717185122-a985d3407aa7
go: extracting honnef.co/go/tools v0.0.1-2019.2.3
go: downloading github.com/BurntSushi/toml v0.3.1
go: extracting github.com/BurntSushi/toml v0.3.1
go: finding golang.org/x/tools v0.0.0-20191108194844-46f05828f2fe
go: finding github.com/sergi/go-diff v1.0.0
go: finding honnef.co/go/tools v0.0.1-2019.2.3
go: finding golang.org/x/sync v0.0.0-20190423024810-112230192c58
go: finding golang.org/x/xerrors v0.0.0-20190717185122-a985d3407aa7
go: finding github.com/BurntSushi/toml v0.3.1

C:\Users\jackwang>go install golang.org/x/lint/golint
```

图 1.18　配置 goproxy 代理后 Go 插件安装依赖包界面

如果仍然无法下载相关库文件，则可尝试在命令行窗口中执行命令 go env -w GOSUMDB = off 来关闭 sum 验证服务，或者执行 go env -w GOSUMDB="sum.golang.google.cn"设置成国内的 sum 验证服务，再下载依赖包。

> **注　意**
>
> Visual Studio Code 想实现调试功能，必须手动安装 delve 库，可执行命令 go get -u github.com/go-delve/delve/cmd/dlv。

研究 Go 插件需要安装的几个包就会发现：gocode 库用于代码智能提示，delve 库用于调试 Go 源代码，gopkgs 库用于对当前文件实现智能的包导入，golint 用于在文件保存时检查语法，godef 用于跳转到定义包。掌握这些库的基本用法，可以构建自己的 Go 源代码编辑器环境，实现 Go 语法智能提示和实现调试功能。

> **注　意**
>
> gopls 库是官方的语言服务器（Go Language Server），也可以实现 Go 语言的代码智能提示和跳转到定义包等功能。

（6）安装 Go 插件后，如果希望 Visual Studio Code 在 Go 源代码保存时自动进行格式化或者自动导入包等操作，此时需要在 Visual Studio Code 中进行设置（Settings）。

通过在项目的.vscode 目录中配置 settings.json 文件来设置其中的 Go 配置项。settings.json 的具体配置可以参考示例程序 1-2 中所示的 JSON。

示例程序 1-2　VSCode 配置 settings.json 示例：.vscode\settings.json

```
{
    "files.autoSave": "onFocusChange",
    "files.encoding": "utf8",
```

```
    "files.autoSaveDelay": 1000,
    "go.autocompleteUnimportedPackages": true,
    "go.buildOnSave": "off",
    "go.lintOnSave": "package",
    "go.buildFlags": [],
    "go.lintFlags": [],
    "go.vetFlags": [],
    "go.goroot": "C:\\Go",
    "go.gopath": "C:\\GoWork",
    "go.formatTool": "goreturns",
    "go.gocodeFlags": [
        "-builtin",
        "-ignore-case",
        "-unimported-packages"
    ],
    "go.delveConfig": {
        "dlvLoadConfig": {
            "followPointers": true,
            "maxVariableRecurse": 1,
            "maxStringLen": 64,
            "maxArrayValues": 64,
            "maxStructFields": -1
        },
        "apiVersion": 2,
        "showGlobalVariables": true
    },
    //不启用 gopls
   "go.useLanguageServer": false
}
```

另外，JetBrains 公司的 GoLand 工具界面如图 1.19 所示，是专门针对 Go 语言开发的一款集成开发环境。虽然用 GoLand 进行 Go 语言程序的开发会更加容易一点，但 GoLand 是一款收费工具，因此建议读者使用开源免费的 Visual Studio Code。

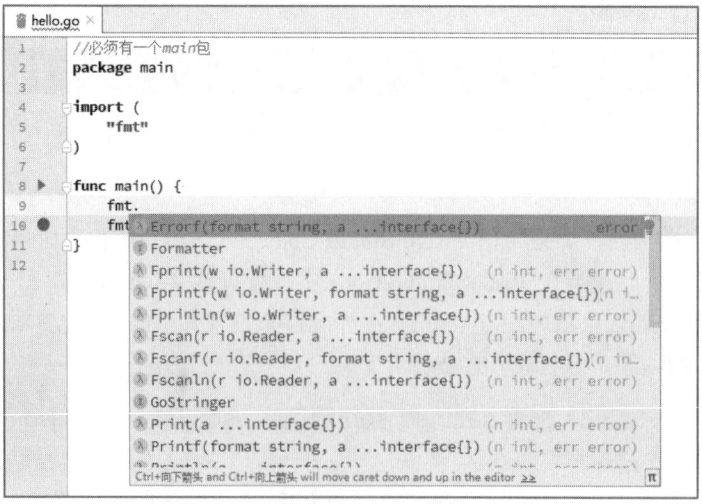

图 1.19　GoLand 的 Go 代码智能提示界面

在 GoLand 中，若想实现在保存 Go 文件时调用 gofmt 对源代码进行格式化操作，则需要配置一下，依次打开选项“File→Settings”，在设置界面中对 File Watchers 进行设置，如图 1.20 所示。

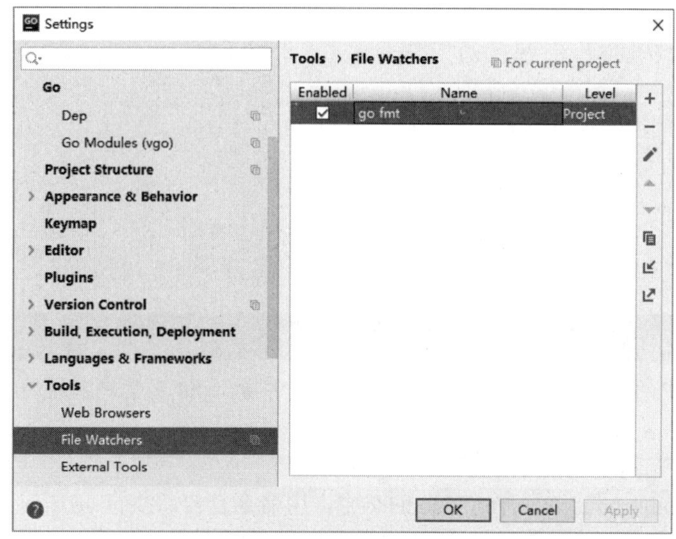

图 1.20　GoLand 的 gofmt 格式化工具配置界面

1.8　演练：Exit 自动退出程序

由于我们并未开始详细介绍 Go 语言的基本语法，因此对于本节的 Go 代码读者不必追求一次看懂。下面通过实战演练 Exit 自动退出程序来进一步了解 Go 语言。

（1）打开 Visual Studio Code 编辑器，并打开目录 go.introduce\chapter01\code02（如果没有此目录，则需要创建此目录），在该目录中新建一个 main.go 文件。

（2）输入示例程序 1-3，该程序会循环检测用户的控制台输入。如果输入的字符为“exit”，那么程序会自动退出，否则打印出用户输入的信息，并继续等待用户的再次输入。

示例程序 1-3　Exit 自动退出程序：chapter01\code02\main.go

```
package main
import (
   "bufio"
   "fmt"
   "os"
)
func main() {
   fmt.Printf("Exit 自动退出程序\n")
   f := bufio.NewReader(os.Stdin)      //读取输入的内容
   input := ""
   str := ""
   for {
       fmt.Print(">")
```

```
14          input, _ = f.ReadString('\n')   //\n 行分隔符
15          if len(input) == 1 {
16              continue          //空行继续输入
17          }
18          fmt.Sscan(input, &str)          //移除换行
19          if str == "exit" {
20              break
21          } else {
22              fmt.Printf("输入%s\n", str)
23          }
24      }
25  }
```

注 意

示例程序 1-3 中的 18 行 fmt.Sscan(input, &str)可以移除 input 变量中末尾的特殊换行符，否则无法和“exit”一致。

（3）在目录 go.introduce\chapter01\code02 中，用命令行窗口执行 go run main.go 命令，编译器会对 main.go 进行编译并运行，程序会显示提示符“> ”等待用户输入。

（4）当输入“hello”并按 Enter 键后，由于不是 exit 字符，因此会输出“输入 hello”。当输入“exit”并按 Enter 键后，程序就会退出，该程序的执行过程如图 1.21 所示。

```
选择C:\Windows\System32\cmd.exe
C:\GoWork\src\go.introduce\chapter01\code02>go run main.go
Exit自动退出程序
>hello
输入hello
>cumt
输入cumt
>exit

C:\GoWork\src\go.introduce\chapter01\code02>
```

图 1.21　Exit 自动退出程序的运行界面

由于 Exit 自动退出程序是一个独立的可执行程序，因此必须在第 01 行（排除空格和注释）指定包名为 main，并包含一个 main 函数（第 07 行）。第 02~06 行 import 后面用括号可以导入多个包。bufio、fmt 和 os 这 3 个包都在 Go 语言标准库中：

- bufio 包通过对 io 模块的封装，提供了数据缓冲功能，能够从一定程度上减少大块数据读写带来的开销。
- fmt 包提供了打印函数，将数据以字符串形式输出到控制台或文件中。
- os 包提供了不依赖平台的操作系统函数接口，比如可以获取环境变量、进行文件夹和文件操作等。

第 09 行末尾的双斜线（//）代表单行注释。第 09~11 行中的符号“:=”在 Go 语言中表示声明变量并对变量进行赋值。例如，第 11 行 str := ""语句表示声明一个变量 str，并把空字符串赋值给 str。第 12 行 for 表示一个无限循环，在 Go 语言中，循环关键词只有一个 for。

第 14 行 input, _ = f.ReadString('\n')语句中的（_）表示空白标识符。在 Go 语言中，空白标识符具有特殊的用途，表示可以忽略对应的值。第 15 行 if 语句中的条件部分不能包含括号，且 if 后

的第一个大括号（{）必须和 if 在同一行，否则会报错。Go 语言每行的结尾都不需要分号（;）。在编辑器中，如果给每行末尾加上分号（;），那么格式化工具 gofmt 等也会将这些分号删除掉。

1.9　本章小结

Go 语言在多核架构、分布式计算和并发编程上具有明显的优势。本章主要阐述了搭建 Go 语言开发环境的过程，并介绍了 Go 语言的运行时、编译器和编辑器，最后简要实现了一个 Exit 自动退出程序。

第 2 章

Go 程序的基础要素

上一章介绍了Go语言的特性以及Go开发环境的安装过程，并概述了Go运行时的作用和机制，然后分别用“记事本”和Visual Studio Code编辑器编写了Go源代码程序，随后进行编译和运行。Go语言和其他编程语言一样，一个大的工程项目由很多包所构成，一个包对应一个或者多个Go源代码文件，每个Go源代码文件由Go程序的基础要素所构成。

Go程序主要由包、函数、逻辑控制语句、数据类型、常量和变量、运算符和注释等构成。其中，变量或者常量主要用于值的存储，并与运算符一起构成较为复杂的表达式；基础类型（整数类型、字符串类型和布尔类型）可被聚合为结构体等数据结构，用于复杂的数据存储。Go程序使用if和for等逻辑控制语句来控制语句的执行流程。

本章主要涉及的知识点有：

- Go语言的包：掌握包的作用以及命名规范、包名和包路径的区别。
- Go语言的数据类型：掌握Go语言中的基本数据类型、用户自定义类型以及不同类型的特点。
- Go语言的变量和常量：掌握Go语言中变量和常量的声明方式以及命名规范，同时掌握变量和常量的首字母大小写在外部可见性的区别。
- Go语言的运算符：掌握Go语言中常见的几种运算符及其优先级。
- Go语言的注释：掌握Go语言中几种常见的注释用法以及如何生成文档。
- Go实战演练：实现一个简单的原子计算器。

2.1 命名规范

任何一门语言都要对文件、包、函数、类型、变量和常量等进行命名，方便记忆和使用。Go语言也不例外，对包、函数、类型、变量和常量名等所有的命名都遵循简单的命名规则：一个名字必须以一个字母（Unicode字母）或下划线开头，后面可以跟任意数量的字母、数字或下划线。

Go 语言是区分大小字母写的，因此 myName 和 MyName 是两个不同的标识符，而且标识符的首字母大小写会影响到对外的可见性。一般来说，标识符首字母大写的对外部是可见的，可以在包外直接进行访问；标识符首字母小写的对外部是不可见的，不能在包外直接进行访问。

另外，为了防止冲突，Go 语言内置的关键字不能用于自定义标识符，只能在特定语法结构中使用。Go 语言内置的关键字如下所示。

```
break        default      func     interface    select
case         defer        go       map          struct
chan         else         goto     package      switch
const        fallthrough  if       range        type
continue     for          import   return       var
```

此外，还有大约 30 多个预定义的名字，比如 string 和 int32 等，主要对应内建的常量、类型和函数。

- 内建常量：true、false、iota 和 nil。
- 内建类型：int、int8、int16、int32、int64、uint、uint8、uint16、uint32、uint64、uintptr、float32、float64、complex128、complex64、bool、byte、rune、string 和 error。
- 内建函数：close、len、cap、new、make、append、copy、delete、complex、real、imag、panic、recover、print 和 println。

在 Go 语言中，代码规范有一部分是编译器强制检查的，如果不符合相关的语法规范（比如 import 未使用的包或者声明未使用的变量），在编译器对代码进行语法检查的时候会报错。Go 语言编码规范最重要的就是要保持风格一致。关于 Go 编程规范，可以借鉴 Uber Go 语言编码规范（The Uber Go Style Guide）。

良好的编程规范可以避免语言陷阱，同时有利于团队协作和项目的代码维护。

2.2 包

在很多编程语言中，为了封装和隔离代码，同时也为了代码复用，都有包或者命名空间的语法要素，例如 C#语言中的 namespace 以及 Java 语言中的 package。Go 语言中包的作用和其他语言中的库或者模块作用类似。

在 Go 语言里，包是一个非常重要的概念。它的设计理念是使用包来封装和隔离不同的功能。这样能够更好地复用代码，并对每个包内数据和方法的使用有更好的控制。

当包进行命名时，建议按如下规范进行命名：

- 包名应该全部小写（大写也不会报错），不建议包含大写或下划线来命名。
- 包名应该简短且简洁，且能代表该包的主要功能。
- 包名不用复数形式，例如 net/url，而不是 net/urls。
- 包名尽量不要和标准库中的包名重名，防止导入包的时候需要重命名。

Go 语言中包的命名规范中有关于包名全部小写的规定，可以更快地进行输入，而不用进行大小写切换。包是 Go 程序的基本单位，在 Go 语言中的声明语法如下：

```
package 包名
```

包名告诉 Go 编译器，当前文件属于哪个包。一般来说，Go 语言包的源代码存放在一个根目录中，其中包含一个或者多个.go 文件。这些.go 文件按照目录进行分组并构建出上下级的层级结构。每组.go 文件被称为包。Go 语言的每一个.go 文件的 package 声明前面需要用一段文字对该文件的作用进行描述。

所有的.go 文件除了包的注释和空行外，第一行都应该对包进行声明。每个包都在一个单独的目录中，但不能将多个包放在同一个目录中，也不能将同一个包中的文件分散到不同的目录中。换句话说，同一个目录中的所有.go 文件必须属于同一个包名，否则报错，如图 2.1 所示。

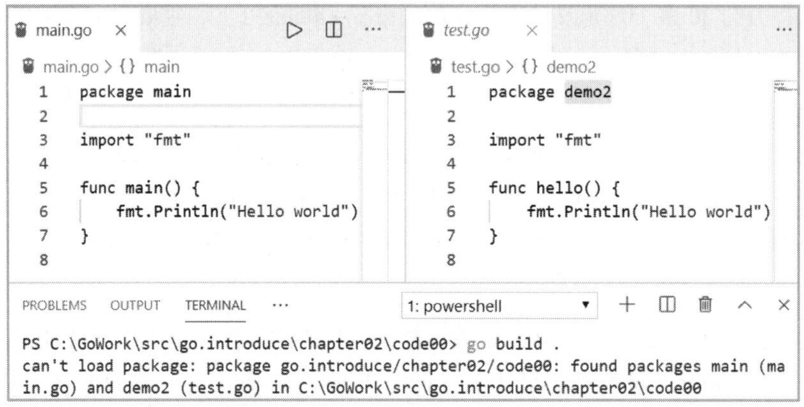

图 2.1　同一目录下包含 2 个不同的包名

如果执行 go build . 命令，则会抛出无法加载包的错误（can't load package），并提示在不同的文件中找到多个包名，即在 main.go 文件中找到 main 包，而在 test.go 文件中找到 demo2 包。

如果当前编写的 Go 程序要作为一个可执行的程序，那么必须包含一个 main 包（main 包具有特殊意义，会作为可执行程序的入口）和一个 main 函数。声明 main 包的文件在编译时会使用所在目录的目录名作为生成文件的文件名。

> **注　意**
>
> go build 或者 go install 命令生成的文件，对于可执行文件，在 Windows 系统上是文件夹名.exe；对于 UNIX、Linux 或者 Mac OS X 系统，则为文件夹名；对于非可执行文件，可生成库文件，为文件夹名.a。

为了更加直观地理解 Go 语言包的编译过程，我们给出一个不包含 main 包和 main 函数的文件，如示例程序 2-1 所示。

示例程序 2-1　Go 库文件的用法：chapter02\code01\code01.go

```
//和文件夹名 code01 一致
package code01
import "fmt"
//大写首字母导出 Hello 函数
func Hello() {
```

```
06      fmt.Println("Hello world")
07  }
```

在示例程序 2-1 中，注意该文件的文件名为 test.go、目录名为 code01，包名和目录名一致（为 code01）。Go 语言并不关心文件名，而是关心目录名和包名。第 05 行的 func 关键词声明了一个 Hello 函数，注意这个函数的首字母是大写的，这样对包外是可见的，可以直接调用。

打开“命令提示符”窗口（在目录 go.introduce/chapter02/code01 中），执行如下命令：

```
go install .\code01.go
```

或者

```
go install  go.introduce/chapter02/code01
```

如果正确执行，就会在%GOPATH%\pkg\windows_amd64\go.introduce\chapter02 目录（注意，具体目录会根据不同的环境有所差异）中生成一个 code01.a 文件，如图 2.2 所示。

图 2.2　code01 库文件生成

注　意

go install 命令可能需要配置 GOBIN 环境变量，如 C:\GoWork\bin，否则报错。

2.2.1　包的导入

Go 语言中的包和实际的代码目录结构一致。Go 中的包在外部使用时，首先需要导入。导入包时用的是包的导入路径。Go 语言的包名和包的导入路径是不一样的。

在 Go 程序中，每一个包通过唯一的字符串（例如 go.introduce/chapter02/code01）作为标识符，这个标识符就是包的导入路径。一个包的导入路径本质是一个目录，该目录中包含了构成包的一个或者多个 Go 源代码文件。

按照约定，包名匹配导入路径的最后一个目录名。例如，包的导入路径为 go.introduce/chapter02/code01，包名就为 code01。导入的包名需要使用双引号括起来。包名的路径是相对路径，是从%GOPATH%/src/后开始计算的，使用符号“/”作为路径中的分隔符。

注　意

Go 程序中如果导入了一个后续没有使用的包，那么编译会报错。另外，如果觉得导入的包名太长，那么可以给导入的包名另起一个短名字，从而便于书写。

对于 Go 语言中的包，使用关键字 import 导入，其语法为：

```
import 包路径
```

（1）导入多个包时，如果发现包名重名了，那么需要对导入的包进行重命名，其语法为：

```
import 别名 包路径
```

（2）导入多个包时，可以用括号一次性导入多个包，其语法如下：

```
import (
    包 1 路径
    包 2 路径
   ...
)
```

（3）有时候会采用如下方式导入包，别名是点（.）或者下划线（_）：

```
import (
    . 包路径
    _ 包路径
 )
```

这个点（.）符号的含义是，在调用包的函数时，可以省略包名；下划线（_）只用于在导入包时执行初始化操作，它并不需要使用包内的其他函数、常量等资源，而是调用了该包里面的 init 函数。

上面包导入的几种模式分别代表正常模式、别名模式和简便模式。Go 编译器会根据 import 语句中包的路径，结合 Go 配置的环境变量 GOROOT 和 GOPATH 来查找物理磁盘上的包。例如，用 import "web/api"导入一个包，编译器就会按照如下顺序进行搜索：

```
%GOROOT%/src/web/api
%GOPATH%/src/web/api
```

下面给出一个导入包的示例程序 2-2。

示例程序 2-2　Go 导入包文件：chapter02\code02\code02.go

```
01    package main
02    import (
03       "fmt"
04       "go.introduce/chapter02/code01"
05    )
06    func main() {
07       //调用 code01 包中的 Hello 函数
08       code01.Hello()
09       fmt.Println("==========")
10    }
```

第 01 行声明了一个 main 包，同时第 06 行还有一个 main 函数，表明编译器会将它编译为一个可执行文件。第 04 行导入了示例程序 2-1 创建的包文件。由于在 Go 语言中包的导入路径末尾的目录名一般和包名一致（也可以不一致），因此可以推断包名为 code01。第 08 行调用包 code01 对外导出的函数 Hello。

打开“命令提示符”窗口（在目录 go.introduce/chapter02/code02 中），执行如下命令：

```
go run .\code02.go
```

输出结果如图 2.3 所示，可见程序可以成功地调用 code01 包中的函数 Hello。

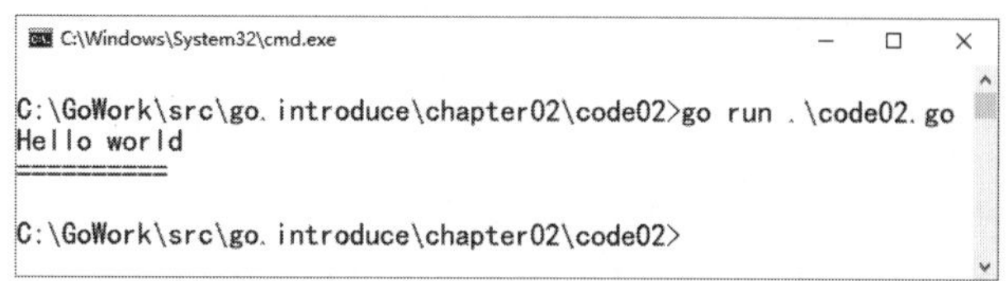
C:\Windows\System32\cmd.exe
C:\GoWork\src\go.introduce\chapter02\code02>go run .\code02.go
Hello world
==========
C:\GoWork\src\go.introduce\chapter02\code02>

图 2.3　code02.go 运行结果

在 Windows 系统下，如果调用 go install，就会在%GOPATH%/bin 下生成 code02.exe 文件，如图 2.4 所示。

GoWork › bin

名称	修改日期	类型	大小
code02.exe	2019/11/30 13:24	应用程序	2,058 KB
dlv.exe	2019/11/24 8:53	应用程序	17,609 KB
present.exe	2019/11/23 23:49	应用程序	11,635 KB
gocode.exe	2019/11/23 23:47	应用程序	12,384 KB
gocode-gomod.exe	2019/11/23 23:22	应用程序	12,384 KB
gomod.exe	2019/11/23 23:17	应用程序	10,232 KB
goreturns.exe	2019/11/23 23:13	应用程序	8,631 KB
golint.exe	2019/11/23 23:01	应用程序	6,432 KB
gopls.exe	2019/11/23 23:00	应用程序	19,724 KB
godoctor.exe	2019/11/23 22:59	应用程序	8,110 KB
go-outliner.exe	2019/11/23 22:39	应用程序	3,047 KB
goplay.exe	2019/11/23 22:36	应用程序	7,094 KB
gomodifytags.exe	2019/11/23 22:34	应用程序	4,798 KB
impl.exe	2019/11/23 22:32	应用程序	8,164 KB
gopkgs.exe	2019/11/23 22:22	应用程序	5,560 KB

图 2.4　code02.exe 生成结果

前面提到，一般 Go 语言中的包名和目录名一致。其实，也可以不一致。包名和目录名不一致时，需要注意：目录名使用在文件层面，例如库的安装路径名、库文件名以及被导入时的路径；包名使用在代码层面，例如调用包的函数时。

为了更好地理解上面的这段话，参考下面包名和目录名不一致的示例程序 2-3。

示例程序 2-3　Go 包名和目录名不一致的用法示例：chapter02\code03\code03.go

```
//包名 demo 和目录名 code03 不一致
package demo
import "fmt"
//大写首字母导出 Hello 函数
func Hello() {
   fmt.Println("Hello demo")
}
```

可以看出，code03.go 文件位于 code03 目录中，但是其 package 名称为 demo，因此二者不一致。在这种情况下，go install 生成的文件名为 code03.a，但是包名仍然为 demo，当我们在外部进行调用时需要用 demo 作为前缀。为了验证，下面给出示例程序 2-4。

示例程序 2-4　Go 调用 demo 包的用法示例：chapter02\code04\code04.go

```
package main
import (
   "fmt"
   "go.introduce/chapter02/code03"
```

```
05  )
06  func main() {
07     //调用 demo 包中的 Hello 函数
08     demo.Hello()
09     fmt.Println("==========")
10  }
```

第 04 行导入了示例程序 2-3 创建的包，由于包名为 demo、目录名为 code03，因此在第 08 行调用 Hello 函数时用的是包名作为前缀的调用方式 demo.Hello，而不是目录名作为前缀的调用方式 code03.Hello。

2.2.2 包的嵌套

包往往和源代码目录对应，目录具有上下级关系，包也不例外。在 Go 语言中，包可以互相嵌套。因为，对于 Go 语言来说，包本质上对应一个目录，包的嵌套就类似于在目录中创建子目录。用 Visual Studio Code 打开目录 go.introduce\chapter02\code05，并创建如图 2.5 所示的目录结构。

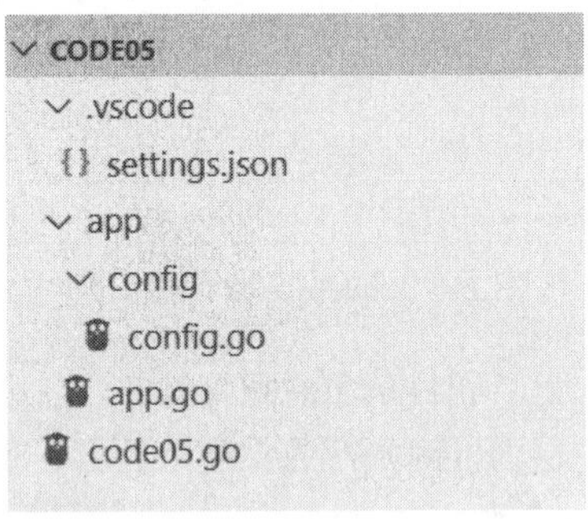

图 2.5　code05 目录结构

其中，code05.go 定义了 main 包，通过 import "go.introduce/chapter02/code05/app"导入了 app 包（app.go），而 app 包中通过 import "go.introduce/chapter02/code05/app/config"导入了 config 包（config.go）。从目录上看，config 包定义在 app 包内部，说明一个包可以定义在另一个包的内部，实现包的嵌套。

正是由于 Go 语言包可以实现嵌套，即使包名在不同的路径中是同名的，也可以通过包的路径来区分不同包。config.go 脚本如示例程序 2-5 所示。

示例程序 2-5　config.go 脚本：chapter02\code05\app\config\config.go

```
01  package config
02  //Cver 字符类型的版本信息
03  var Cver = "1.0.0"
```

第 03 行用关键词 var 声明了一个变量 Cver。注意，这里的变量名首字母是大写的，表示该变量在外部是可见的。第 02 行是在 Cver 变量声明语句上一条语句，通过双斜线"//"的注释方式对变量 Cver 进行说明（关于变量和注释会在本章后续章节进行详细说明，这里只要了解即可）。

注 意

Go 的代码规范检测可能会用到 go-lint 工具，它要求对外导出的变量名写注释，且注释的格式为变量名+空格+变量注释说明。在示例程序 2-5 中，第 02 行注释中的 Cver 后跟着一个空格。

变量 Cver 是包级别的变量，当外部导入该包时，可以直接用 Cver 存取该变量。app.go 文件内容如示例程序 2-6 所示。

示例程序 2-6 app.go 文件内容：chapter02\code05\app\app.go

```
01  package app
02  import (
03    "go.introduce/chapter02/code05/app/config"
04  )
05  //GetVer 获取版本信息
06  func GetVer() string {
07    return config.Cver
08  }
```

在示例程序 2-6 中，第 03 行通过 import 导入了 config 包，由于 Go 语言中的包采用相对路径（相对于%GOPATH%/src/），因此 config 包路径为 go.introduce/chapter02/code05/app/config，而不是 app/config。第 06 行用关键词 func 声明了一个 GetVer 函数，返回 string 类型的数据。第 07 行直接返回 config 包中 Cver 变量的值。

2.2.3 特殊的 init 函数

Go 包中有一种特殊的 init 函数，是 Go 编译器自动可识别的，用于一些初始化工作。函数 init 和 main 在定义时不能有任何参数和返回值。该函数只能由 Go 程序自动调用，不可以被外部引用。

注 意

init 函数可以在任意包中定义，并且可以重复定义多个。main 函数只能用于 main 包中，且只能定义一个。如果同一个.go 文件中定义多个 init 函数，那么调用的顺序为从上到下依次执行。对于同一个包中的不同文件，会按照.go 文件名从小到大的顺序调用各文件中的 init 函数。例如，某个目录中包含 a.go 和 b.go，那么会先执行 a.go 中的 init 函数，再执行 b.go 中的 init 函数。

对于不同的包而言，如果不相互依赖，就会按照 main 包中 import 的顺序调用其包中的 init 函数。如果包之间存在依赖关系，调用顺序按照导入包顺序的反序进行初始化。因此，Go 语言包中的 init 调用顺序示意图如图 2.6 所示。

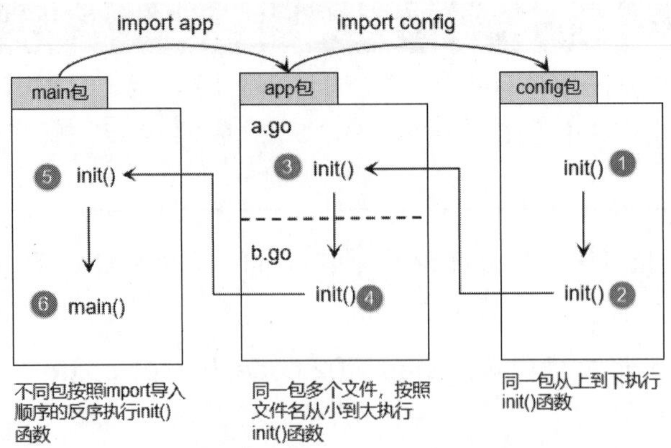

图 2.6　init 调用顺序示意图

从图 2.6 可以看出，包导入的顺序为 main → app → config，所以初始化 init 函数的顺序为 config → app → main。为了验证 Go 语言是否按照上面的规则执行 init 函数，我们在 Visual Studio Code 中构建如图 2.7 所示的目录结构。

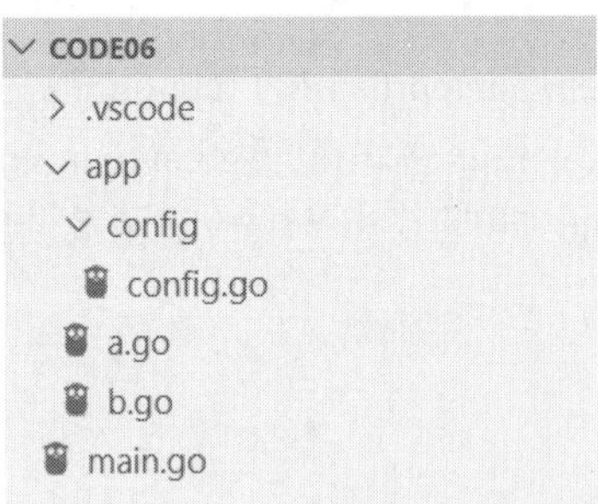

图 2.7　验证 init 调用顺序的 code06 目录结构

为了更加方便地查看执行 init 函数的顺序，下面将这些.go 文件组合到一块，如示例程序 2-7 所示。

示例程序 2-7　验证 init 函数的调用顺序：chapter02\code06\main.go

```
//main.go
package main
import (
   "fmt"
   _ "go.introduce/chapter02/code06/app"
)
func init() {
   fmt.Println("main package init()")
}
func main() {
   fmt.Println("main package main()")
}
//app/a.go
package app
import (
```

```
16      "fmt"
17      _ "go.introduce/chapter02/code06/app/config"
18   )
19   func init() {
20      fmt.Println("app package a.go init()")
21   }
22   //app/b.go
23   package app
24   import "fmt"
25   func init() {
26      fmt.Println("app package b.go init()")
27   }
28   //app/config/config.go
29   package config
30   import "fmt"
31   var Name = ""
32   func init() {
33      fmt.Println("config package init() B ")
34      Name = "B"
35   }
36   func init() {
37      fmt.Println("config package init() A")
38      Name = "A"
39   }
```

示例程序 2-7 中是将 4 个.go 文件合并到一起的，注意第 05 行和第 17 行导入包的时候用了空白标识符，这样就可以调用包中的 init()函数。在目录 go.introduce\chapter02\code06 中打开“命令提示符”窗口，执行命令 go run .\main.go，则会出现如图 2.8 所示的输出结果。

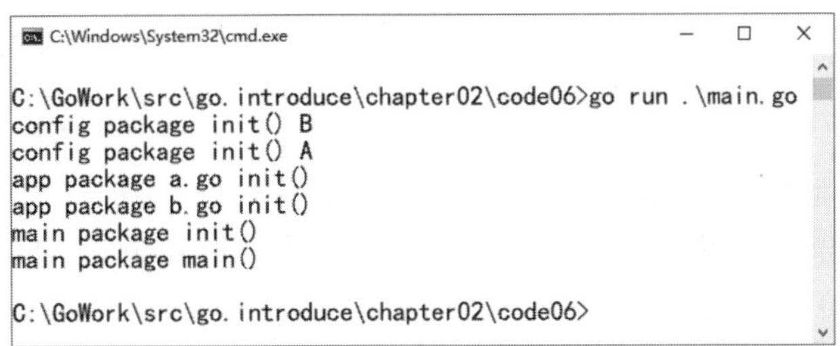

图 2.8　init()函数调用顺序的运行结果

> **注　意**
>
> Go 项目中不允许出现循环导入包，即使一个包被其他多个包导入，也只会初始化一次。

2.3　数据类型

Go 语言是一门静态类型的编程语言，在程序编译期间会检查数据类型的正确性，这就要求编译器在编译期间确定程序中每个值数据类型。静态类型的编程语言借助编译器的类型检查功能来减少潜在的内存分配异常和 bug。另外，编译器会根据优化规则对编写的代码进行合理优化，从而达到提高程序执行速度的目的。

Go 语言的类型系统可以让 IDE 或者编辑器更好地帮助我们进行代码的开发，同时也更有利于 IDE 或者编辑器对代码进行智能提示和语法检查。

Go 语言中的数据类型主要包含：

- 字符串类型（string）。
- 数值类型（int16、int、float32、float64 等）。
- 布尔类型（bool）。
- 派生类型（指针类型、数组类型、切片类型、结构类型、信道类型、接口类型等）。

不同的数据类型所需的内存大小是不一样的，合理的数据类型可以更好地分配内存、提高内存使用率，同时也会提高变量使用效率。

注　意

有些数据类型在计算机的内部表示和编译代码对应的计算机体系结构有关。例如，一个 int 类型在 64 位操作系统上占用 8 字节，而在 32 位上占用 4 字节。

在 Go 语言中，字符串类型、数值类型和布尔类型是内置的数据类型，也称为原始数据类型。原始数据类型的值在进行操作时会复制一个副本，因此字符串类型、数值类型和布尔类型的值在函数或者方法间进行传递的时候传递的是值的副本。

注　意

原始数据类型在执行效率上也是非常高的。因此，在编写程序时，用原始的数据类型能够解决的问题就应该尽量用原始的数据类型。

学过 C 语言的人都知道，数据类型分为值类型和引用类型。字符串类型、数值类型和布尔类型和数组类型在 Go 语言中是值类型，切片（slice）、信道（channel）、接口（interface）、函数（func）和映射（map）属于引用类型。

Go 语言中的结构体类型（struct）可以描述一组不同类型的值，这一组值本质上既可以是引用类型也可以是值类型。

下面分别对字符串类型、数值类型、布尔类型和派生类型进行详细说明。

2.3.1 字符串类型

在 Go 语言中，字符串就是一串固定长度的字符连接起来的字符序列，是由单个字节连接起来的，使用 UTF-8 编码。字符串在 Go 语言的内存模型中用一个 2 字节长的数据结构来表示，它包含一个指向字符串存储数据的指针和一个长度数据。字符串是一种值类型，它的值不可变。

字符串是只读的字符片段。用单引号（'）括起来的是字符，单个字符采用 int32 表示。例如，'a' 默认输出为 97。用双引号（"）或者反单引号（`）括起来的表示字符串。其中，双引号（"）中包含的特殊字符会被转义，比如 "I'm here \n" 中的\n 表示换行；反单引号（`）括起来的字符串不会被转义，而是按照原语输出，比如 `Hello world \n` 中的\n 不会进行换行的转义。

为了直观地了解 Go 语言中字符串类型的基本用法，下面给出字符串类型用法的示例程序 2-8。

示例程序 2-8 字符串类型的基本用法：chapter02\code07\str.go

```
01  //字符串类型基本用法的示例程序
02  package main
03  import "fmt"
04  func main() {
05    var msg = "I'm here \n ========"
06    //字符串是只读的
07    //msg[0] = "i"
08    var msg2 = `"Hello \n Go
09    Hello VSCode"
10    `
11    var ch = 'a' //97
12    //变量名建议不用下划线_连接，即 msg_copy
13    var msgCopy string //字符串零值"",不是 nil
14    fmt.Printf("类型%T,值%#v\n", msg, msg)
15    fmt.Printf("类型%T,值%v\n", msg2, msg2)
16    fmt.Printf("类型%T,值%c\n", ch, ch)
17    //不能获取 msg[0]的地址
18    //fmt.Println(&msg[0])
19    fmt.Printf("类型%T,值%#v\n", msgCopy, msgCopy)
20  }
```

在示例程序 2-8 中，第 05 行用关键词 var 声明了一个变量 msg（变量声明在后文会详细介绍），并把双引号（"）括起来的字符串内容进行赋值。第 08 行用单引号（`）对声明的变量 msg2 进行赋值。第 13 行只声明了一个 string 类型的变量 msgCopy，但是并未赋值。

第 14~19 行调用标准库 fmt 包中的 Printf 格式化打印函数。其中，Printf 格式化输出的通用占位符主要有：

- %v：值的默认格式。
- %+v：添加字段名（主要用于结构体 struct）。
- %#v：相应值的 Go 语法表示。
- %T：相应值数据类型的 Go 语法表示（例如 string）。
- %%：字面上的百分号%，并非值的占位符。
- %s：字符串。
- %d：数字以十进制表示。
- %f：浮点数形式。
- %e：科学计数法的形式。
- %b：字符的二进制表示，可以是字符（'a'），也可以是数字（97）。
- %x：数字以十六进制表示，字符串则打印每一个字符的 ASCII 码。
- %t：布尔（bool）值表示。
- %c：字符对应的 ASCII 码。

- %p：输出指针（内存地址）的值，例如 0xc72f51790a。

因此，第 14 行 fmt.Printf("类型%T,值%#v\n", msg, msg)语句会输出 msg 的数据类型和值的 Go 语法表示法。在目录 go.introduce\chapter02\code07 中打开“命令提示符”窗口，执行命令 go run .\str.go，输出结果如图 2.9 所示。

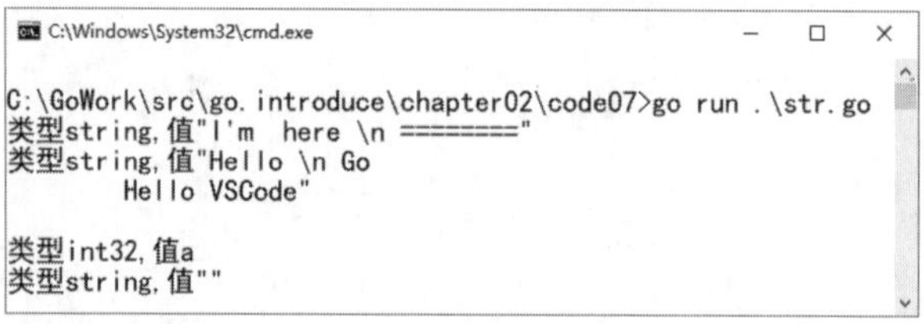

```
C:\Windows\System32\cmd.exe

C:\GoWork\src\go.introduce\chapter02\code07>go run .\str.go
类型string,值"I'm  here \n ========"
类型string,值"Hello \n Go
        Hello VSCode"

类型int32,值a
类型string,值""
```

图 2.9　str.go 字符串示例运行结果

> **注　意**
>
> string 类型的零值为空字符串""，获取字符串中某个字符的地址是非法的，比如&msg[0]。

2.3.2　数值类型

Go 语言中的数值类型包括整数类型（int8、int16、int32、int64）、浮点类型（float32、float64）和复数类型（complex64 和 complex128），其中整数类型包括一种无符号整数类型（uint8、uint16、uint32、uint64）。在 Go 语言中，数值类型是按值传递的，因此当把一个数值类型的变量赋值给另一个变量时，其实赋值的是原变量数值的副本。

> **注　意**
>
> int 类型在 32 位操作系统上是 int32，而在 64 位操作系统上是 int64。同样的，float 类型在 32 位操作系统上是 float32，而在 64 位操作系统上是 float64。

为了直观地了解 Go 语言中数值类型的基本用法，下面给出数值用法的示例程序 2-9。

示例程序 2-9　数组类型基本用法：chapter02\code07\num.go

```
//数值类型基本用法的示例程序
package main
import "fmt"
func main() {
  //float
  var a = 10.2
  //float
  var b = 9.0
  //int
  //var b1 = 9
  //float64 和 int 类型不匹配
  //var c = a * b1
  var c = a * b
  var d int
```

```
15      var f float32
16      fmt.Printf("类型%T,值%#v\n", a, a)
17      fmt.Printf("类型%T,值%#v\n", c, c)
18      fmt.Printf("类型%T,值%#v\n", b, b)
19      fmt.Printf("类型%T,值%#v\n", d, d)
20      fmt.Printf("类型%T,值%#v\n", f, f)
21  }
```

在示例程序 2-9 中，第 06 行用关键词 var 声明了一个变量 a，并赋值 10.2，Go 编译器会根据赋值来推断变量 a 的数据类型为 float。第 14 行声明变量 d 的时候指定了具体的整数类型 int，因此变量 d 为整数类型。第 15 行声明了一个 float32 类型的变量 f，但是并未赋值。第 16~20 行调用标准库 fmt 包中的 Printf 格式化打印函数输出声明的变量。在目录 go.introduce\chapter02\code07 中打开“命令提示符”窗口，执行命令 go run .\num.go，输出结果如图 2.10 所示。

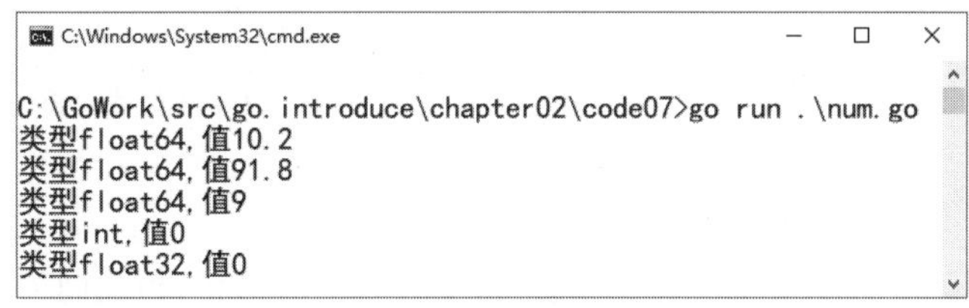

图 2.10　num.go 示例运行结果

注　意

在 Go 语言中，整数类型和浮点类型的变量不能直接进行四则运算，否则会报类型不兼容的错误。

如果想查看数值类型的具体值的范围，可以导入 math 包，其中有内置数值类型的最大值和最小值，比如 math.MaxInt32 和 math.MinInt32。这些值在本质上都是常量，感兴趣的读者可以实际打印输出这些值。

2.3.3　布尔类型

在 Go 语言中，布尔类型（bool）的值只能是 true 或者 false。其中，true 代表真，false 代表假。布尔类型是按值传递的，因此当把一个布尔类型的变量赋值给另一个变量时，其实赋值的是原变量布尔值的副本。请参考一个简单的 Go 语言布尔类型基本用法的示例程序 2-10。

示例程序 2-10　布尔类型基本用法：chapter02\code07\bool.go

```
//布尔类型基本用法的示例程序
package main
import "fmt"
func main() {
   var a = true
   //a = 1
   var b bool
   fmt.Printf("a=%t\n", a)
```

```
09        fmt.Printf("b=%t\n", b)
10    }
```

在示例程序 2-10 中，第 05 行声明了一个变量 a，并赋值为 true，此时编译器会推断变量 a 为布尔类型。第 07 行声明了一个布尔类型的变量 b，但并未赋值，此时变量 b 的零值为 false。第 08~09 行分别用 Printf 格式化输出变量的类型，其中占位符为%t。Go 语言中不允许将整数类型强制转换为布尔类型。

注 意
布尔类型无法参与数值运算，也无法与其他类型进行转换。

2.3.4 派生类型

Go 语言中除了基本的数据类型外，还有派生类型，包括指针类型（pointer）、数组类型（array）、结构类型（struct）、信道类型（channel）、函数类型（func）、切片类型（slice）、接口类型（interface）和字典类型（map）。

上述的派生类型会在后续章节进行详细说明，这里暂不介绍。当我们声明一个变量但并未赋值时，Go 编译器会自动给变量类型初始化一个零值。Go 官方文档中提到，nil 是预定义的一种标识符，代表指针、信道、函数、接口、映射或切片的零值。nil 不能赋值给字符串、数值和布尔类型，否则会引发 panic 类型的错误。下面给出每种类型对应的零值：

- 字符串类型：""。
- 数值类型：0。
- 布尔类型：false。
- 指针类型：nil。
- 数组类型：每个数组元素类型对应的零值。
- 信道类型：nil。
- 函数类型：nil。
- 切片类型：nil。
- 接口类型：nil。
- 字典类型：nil。

注 意
Go 语言中结构体的零值是由构成它的基础数据类型的零值决定的。

2.4 常 量

Go 语言的常量是一个简单值的标识符，在 Go 程序运行期间不会被修改。常量中的数据类型只可以是布尔类型、数值类型和字符串类型。Go 语言中常量的声明语法为：

```
const 常量名 [数据类型] = 常量值
```

常量声明的关键词为 const，后面跟着常量名（标识符），其中的数据类型是可选的，但值不能省略。Go 编译器可以根据常量的值来推断它的数据类型。常量声明有显式声明和隐式声明之分：

- 显式声明：const myConst string = "hello"。
- 隐式声明：const myConst　= "hello"。

另外，我们可以在一行语句中同时声明多个同类型的常量，语法如下：

```
const 常量名 1, 常量名 2,...,常量名 n= 常量值 1,常量值 2,...,常量值 n
```

下面是一个常量基本用法的示例程序 2-11。

示例程序 2-11　常量基本用法：chapter02\code07\const.go

```
01    //常量基本用法的示例程序
02    package main
03    import "fmt"
04    func main() {
05      const ver string = "1.0.0"
06      const author = "jackwang"
07      //一行内声明多个常量并赋值
08      const a, b = 1, 2
09      //常量用作枚举
10      const (
11          A = "0"
12          B = "1"
13      )
14      //常量可以不使用
15      fmt.Printf("类型%T, 值%s \n", ver, ver)
16      fmt.Printf("类型%T, 值%s \n", author, author)
17    }
```

在示例程序 2-11 中，第 05 行显式声明了一个标识符为 ver 的常量，其值为"1.0.0"。06 行隐式声明了一个标识符为 author 的常量，其值为"jackwang"。第 08 行同时声明了两个常量 a 和 b，这种声明和赋值方式可以简化代码量。第 10~13 行的常量用法往往用来模拟枚举类型。

注　意
在 Go 语言中，常量声明后可以不使用，编译器不会因此而报错。

Go 语言并没有提供枚举类型，但是可以使用 const 来模拟枚举类型。在正式模拟枚举类型之前，我们先介绍 Go 语言的自定义类型，其语法为：

```
type 自定义类型名 类型
```

下面是用常量模拟枚举类型的示例程序 2-12。

示例程序 2-12 用常量模拟枚举类型：chapter02\code07\enum.go

```
01    //用常量模拟枚举类型的示例
02    package main
03    import "fmt"
04    //SEX 用 int8 定义了一个新的性别类型
05    type SEX int8
06    const (
07       //MAN SEX 类型，值为 1
08       MAN SEX = 1
09       //FEMALE SEX 类型，值为 0
10       FEMALE SEX = 0
11    )
12    func main() {
13       const sex SEX = MAN
14       //类型 main.SEX，值为 1
15       fmt.Printf("类型%T，值%v \n", sex, sex)
16    }
```

在示例程序 2-12 中，第 05 行用 type SEX int8 自定义了一个 SEX 类型。SEX 类型是基于 int8 类型的，因此可以存储 int8 数据。第 06~11 行用 const 定义了两个 SEX 类型的常量 MAN 和 FEMALE。第 13 行 const sex = MAN 语句定义了一个 SEX 类型的常量 sex，其值为常量值（枚举值）MAN。第 15 行打印输出 sex 的类型时会输出类型 main.SEX。

在 Go 语言中，常量可以在函数外进行声明，声明的时候必须要指定常量的值，否则会报错。

> **注 意**
>
> 在 Go 语言中，用常量可以模拟枚举类型，但是还不是真正的枚举类型，例如可以给 SEX 类型的变量赋值 2，而不是必须为 MAN 或者 FEMALE。

在 Go 语言中，还有一种特殊常量 iota，可以认为是一个可以被编译器修改值的常量。iota 在 const 关键字出现时将被重置为 0，并在后续每新增一行常量声明时使 iota 计数加 1。

2.5 变 量

在 Go 程序运行期间，变量值是可以被修改的。变量中的数据类型可以是布尔类型、数值类型和字符串类型，也可以是派生类型。Go 语言中变量的声明语法为：

```
var 变量名 [数据类型] = 变量值
变量名 := 变量值
```

变量声明的关键词为 var，后面跟着变量名（标识符），其中数据类型是可选的，但值不能省略。Go 编译器可以根据变量的值来推断它的数据类型。变量声明有显式声明、隐式声明和短声明之分：

- 显式声明：var myVar string = "hello"。

- 隐式声明：var myVar = "hello"。
- 短声明：myVar := "hello"。

短声明和隐式声明的值不能省略，变量的类型由编译器自动确定。另外，我们可以在一行语句中同时声明多个同类型的变量，语法如下：

```
var 变量名 1, 变量名 2,...,变量名 n= 变量值 1,变量值 2,...,变量值 n
```

下面是变量基本用法的示例程序 2-13。

示例程序 2-13　变量基本用法：chapter02\code07\var.go

```
//变量基本用法的示例程序
package main
import "fmt"
func main() {
  var ver string = "1.0.0"
  var author = "jackwang"
  time := "2019-12-1"
  //一行内声明多个变量并赋值
  var a, b int = 1, 2
  var (
      A string = "0"
      B        = "1"
  )
  fmt.Printf("类型%T, 值%s \n", ver, ver)
  fmt.Printf("类型%T, 值%s \n", author, author)
  fmt.Printf("类型%T, 值%s \n", time, time)
  fmt.Printf("类型%T, 值%d \n", a, a)
  fmt.Printf("类型%T, 值%d \n", b, b)
  fmt.Printf("类型%T, 值%s \n", A, A)
  fmt.Printf("类型%T, 值%s \n", B, B)
}
```

注　意

短声明左边的变量可以是多个，但至少有一个是新声明的变量，其他的变量可以是在之前声明过（只用于赋值），否则会报编译错误。

在 Go 语言中，变量与常量不同，变量在函数体外进行声明时是不能进行赋值的，否则会报编译错误。为了验证这种说法，下面是变量在函数体外声明的示例程序 2-14。

示例程序 2-14　变量在函数体外声明：chapter02\code07\var2.go

```
//变量在函数体外声明的示例程序
package main
import "fmt"
var a int
//在函数体外只能声明变量，而不能对变量进行赋值
//a = 2
func main() {
  //局部变量
```

```
09      var a int = 1
10      //类型 int，值 1
11      fmt.Printf("类型%T，值%d \n", a, a)
12  }
```

在示例程序 2-14 中，第 04 行声明了一个整数类型的变量 a，如果第 06 行取消注释，把 2 赋值给变量 a，就会报错，因为在函数体外只能声明变量，而不能对变量进行赋值。第 09 行在 main 函数内部声明了一个和外部同名的变量 a，并赋值为 1，此时第 11 行在函数内部调用 a 的值则为函数内部的变量 a，而不是函数体外的变量 a。

2.6 运 算 符

运算符用于在程序运行时执行数学或逻辑运算。Go 语言内置的运算符有算术运算符、关系运算符、逻辑运算符、位运算符、赋值运算符和特殊运算符（&是取地址运算符，*是取地址所对应的值的运算符，这与 C 语言很类似）。在日常的编程中，比较常用的是算术运算符、关系运算符、逻辑运算符和赋值运算符，而位运算符一般用得较少。

运算符和变量或常量等按照一定的次序连接起来构成表达式（Expression），例如算术表达式、逻辑表达式等。下面分别对 Go 语言内置的运算符进行详细说明。

2.6.1 算术运算符

算术运算符可以在数值间进行四则运算，也就是加减乘除等操作。下面是算术运算符基本用法的示例程序 2-15。

示例程序 2-15　算术运算符基本用法：chapter02\code07\opt_num.go

```
//算术运算符基本用法的示例程序
package main
import "fmt"
func main() {
   a, b := 11, 2
   //相加 +
   c := a + b
   fmt.Printf("%d+%d = %d \n", a, b, c) //11+2 = 13
   //相减 -
   c = a - b
   fmt.Printf("%d-%d = %d \n", a, b, c) //11-2 = 9
   //相乘 *
   c = a * b
   fmt.Printf("%d*%d = %d \n", a, b, c) //11*2 = 22
   //相除 / 保留整数
   c = a / b
   fmt.Printf("%d/%d = %d \n", a, b, c) //11/2 = 5
   //取余 %
```

```
    c = a % b
    fmt.Printf("%d%%%d = %d \n", a, b, c) //11%2 = 1
    //自增，unexpected ++ at end of statement
    //c = a++
    a++
    fmt.Printf("a++ = %d \n", a) //a++ = 12
    //自减
    a--
    fmt.Printf("a-- = %d \n", a) //a-- = 11
    fmt.Printf("%f \n", 2.0+3)   //5.000000
    //d := 2.0
    //fmt.Printf("%f \n", a+d) //类型不匹配
}
```

在示例程序 2-15 中，需要注意的是：Go 语言的自增运算符++和自减运算符--，它们不能出现在表达式的末尾，也就是说，数值的自增和自减操作不能赋值给其他变量。Go 语言中没有内置的求幂（Power）函数，需要开发者自行实现。

> **注　意**
>
> 在 Go 语言中，整数类型和浮点类型的变量不能直接进行四则运算，否则会报类型不匹配的错误。

2.6.2　关系运算符

关系运算符用来比较两个值的大小关系，例如大于、小于、大于等于，等等。关系运算符的结果总是布尔值，即要么是 true，要么是 false。下面是关系运算符基本用法的示例程序 2-16。

示例程序 2-16　关系运算符基本用法：chapter02\code07\opt_relation.go

```
//关系运算符基本用法的示例程序
package main
import "fmt"
func main() {
    a, b := 11, 2
    //==检查两个值是否相等，如果相等就返回 true，否则返回 false
    c := a == b
    fmt.Printf("%d==%d ? %t \n", a, b, c) //11==2 ? false
    //!=检查两个值是否不相等，如果不相等就返回 true，否则返回 false
    c = a != b
    fmt.Printf("%d!=%d ? %t \n", a, b, c) //11!=2 ? true
    //> 检查左边的值是否大于右边的值，如果是就返回 true，否则返回 false
    c = a > b
    fmt.Printf("%d>%d ? %t \n", a, b, c) //11>2 ? true
    //>= 检查左边的值是否大于等于右边的值，如果是就返回 true，否则返回 false
    c = a >= b
    fmt.Printf("%d>=%d ? %t \n", a, b, c) //11>=2 ? true
    //< 检查左边的值是否小于右边的值，如果是就返回 true，否则返回 false
    c = a < b
```

```
20      fmt.Printf("%d<%d ? %t \n", a, b, c) //11<2 ? false
21      //<= 检查左边的值是否小于等于右边的值，如果是就返回 true，否则返回 false
22      c = a <= b
23      fmt.Printf("%d<=%d ? %t \n", a, b, c) //11<=2 ? false
24      fmt.Printf("%t \n", 2.0 < 3)          //true
25      //d := 2.0
26      //fmt.Printf("%t \n", d < a) //类型不匹配
27    }
```

在示例程序 2-16 中，第 05 行声明了两个整数类型的变量 a 和 b，并把 11 和 2 分别赋值给它们。07 行用关系运算符==来比较变量 a 和 b 的值是否相等，同时将判断结果赋值给新声明的变量 c。从程序中可以看出关系运算符“==”的优先级高于变量赋值运算符“:=”。

注 意

在 Go 语言中，整数类型和浮点类型的变量不能直接进行大小比较，否则会报类型不匹配的错误。

2.6.3 逻辑运算符

逻辑运算符有非（!）、与（&&）和或（||）3 种。逻辑运算符&&和||是双目运算符，两边表达式的结果值必须是 true 或者 false。逻辑非总是取后缀值的相反值；逻辑与运算符两边表达式的结果都是 true，逻辑运算的结果值才为 true，只要有一个为 false 则逻辑运算的结果值为 false；逻辑或运算符两边表达式的结果都是 false，逻辑运算的结果值才为 false，只要有一个为 true 则逻辑运算的结果值为 true。下面是逻辑运算符基本用法的示例程序 2-17。

示例程序 2-17　逻辑运算符基本用法：chapter02\code07\opt_logic.go

```
01    //逻辑运算符基本用法的示例程序
02    package main
03    import "fmt"
04    func main() {
05      a, b := 11, 2
06      isOk := false
07      //&&逻辑与运算符
08      //如果两边的操作数都是 true，那么逻辑与运算的结果为true，否则为 false
09      fmt.Printf("%t \n", a > b && isOk) //false
10      //||逻辑或运算符
11      //如果两边的操作数有一个 true，那么逻辑或运算的结果为true，否则为 false
12      fmt.Printf("%t \n", a > b || isOk) //true
13      //!逻辑非运算符
14      //如果条件为 true，那么逻辑非运算的结果为false，否则为 true
15      fmt.Printf("%t \n", !isOk) //true
16    }
```

在示例程序 2-17 中，第 05 行先声明了两个整数类型的变量 a 和 b，并把 11 和 2 分别赋值给它们。第 06 行声明了一个布尔类型的变量 isOk，并将它赋值为 false。第 09 行输出表达式 a > b && isOk 的逻辑值，由于&&是逻辑与运算符，操作数全为 true 时这个逻辑表达式的结果才能为 true，

因为其中的 isOk 为 false，所以表达式的结果为 false。另外，从这个表达式也能推断出关系运算符的优先级比逻辑运算符的优先级高。

注 意

在 Go 语言中，逻辑运算符只能作用于布尔类型的值，不能对整数类型等数据进行操作，比如!0。

2.6.4 位运算符

位运算符是对整数在内存中的二进制位进行操作，一般情况下，位运算符使用的比较少。位运算符有按位与（&）、按位或（|）、按位异或（^）、左移（<<）和右移（>>）。下面是位运算符基本用法的示例程序 2-18。

示例程序 2-18 位运算符基本用法：chapter02\code07\opt_bit.go

```
01    //位运算符基本用法的示例程序
02    package main
03    import "fmt"
04    func main() {
05        //二进制数值表示
06        a, b := 0b00111100, 0b10001101
07        //&按位与运算符，参与运算的两数对应的各二进位按位相与
08        fmt.Printf("%b & %b = %b \n", a, b, a&b) //111100 & 10001101 = 1100
09        //|按位或运算符，参与运算的两数对应的各二进位按位相或
10        fmt.Printf("%b | %b = %b \n", a, b, a|b) //111100 | 10001101 = 10111101
11        //^按位异或运算符，参与运算的两数对应的各二进位按位相异或，
12        //当两个对应的二进位相异时，结果为1
13        fmt.Printf("%b ^ %b = %b \n", a, b, a^b) //111100 ^ 10001101 = 10110001
14        //<<左移运算符，左边的操作数的各二进位全部左移若干位，
15        //<<右边的数为指定要移动的位数，移出的高位丢弃，低位补 0
16        fmt.Printf("%b<<3 = %b \n", a, a<<3) //111100<<3 = 111100000
17        //>>右移运算符，左边的操作数的各二进位全部右移若干位，
18        //>>右边的数指定要移动的位数
19        fmt.Printf("%b>>3 = %b \n", a, a>>3) //111100>>3 = 111
20    }
```

在示例程序 2-18 中，为了清晰地说明位运算符，第 06 行声明了两个二进制格式的变量 a 和 b，其值分别为 0b00111100、0b10001101。其中，0b 打头表示该数值是二进制表示法。第 08 行输出 a&b 的值。按位与运算符只有对应二进制位的数都为 1，运算结果才为 1，否则为 0，因此，a&b 运算结果值的二进制表示为 00001100，即 1100，如图 2.11 所示。

a	0	0	1	1	1	1	0	0
b	1	0	0	0	1	1	0	1
a&b	0	0	0	0	1	1	0	0

a	0	0	1	1	1	1	0	0
b	1	0	0	0	1	1	0	1
a|b	1	0	1	1	1	1	0	1

a	0	0	1	1	1	1	0	0
b	1	0	0	0	1	1	0	1
a^b	1	0	1	1	0	0	0	1

图 2.11　a 和 b 位运算示意图

2.6.5　赋值运算符

在对变量进行赋值时，就要用到赋值运算符，它的种类也比较多，上面讲的算术运算符、逻辑运算符、关系运算符和位运算符几乎（不是全部，除了!单目运算符）都可以与基本的赋值运算符（=）进行组合，生成新的复合赋值运算符。下面是赋值运算符基本用法的示例程序 2-19。

示例程序 2-19　赋值运算符基本用法：chapter02\code07\opt_assign.go

```
//赋值运算符基本用法的示例程序
package main
import "fmt"
func main() {
    //二进制数值表示 a=60, b=141
    a, b := 0b00111100, 0b10001101
    var c int
    //= 简单的赋值运算符
    c = a + b
    fmt.Printf("%b + %b = %b \n", a, b, c) //111100 + 10001101 = 11001001
    fmt.Printf("%d + %d = %d \n", a, b, c) //60 + 141 = 201
    c1 := c
    //相加后再赋值
    c += a
    fmt.Printf("%d += %d -> %d \n", c1, a, c) //201 += 60 ->  261
    c1 = c
    //相减后再赋值
    c -= a
    fmt.Printf("%d -= %d -> %d \n", c1, a, c) //201 -= 60 ->  201
    c1 = c
    //相乘后再赋值
    c *= a
    fmt.Printf("%d *= %d -> %d \n", c1, a, c) //201 *= 60 ->  12060
    c1 = c
    //相除后再赋值
    c /= a
    fmt.Printf("%d /= %d -> %d \n", c1, a, c) //201 /= 60 -> 3
    c1 = c
```

```
    //求余后再赋值
    c %= a
    fmt.Printf("%d %%= %d -> %d \n", c1, a, c) //3 %= 60 -> 3
    c1 = a
    //左移后赋值
    a <<= 3
    fmt.Printf("%b <<=3 -> %b \n", c1, a) //111100 <<=3 -> 111100000
    c1 = a
    //右移后赋值
    a >>= 3
    fmt.Printf("%b >>=3 -> %b \n", c1, a) //111100000 >>=3 -> 111100
    c1 = a
    //按位与后赋值
    a &= b
    fmt.Printf("%b &= %b -> %b \n", c1, b, a) //111100 &= 10001101 -> 1100
    c1 = a
    //按位异或后赋值
    a ^= b
    fmt.Printf("%b ^= %b -> %b \n", c1, b, a) //1100 ^= 10001101 -> 10000001
    c1 = a
    //按位或后赋值
    a |= b
    fmt.Printf("%b |= %b -> %b \n", c1, b, a) //10000001 |= 10001101 -> 10001101
}
```

2.6.6　特殊运算符

在 Go 语言中，存在两个特殊的运算符，即&和*：&是取地址运算符；*是取地址所对应的值的运算符。这里需要注意与位运算符&和算术运算符*的区别。如果学过 C 语言，那么对这个特殊运算符会更好理解一点。下面是特殊运算符基本用法的示例程序 2-20。

示例程序 2-20　特殊运算符基本用法：chapter02\code07\opt_other.go

```
//特殊运算符基本用法的示例程序
package main
import "fmt"
func main() {
   a, b := 2, "Hello"
   //&返回变量存储地址
   var p = &a
   var p1 = &b
   fmt.Printf("&a = %x \n", p)     //&a = c000012090
   fmt.Printf("&b = %x \n", p1)    //&b = c0000361f0
   //*返回变量存储地址的值
   c := *p
   c2 := *p1
   fmt.Printf("*p = %d \n", c)     //*p = 2
   fmt.Printf("*p1 = %s \n", c2)   //*p1 = Hello
```

```
16    }
```

在示例程序 2-20 中，第 05 行声明了两个变量 a 和 b，其中 a 是整数类型、b 是字符串类型。第 07 行和第 08 行分别用&a 和&b 获取变量 a 和 b 的内存地址。第 09 行和第 10 行分别打印输出这两个内存地址，这里需要注意的是打印的内存地址会根据编译的计算机不同而有所差异。第 12 行和第 13 行用*p 和*p1 来间接引用目标对象 a 和 b。因此，第 14 行输出了变量 a 的值 2，而第 15 行输出了变量 b 的值 Hello。

2.6.7 运算符的优先级

在四则运算中，先计算乘除后计算加减，说明乘除运算符的优先级比加减运算符的优先级高。所谓优先级，就是当多个运算符出现在同一个表达式中时运算符执行次序的高低。

Go 语言有几十种运算符，被分成十几个优先级，有的运算符优先级不同，有的运算符优先级相同，如表 2.1 所示。

表 2.1 Go 运算符优先级

<table>
<tr><th>优先级</th><th>分类</th><th>运算符</th><th>结合方向</th></tr>
<tr><td>1</td><td>逗号运算符</td><td>,</td><td>从左到右</td></tr>
<tr><td>2</td><td>赋值运算符</td><td>=、+=、-=、*=、/=、 %=、 >>=、 <<=、&=、^=、|=</td><td>从右到左</td></tr>
<tr><td>3</td><td>逻辑或</td><td>||</td><td>从左到右</td></tr>
<tr><td>4</td><td>逻辑与</td><td>&&</td><td>从左到右</td></tr>
<tr><td>5</td><td>按位或</td><td>|</td><td>从左到右</td></tr>
<tr><td>6</td><td>按位异或</td><td>^</td><td>从左到右</td></tr>
<tr><td>7</td><td>按位与</td><td>&</td><td>从左到右</td></tr>
<tr><td>8</td><td>相等/不等</td><td>==、!=</td><td>从左到右</td></tr>
<tr><td>9</td><td>关系运算符</td><td><、<=、>、>=</td><td>从左到右</td></tr>
<tr><td>10</td><td>位移运算符</td><td><<、>></td><td>从左到右</td></tr>
<tr><td>11</td><td>加法/减法</td><td>+、-</td><td>从左到右</td></tr>
<tr><td>12</td><td>乘法/除法/取余</td><td>*、/、%</td><td>从左到右</td></tr>
<tr><td>13</td><td>单目运算符</td><td>!、*（指针）、& 、++、--、+（正号）、-（负号）</td><td>从右到左</td></tr>
<tr><td>14</td><td>后缀运算符</td><td>()、[]</td><td>从左到右</td></tr>
</table>

优先级值越大，表示优先级越高，比如优先级 12 的乘除比优先级 11 的加减优先级高。对于复杂的表达式，记住表 2.1 中所有的优先级是很难的，而且代码可读性很差。我们可以通过使用括号来改变某个表达式的整体运算优先级，并使得表达式的可读性更好。

2.7 注 释

软件往往是一个非常复杂的工程项目，在编写代码的时候，为了更好地让人理解 API 的用法或者内部实现的处理逻辑，经常需要对核心的代码进行说明。注释是给人看的，不具有实际软件的功能，它的主要作用就是为了增强代码的可读性。

Go 语言的注释主要分成两类：

- 单行注释 //
- 多行注释 /*　*/

好的源代码（即源程序代码）往往有一些注释即可，而不好的源代码则需要比较多的注释才能看懂。代码的可读性对于软件来说很重要，因为所有的源代码都是由人编写的，也需要在不同的人之间进行协作，因此肯定会供他人阅读。如果一段源代码根本无法读懂，就无法进行后期的维护。

下面给出带有注释的 Go 语言示例程序 2-21。

示例程序 2-21　注释示例：chapter02\code07\opt_note.go

```
01    //注释示例
02    package main
03    import "fmt"
04    func main() {
05       //声明字符串类型的变量 a
06       a := "Hello"
07       /*
08          对变量 a 进行重新赋值
09       */
10       a = "World"
11       //打印字符串 a
12       fmt.Printf("%s \n", a)
13    }
```

在示例程序 2-21 中，第 05 行是单行注释，第 07~09 行是多行注释。好的源代码往往是自解释性的，比如命名比较好的变量或者常量往往从它们的名字就能大致了解其用途。按照规范来说，对外暴露的 API 或者常量等都应该要进行注释。

2.8　类型转换

Go 语言对数据的类型要求很严格，Go 语言编译器不会对数据进行隐式的类型转换，只支持开发人员手动进行数据类型的转换操作。这个特性可能会让初学者感觉有点麻烦，例如整数类型和浮点类型不能混用。

Go 语言数据类型转换的语法比较简单，将类型 A 的值转换成类型 B 的值的语法如下：

```
类型 B(类型 A 的值)
```

例如，我们需要将浮点（float32）类型的变量 f （值为 3.14）转换成整数（int）类型的数据，则可以用 int(f)将数据转成 3。下面是常用的类型转换的示例程序 2-22。

示例程序 2-22 类型转换：chapter02\code07\type_convert.go

```
01 //类型转换的示例
02 package main
03 import "fmt"
04 func main() {
05     //float32 转 int
06     var pi float32 = 3.14
07     p := int(pi)
08     fmt.Println(p) //3
09     //int 转 float32
10     f := float32(p)
11     fmt.Println(f / 2.5) // 1.2
12     //float32 转 float64
13     f64 := float64(f)
14     fmt.Printf("%T\n", f64)     //输出类型，float64
15     fmt.Printf("%.3f\n", f64)   //保留 3 位小数，3.000
16     //var b bool = true
17     //bool 类型不能转 int 类型
18     //b1 := int(b)
19     //s := "1"
20     //string 类型不能转 int 类型
21     //p2 := int(s)
22     //%-10.2f 表示最小 10 个宽度，左对齐，保留 2 位小数
23     //%12.3s 表示最小 12 个宽度，右对齐，保留 3 位小数
24     //|3.14      |       3.000|
25     fmt.Printf("|%-10.2f|%12.3f|\n", pi, f64)
26 }
```

在示例程序 2-22 中，可以知道浮点（float32）类型的数据可以转成整数（int）类型，只是高精度的值转换为低精度的值时会丢失精度。同样，整数类型的数据也可以转换成浮点（float32）类型的数据。float32 类型和 float64 类型可以互转。从第 16~21 行来看，类型 B（类型 A 的值）这种转换语法无法将布尔类型转成整数类型，也不能将字符串类型"1"转换为整数类型的 1。

另外，注意 fmt.Printf 这个函数的用法，可以用参数%.3f 对浮点类型的数据保留到小数点后 3 位，也可以通过%-10.2f 或%12.3f 实现对浮点类型的数据左对齐和右对齐的设置，这种功能在打印输出多个值时用于控制对齐输出非常好用。同样的，%10s 可以用于字符串的对齐输出。

注 意

在 Go 语言中，不是所有数据类型都能转换的。另外，int(3.14)这种转换方式也会报错，因为数值常量不能通过截取转换到整数类型。

字符串类型和数值类型之间的转换在日常的开发过程中经常用到，那么在 Go 语言中如何实现整数类型或者浮点类型与字符串类型的互转呢？此时需要用到标准库中的 strconv 包（关于此包的用法，可以执行 go doc strconv 命令进行查看）。下面是 strconv 包中常用函数用法的示例程序 2-23。

示例程序 2-23 strconv 包中常用函数用法的示例：chapter02\code07\strconv.go

```
//strconv 包中常用函数用法的示例
```

```
package main
import (
    "fmt"
    "strconv"
)
func main() {
    //float32 或者 float64 类型转字符串类型
    var f32 float32 = 3.14
    var f64 float64 = 3.14
    //FormatFloat 第一个参数是 float64 类型
    //s1 := strconv.FormatFloat(f32, 'f', 3, 32)
    s1 := strconv.FormatFloat(float64(f32), 'f', 3, 32)
    s2 := strconv.FormatFloat(f64, 'f', 3, 64)
    fmt.Printf("|%-10s|\n", s1)
    fmt.Printf("|%-10s|\n", s2)
    //字符串类型转 float32 或者 float64 类型
    //返回 float64
    f1, _ := strconv.ParseFloat(s1, 32)
    f2, _ := strconv.ParseFloat(s2, 64)
    fmt.Printf("|%-10.6f|\n", f1)
    fmt.Printf("|%-10.6f|\n", f2)
    //字符串类型转整数类型
    //只有整数数字组成的字符串才能转换成功，否则返回 0
    //十进制，返回值 int64 类型
    int1, _ := strconv.ParseInt("45", 10, 32)
    int2, _ := strconv.ParseInt("45.0", 10, 64) //0
    fmt.Printf("|%-10d|\n", int1)
    fmt.Printf("|%-10d|\n", int2)
    //整数类型转字符串类型
    //只有整数数字组成的字符串才能转换成功，否则返回 0
    //十进制，返回值 int64 类型
    s1 = strconv.Itoa(int(int1))
    //s2 = strconv.Itoa(3.14)
    //s2 = strconv.Itoa(int(3.14))
    s2 = strconv.Itoa(int(f32))
    fmt.Printf("|%-10s|\n", s1)
    fmt.Printf("|%-10s|\n", s2)
    //布尔类型和字符串类型互转
    b := true
    s1 = strconv.FormatBool(b)
    b2, _ := strconv.ParseBool("false")
    fmt.Printf("|%-10s|\n", s1)
    fmt.Printf("|%-10t|\n", b2)
}
```

在示例程序 2-23 中，首先需要导入包"strconv"，其中的 strconv.FormatFloat、strconv.Itoa 和 strconv.FormatBool 分别可以将 float64 类型、整数类型和布尔类型的值转换成字符串，strconv.ParseFloat、strconv.ParseInt 和 strconv.FormatBool 可以将字符串类型的值转换成对应的 float64 类型、整数类型和布尔类型的值。strconv.Itoa 等同于 strconv.FormatInt(int64(i), 10)， strconv.Atoi 等同于 strconv.ParseInt(s, 10, 0)。

> **注 意**
>
> strconv.FormatFloat 这类函数会返回两个值，一个是转换的值，一个是 error 对象，这里用下划线（_）进行了忽略，且第一个参数只接受 float64 类型的参数，不能处理 float32 类型的值。另外，strconv.ParseInt("45.0", 10, 64) 会解析报错并返回 0。

在目录 code07 中执行命令 go run strconv.go，会输出如下结果：

```
|3.140     |
|3.140     |
|3.140000  |
|3.140000  |
|45        |
|0         |
|45        |
|3         |
|true      |
|false     |
```

2.9 演练：原子计算器

原子计算器（Atom Calculator）是一种根据原子成分（质子、中子和电子）的数量计算原子数和质量数的工具。我们可以用已知数量的质子和电子来定义离子的电荷。原子由原子序数（符号 Z）作为唯一标识。原子序数是原子核中存在的质子数。对于不带电的原子，原子序数等于电子序数。在离子中，电子数是离子的原子数和电荷之间的差。在阳离子中，电子比质子少；在阴离子中，电子比质子多。同一种化学元素与不同数量中子的变体称为同位素。质子和中子决定一个原子的质量。质量数（符号 A）是质子和中子数的总和。

假如我们知道质子（p）、中子（n）和电子（e）的数目，就可以计算原子序数（Z）、原子质量（A）和电荷（c），如方程式 2-1~2-3 所示。

$$Z = p \tag{2-1}$$

$$A = p + n \tag{2-2}$$

$$c = p - e \tag{2-3}$$

基于上述方程式，可以用 Go 语言进行实现，下面给出简易的原子计算器示例程序 2-24，其中为了可以连续地处理用户输入，用到了 for 无限循环。关于逻辑控制语句会在后续章节进行详细介绍，这里只需了解即可。

示例程序 2-24　原子计算器：chapter02\code08\main.go

```
//原子计算器，只能进行一次计算
//知道质子、中子和电子的数目，可以计算原子序数、原子质量和电荷
package main
```

```
04  import (
05      "fmt"
06  )
07  func main() {
08      //质子
09      var p int = 0
10      //中子
11      n := 0
12      //电子
13      var e = 0
14      fmt.Println("原子计算器 1.0，输入质子、中子和电子的值，得到原子序数、
        原子质量和电荷")
15      fmt.Println("用法:空格分隔 3 个数值，换行进行计算，例如 16 16 18")
16      fmt.Println("================")
17      //Scanln 遇到换行时才停止扫描
18      fmt.Scanln(&p, &n, &e)
19      //原子序数（Z）
20      Z := p
21      //原子质量
22      A := p + n
23      //电荷
24      c := p - e
25      fmt.Printf("当质子 p=%d、中子 n=%d 和电子 e=%d 时\n", p, n, e)
26      fmt.Printf("原子序数 Z=%d、原子质量 A=%d 和电荷 c=%d \n", Z, A, c)
27  }
```

在示例程序 2-24 中，第 09~13 行用 3 种不同的变量声明方式声明了代表质子、中子和电子的变量 p、n 和 e。第 14~16 行用 fmt.Println 输出关于当前计算器的一些说明信息。第 18 行用 fmt.Scanln 方法获取用户输入，其中有 3 个值，可以用空格分隔，获取用户的输入后分别赋值给变量 p、n 和 e。最终按照方程式 2-1~2-3 进行计算，最后输出结果。在命令行执行 go run .\main.go 命令，结果如图 2.12 所示。

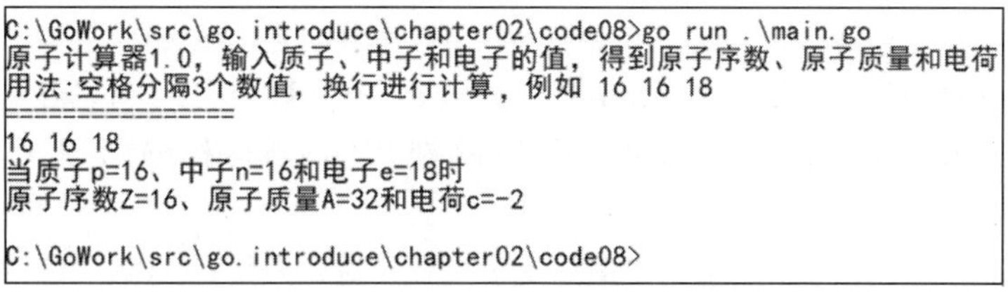

```
C:\GoWork\src\go.introduce\chapter02\code08>go run .\main.go
原子计算器1.0，输入质子、中子和电子的值，得到原子序数、原子质量和电荷
用法:空格分隔3个数值，换行进行计算，例如 16 16 18
================
16 16 18
当质子p=16、中子n=16和电子e=18时
原子序数Z=16、原子质量A=32和电荷c=-2

C:\GoWork\src\go.introduce\chapter02\code08>
```

图 2.12　原子计算器运行的界面

2.10　小　结

本章是比较重要的一章，主要介绍了 Go 语言中的基础要素，重点对 Go 语言的命名规范、包、基本数据类型、变量和常量以及几类运算符和注释等语法进行了详细说明。最后用原子计算器作为实战项目，实现了让用户输入质子、中子和电子数，用程序计算出原子序数、原子质量和电荷数。

第 3 章

函数

函数（Function）在很多编程语言中都具有非常重要的地位。数学上的函数是一种通用的表达式，是对现实中某种问题的抽象，可以解决某一类问题。编程语言中的函数是对某种功能的封装，在需要的时候可以调用这些功能，就是函数的调用。任何一个大型的程序都是由多个子模块（包）所组成，而子模块（包）又是由很多函数所构成。

函数是程序代码逻辑的基本组件，函数中声明的变量或者常量都是局部的，不会“污染”外部，当函数调用完成后，内部变量或者常量就会自动释放掉，把占用的资源归还给系统。在 Go 语言中，函数的返回值可以赋值给变量，也可以作为其他函数的参数进行传递。

函数设计的好坏直接关系到整个程序的运行效率。假如将程序比作一辆车，那么函数就是构成车的各个零件，只有这些零件稳定地运行且互相配合，才能更好地发挥整辆车的性能。

本章涉及的主要知识点有：

- 函数的基本结构：函数由关键字 func、函数名、参数列表、返回值和函数体构成。
- 多个返回值的特性：Go 语言中的函数可以返回多个值，这种特性会给编程带来极大的便利性。
- 数据的作用域：函数中的变量或者常量是局部变量，而函数体外的变量或者常量则是全局变量，它们的生命周期不同，作用域也不同。
- 不同类型的函数用法：掌握匿名函数、变长函数、递归函数和回调函数的基本用法以及它们之间的区别。
- 闭包：掌握闭包的概念以及闭包的基本用法。
- defer 关键字：掌握 defer 和函数一起使用的作用。
- 实战演练：实现一个原子计算器 2.0 迭代版。

3.1　函数的结构

在编程课程中，有一门课程叫“数据结构和算法”，其中会专门对常见的数据结构进行介绍，比如链表、队列等。有一种观点认为数据结构比算法重要，因为数据结构往往决定了它的功能。换句话说，结构决定了功能。

在 Go 语言中，为什么函数具备可重复调用的特性，且可根据传入的参数经过一定的逻辑处理后返回结果呢？本质上这是由函数的基本结构决定的。

3.1.1　Go 语言函数的基本结构

Go 语言的函数基本定义语法：

```
func 函数名( [参数列表] ) [函数返回值类型] {
   函数体
}
```

Go 语言的函数由如下几个部分所构成：

- 关键字 func

在 Go 语言中，任何一个函数的定义都必须用关键字 func 打头进行声明，func 是函数英文名 function 的简写。关键字 func 和函数名之间必须用空格隔开。

- 函数名

函数名不能用数字或者$、#等特殊字符打头，函数名首字母的大小写决定了该函数的包外可见性。首字母大写的函数在包外可见，而首字母小写的函数在包外不可见。Go 语言中建议用驼峰法命名法对函数进行命名，比如用 getName()而不是用 get_name()。函数名可以不指定（为空），这种函数被称为匿名函数。函数名作为函数的标识符，可以用来对函数进行调用。

- 参数列表

函数可以看作是具备输入和输出接口的黑盒子。函数的参数列表就是函数的输入。Go 语言是强类型语言，每个函数的参数列表必须要给定形参的名称以及形参的数据类型。函数定义中给出的形参列表信息就限定了函数调用的时候可以传入的实参个数、顺序以及类型，不匹配的话会出现错误。参数列表可以为空，可以是一个或者多个值。不同的参数之间用英文逗号隔开。形参只是一个占位符，当调用函数时，会将实际的值（称为实参）传递给函数的形参。

- 返回值类型

函数的作用就是对输入进行逻辑处理，并返回结果，从而实现代码的复用。Go 语言的函数在定义的时候如果有返回值，就需要指定返回值的数据类型；如果不指定，则表示函数不返回任何值。Go 语言中的函数返回值可以是函数。另外，如果函数返回声明中不仅指定了返回值的数据类型，还给出了返回值的别名，如 func sum(a, b int) (c int)，那么变量 c 在函数内部可以直接使用，无须再次声明，并且函数最后可以用 return 语句结束，函数会自动返回 c 的值，即相当于执行了 return c 语句。

- 函数体

函数体是函数定义中在符号{ }之间的代码块。在 Go 语言中，函数的第一个左括号{必须和函数名在一行，不能另起一行。函数体中可以用 return 关键字把函数的返回值返回给函数的调用者。函数体中既可以调用其他函数，也可以重新定义函数。

下面是 Go 语言函数使用的示例程序 3-1。

示例程序 3-1　求和函数：chapter03\code01\func01.go

```
01    package main
02    import "fmt"
03    func sum(a int, b int) int {
04        return a + b
05    }
06    func main() {
07        c := sum(2, 3)
08        fmt.Printf("sum(2, 3)=%d \n", c)
09    }
```

在示例程序 3-1 中，第 03 行首先用 func 关键字声明了一个名为 sum 的函数，这个 sum 函数有两个参数，分别是 a 和 b，它们都是整数类型。sum 函数返回值的类型也是整数类型。第 04 行是 sum 函数的函数体，用 return 返回形参 a 和 b 之和。第 07 行用短变量定义的方式定义了一个变量 c，其值为调用函数 sum 的返回值。此时，实参 2 和 3 会被传递到函数 sum 的形参 a 和 b 中，因此返回值为 2+3=5。由于 Go 语言是一门编译型的语言，因此函数编写的顺序是无关紧要的，例如示例程序 3-1 中的函数 sum 可以放于 main 函数之前，也可以放于 main 函数之后，顺序不影响调用结果。

注　意
Go 语言中不支持函数的重载，另外同一个包中不允许定义同名的函数，即使它们的参数不一样也不允许。内置的 init 函数除外。

3.1.2　函数中的变量存储（堆栈）

在计算机程序运行时，变量的分配涉及两个地方：一个是栈（Stack），另一个是堆（Heap)。栈是一种内存连续的数据结构，按照后进先出的原则进行数据的存取，先进入的数据被压入栈底，最后进入的数据放在栈顶。当从栈中读取数据的时候，会从栈顶开始弹出数据。栈是只能在一端进行插入和删除数据的线性结构。

栈是计算机内存中的一个区域，主要用于存储由函数创建的局部变量。当函数调用完成后，栈中存储的局部变量的内存会被自动清空，操作系统可有效管理栈内存空间，因此内存不会碎片化。由于是内存连续的结构，因此存取数据也比较快。栈的内存大小限制取决于操作系统本身，且无法动态调整变量的内存大小。栈的内存是非常有限的，在栈上创建太多变量可能会增加栈溢出的风险。

堆是主要用来存储全局变量或者大对象的地方。一般来说，所有全局变量都存储在堆内存空间中，它支持动态内存分配。堆中的变量一般会由垃圾回收机制来定期清理，但是如果语言本身没有自动垃圾回收，就需要程序员自行清理内存，否则比较容易造成内存泄漏。堆中的内存结构往往不是连续的，因此读取数据的速度相对于栈来说慢一些。堆内存管理比栈内存管理更加复杂，执行的时间也比栈更长。但是，堆可以进行全局变量操作，且能使用操作系统可以提供的最大内存来存取变量。

为了优化性能，有时我们需要对代码中的变量进行分析，以判断哪些变量分配在栈上、哪些变量分配在堆上。Go 语言给开发人员提供了一套工具，可以比较方便地进行逃逸分析（Escape Analysis）。在函数中给变量分配内存后，其指针有可能被返回或者被全局引用，这样就可能会被其他函数或者线程所引用，这种现象称作指针（或者引用）的逃逸。通过逃逸分析，就可以知道变量是在栈中进行分配还是在堆中进行分配。

变量在内存中存储的位置（堆还是栈）对编写高效程序确实有一定的影响。Go 编译器中优化算法尽可能将函数中局部变量分配到栈上。如果 Go 编译器无法确认在函数返回后没有其他对象引用该变量，或者该变量非常大，或者变量的大小无法确定（比如 interface{}，这个类型会在后续章节进行介绍），那么编译器会在堆上分配该变量，以避免出现悬空指针错误（Dangling Pointer Error，也称为“野指针”错误）。与指针相关的内容会在第 6 章详细说明。

另外，Go 语言可以用编译器参数来对变量进行逃逸分析。其中，参数-gcflags 可以将编译参数传递给 Go 编译器，逃逸分析主要涉及两个参数：

- -m：打印出逃逸分析的优化策略，可以同时用多个，如-m -m。
- -l：禁用函数的内联（inline）功能，这样能更好地观察逃逸情况，减少干扰。

比如用如下命令即可对文件 main.go 进行变量逃逸分析：

```
go build -gcflags "-l -m" .\main.go
```

因此，我们可以用 go build -gcflags "-l -m" .\func01.go 命令对示例程序 3-1 中的程序代码进行逃逸分析，执行完成后会显示如下信息（注意，示例代码行号和实际打印的行号不一致）：

```
# command-line-arguments
.\func01.go:11:12: main ... argument does not escape
.\func01.go:11:13: c escapes to heap
```

由逃逸分析可知，func01.go 文件中的第 11 行变量 c 逃逸到堆（Heap）上。在示例代码中是第 08 行，即 fmt.Printf("sum(2, 3)=%d \n", c)语句中的 c 逃逸了。这是由于 fmt.Println 函数的参数类型是 interface{}，在编译阶段 Go 编译器无法确定具体的类型，因此会分配到堆上，从而发生了逃逸。其实我们可以用 Go 的内建函数 println 来代替 fmt.Println，这样的话示例程序 3-1 中的变量 c 就不会发生逃逸问题了。

注 意

示例程序 3-1 中的空行已经删除，但是实际源代码中的空行未被删除，因此显示的行号和示例代码中的行号并不一致。另外，Go 不同版本的逃逸分析可能会有所不同，这主要是由于 Go 编译器会不断优化逃逸分析算法。

3.1.3 函数返回函数

在 Go 语言中，函数除了可以返回基本数据类型的值之外，还可以返回一个函数。这种特性和 JavaScript 比较类似。下面给出一个 Go 语言函数返回一个函数的示例程序，如示例程序 3-2 所示。

示例程序 3-2 函数返回函数的示例：chapter03\code02\func02.go

```
01    package main
02    import "fmt"
03    func sum(a int, b int) func(int, int) int {
04      return func(c int, d int) int {
05          return a + b + c + d
06      }
07    }
08    func main() {
09      c := sum(2, 3)(4, 5)
10      //sum(2, 3)(4, 5)=14
11      fmt.Printf("sum(2, 3)(4, 5)=%d \n", c)
12    }
```

在示例程序 3-2 中，第 03 行声明了一个 sum 函数，它接收 2 个整数类型的参数。注意，这个函数的函数体用 return 返回了一个接收两个整数类型参数的函数（这个函数实际是一个匿名函数），return 的函数签名必须和 sum 函数返回值的数据类型一致，即 func(int, int) int。

第 09 行可以用 sum(2, 3)(4, 5)对定义的函数 sum 进行调用，sum(2,3)实际上返回了其内部定义的函数，假设为 f，则可以用 f(4, 5)进行调用，这两个函数进行合并即为 sum(2, 3)(4, 5)，返回值为 2+3+4+5=14。

同样的，我们用如下命令对文件 func02.go 进行变量逃逸分析：

```
go build -gcflags "-l -m" .\func02.go
```

则会显示如下信息（注意示例代码行号和实际打印的行号不一致）：

```
.\func02.go:6:9: func literal escapes to heap
.\func02.go:14:12: main ... argument does not escape
.\func02.go:14:13: c escapes to heap
```

另外，我们也可以执行 go tool compile -m .\func02.go 命令来显示编译器的优化策略信息，具体内容如下所示。

```
.\func02.go:6:9: can inline sum.func1
.\func02.go:14:12: inlining call to fmt.Printf
.\func02.go:6:9: func literal escapes to heap
.\func02.go:14:13: c escapes to heap
.\func02.go:14:12: main []interface {} literal does not escape
.\func02.go:14:12: io.Writer(os.Stdout) escapes to heap
<autogenerated>:1: (*File).close .this does not escape
<autogenerated>:1: (*File).isdir .this does not escape
```

编译器实际上将 sum 函数进行内联，提高了执行效率。在这个例子中，go tool compile -m 可以比 go build -gcflags "-l -m"显示更多的信息。在实际项目中，我们可以根据自己的情况单独使用或者组合使用。

3.2 函数返回多个值的特性

在 Go 语言中，函数返回多个值的特性是一个重要的特性，可以让 Go 语言的程序代码更加简洁。学过 C#或者 Java 语言的人都知道，在这两种语言中如果要让函数返回多个值，一般需要返回一个自定义的类或者借助其他手段。Go 语言无须额外设置，即可根据需要返回多个值。

下面是 Go 语言函数返回多个值的示例程序 3-3。

示例程序 3-3 函数返回多个值：chapter03\code03\func03.go

```
01    package main
02    import "fmt"
03    //sumAndmul 返回两个值，一个是和，一个是乘
04    func sumAndmul(a int, b int) (int, int) {
05        return a + b, a * b
06    }
07    func main() {
08        s, m := sumAndmul(2, 3)
09        //sumAndmul(2, 3)=5,6
10        fmt.Printf("sumAndmul(2, 3)=%d,%d \n", s, m)
11        s1, _ := sumAndmul(2, 3)
12        //sumAndmul(2, 3)->5
13        fmt.Printf("sumAndmul(2, 3)->%d\n", s1)
14        //可以不赋值
15        sumAndmul(2, 3)
16    }
```

在示例程序 3-3 中，第 04 行定义了一个 sumAndmul 函数，接受 2 个整数类型的参数；第 05 行用 return 返回 a+b 和 a*b 的结果，并用逗号隔开。由于返回的两个值的数据类型都为整数类型，因此第 04 行函数的返回值类型为 (int, int) 。这里需要注意的是，函数返回多个值时，多个返回值的数据类型用逗号隔开，且必须放于括号()中，这个括号是不能省略的，否则会出现编译错误。

第 08 行用短变量声明的方式声明了两个变量 s 和 m，同时调用函数 sumAndmul(2, 3)，由于此函数返回两个值 2+3 和 2*3，因此会分别赋值给变量 s 和 m，即变量 s 为 5、m 为 6。第 11 行中有一个特殊的字符下划线（_），表示要忽略第二个返回值，因此变量 s1 的值为 5。

在调用具有多个返回值的函数时，如果要将函数返回值赋值给变量，那么变量的个数和数据类型必须和函数返回值的个数和数据类型一致，否则会报错，例如 s := sumAndmul(2, 3)和 s, m, t := sumAndmul(2, 3)都是错误的语法。在调用这类具有多个返回值的函数时也可以不赋值，如第 15 行所示，不过这种用法一般来说意义不大。

注　意

Go 函数不支持类似 TypeScript 语言中的可选参数和默认参数，这是 Go 语言的设计团队故意丢弃的语言特性。

如果我们用命令 go build -gcflags "-l -m" func03.go 进行逃逸分析，就会输出如下信息：

```
.\func03.go:12:12: main ... argument does not escape
.\func03.go:12:13: s escapes to heap
.\func03.go:12:13: m escapes to heap
.\func03.go:15:12: main ... argument does not escape
.\func03.go:15:13: s1 escapes to heap
```

由此可见，变量 s、m 和 s1 逃逸到堆（Heap）上了。

3.3 作用域

作用域（Scope）对于 Go 语言来说是一个非常重要的概念。我们知道一段程序代码中所用到的标识符（变量名、常量名和函数名等）并不总是对外可见的，而限定这个标识符可用性的代码范围就是这个标识符的作用域。作用域为已声明标识符所表示的常量、类、变量、函数或包在源代码中的作用范围。

作用域机制可以大大降低标识符的命名冲突问题，防止全局污染，同时可以让临时使用的标识符（如变量）只在其作用域范围内可见、而在作用域外的区域无法访问，从而增强程序的可靠性。

举个例子，在学校读书的时候，我们可以用学校的 IC 卡到食堂购物，也就是说这个 IC 卡的作用域只能在学校内部范围使用，在学校外这个 IC 卡就失去了购物的作用，就相当于“不可见”了。

Go 语言中的变量有全局变量和局部变量之分。一般来说，Go 函数内定义的变量（参数和用返回值的变量）就是局部变量，其作用域只在函数体内；函数外定义的变量就是全局变量。在同一个作用域中，一个标识符不能被声明两次。但是，在函数内部的代码块中可以定义和函数外同名的标识符，按照就近原则，函数体内的标识符会暂时屏蔽外部的同名标识符。下面是演示变量作用域的示例程序 3-4。

示例程序 3-4　变量作用域：chapter03\code04\func.go

```
package main
import "fmt"
//全局变量
var cname = "jack"
var age = 31
func printName() {
   //局部变量
   var cname = "smith"
   fmt.Printf("printName cname->%s\n", cname)
```

```
10      age++                          //单独一行
11      fmt.Printf("printName age->%d\n", age) //32
12      //fmt.Printf("printName age->%s\n", age++) //error
13    }
14    func main() {
15      printName()
16      fmt.Printf("main cname->%s\n", cname)
17      fmt.Printf("main age->%d\n", age) //32
18    }
```

在示例程序 3-4 中，第 04 行和第 05 行分别定义了一个字符串类型的变量 cname 和整数类型的变量 age。由于这两个变量是在函数外定义的，因此这两个变量是全局变量（对于同一个包而言）。第 08 行在函数 printName 中，定义了一个和第 04 行同名的变量 cname，注意这是在函数体内声明的，是局部变量，因此只能在声明它的函数体内进行存取。当这个变量和外部变量同名时，函数体内引用的变量 cname 的值为内部定义局部变量的值，即 "smith"，而不是 "jack"。

第 10 行对全局变量 age 进行自增。在 Go 语言中，++和--运算符只能当成一个语句来调用，而不可以将其直接赋值给变量或者当成一个参数传递给一个函数，因此第 12 行被注释的语句如果取消注释，编译器则会报错。这也是第 10 行要单独成一行的原因。

第 15 行在 main 入口函数中首先调用函数 printName，虽然函数 printName 中定义了一个和 cname 同名的变量，但是不会影响全局变量 cname 的值，因此第 16 行输出的是全局变量在第 04 行的值。第 17 行输出全局变量 age 时，由于 age 在调用 printName 函数时被自增加了 1，因此输出结果为 31+1=32。

注 意

即使是在不同的文件中，Go 函数体外声明的全局变量在同名包内是可见的。这种全局变量如果变量名的首字母是小写的，那么在包外是不可见的；如果变量名的首字母是大写的，那么在包外是可见的。

下面介绍一下 Go 语言中常见的几种函数类型：匿名函数、变长函数、递归函数、回调函数和闭包。这几种函数在定义的时候都存在差异，而且使用场景一般也不同。

3.4 匿名函数

匿名函数（Anonymous Function）在 JavaScript 中会经常用到，是没有函数名的一种函数。由于没有函数名，因此一般情况下只能在定义匿名函数时进行即时调用。换句话说，如果某个函数只需要调用一次，即无须重复进行调用，那么可以使用匿名函数。

3.4.1 匿名函数的即时调用

匿名函数可以用即时调用方式进行调用，如示例程序 3-5 所示。

示例程序 3-5 匿名函数的即时调用：chapter03\code05\func.go

```
01  package main
02  import "fmt"
03  func main() {
04      //此匿名函数只能调用一次
05      s, m := func(a int, b int) (int, int) {
06          return a + b, a * b
07      }(2, 3)
08      //匿名函数(2, 3)=5,6
09      fmt.Printf("匿名函数(2, 3)=%d,%d \n", s, m)
10  }
```

在示例程序 3-5 中，第 05 行用关键字 func 定义了一个函数，但是 func 关键字后并没有指定函数名，因此这个函数是一个匿名函数。这个匿名函数接收 2 个整数类型的参数，并返回两个整数类型的函数值。定义匿名函数后，可以直接在它的定义后面用(2, 3)进行调用，并将值赋给变量 s 和 m。因此，s 的值为 2+3=5，m 的值为 2*3=6。

3.4.2 匿名函数的重复调用

匿名函数还可以实现重复调用的，只需要将匿名函数的定义赋值给一个变量，然后就可以用这个变量当作匿名函数的函数名进行调用了。下面是匿名函数赋值给变量来实现重复调用的示例程序 3-6。

示例程序 3-6 匿名函数的重复调用：chapter03\code06\func.go

```
01  package main
02  import "fmt"
03  func main() {
04      //匿名函数赋值给变量 f，之后就可以多次调用这个匿名函数
05      f := func(a int, b int) (int, int) {
06          return a + b, a * b
07      }
08      s, m := f(2, 3)
09      //f(2, 3)=5,6
10      fmt.Printf("f(2, 3)=%d,%d \n", s, m)
11      s, m = f(3, 7)
12      //f(2, 3)=10,21
13      fmt.Printf("f(2, 3)=%d,%d \n", s, m)
14  }
```

在示例程序 3-6 中，第 05 行依然用关键字 func 定义一个函数，但是 func 关键字后没有指定函数名，因此这个函数是一个匿名函数。这个匿名函数接收 2 个整数类型的参数，并返回两个整数类型的函数返回值。和示例程序 3-5 不同的是，这个匿名定义后并未直接进行调用，而是将其赋值给一个变量 f，之后借助这个 f 就可以实现匿名函数的重复调用。第 08 行和第 11 行分别用 f(2, 3)和 f(3, 7)对匿名函数进行了调用。

注　意

在 Go 语言中，只能将一个匿名函数赋值给变量，而不能将一个命名函数赋值给变量。

3.5　变长函数

前面介绍过的求和 sum 函数只能处理定义时的 2 个参数，但是如果要对 3 个或者更多的参数求和，则无能为力。考虑到 Go 语言不支持函数重载，因此也不能同时定义两个同名的 sum 函数来解决这个问题。那么在 Go 语言中，如何才能达到 sum 函数既可以接收 2 个参数又可以接收 3 个参数呢？

在 Go 语言中，有一种特殊的函数参数，叫作变长参数，可以处理任意多个参数。借助变长参数，可以让函数的功能更加强大。这个特性和 TypeScript 语言中的不定参数非常类似。变长参数在定义时需要在数据类型前面用 3 个点 “...” 来指定，如变长的整数类型参数为...int。有变长参数的函数也称为变长函数。下面是变长函数的示例程序 3-7。

示例程序 3-7　变长函数的用法：chapter03\code07\func.go

```
01  package main
02  import "fmt"
03  //... 表示一个变长函数参数
04  func sum(ns ...int) int {
05     ret := 0
06     for _, n := range ns {
07         ret += n
08     }
09     return ret
10  }
11  func main() {
12     fmt.Println(sum())              // 0
13     fmt.Println(sum(1))             // 1
14     fmt.Println(sum(2, 3))          // 5
15     fmt.Println(sum(2, 3, 4))       // 9
16  }
```

在示例程序 3-7 中，第 04 行定义了一个名为 sum 的函数。这里需要特别注意一下，sum 函数的参数 ns 是...int 。整数类型（int）前面有 3 个点，表示参数 ns 是变长参数，换句话说，该函数可以接收任意数量的整数类型。

第 05 行定义了一个变量 ret 并将它赋值为 0，于是 Go 编译器把变量 ret 认定为整数类型。第 06 行用到了 for 循环语句，后续章节会详细介绍这个循环语句，这里只需要了解一下即可。第 06~08 行实际上就是对传入的参数值进行累加。第 09 行将累加值返回。第 12~15 行在调用 sum 函数时分别传入 0 个参数、1 个参数、2 个参数或者 3 个参数，都可以正常执行。

变长函数在处理不确定数目的参数时是非常有用的。换句话说，如果一个函数需要处理不定数目的参数，就可以使用变长函数。

注 意

在 Go 语言中，变长参数...必须放于函数的末尾，否则会报语法错误。

3.6 递归函数

在编程语言中，如果函数直接或间接调用函数自身，则该函数被称为递归（Recursion）函数。递归作为一种算法在编程语言中被广泛应用。有些现实问题不借助递归的话，求解过程会非常复杂。

3.6.1 使用递归函数求解斐波那契数列

递归往往只需少量的代码就可描述出解题过程所需要的多次重复计算，大大地减少了程序的代码量。递归的能力在于用有限的语句来定义对象的无限集合。一般来说，递归需要有退出条件，否则会进入无限循环而无法退出。

举一个数学中的例子，斐波那契数列是：1，1，2，3，5，8，13，21，34，55，89，144……以此类推，我们会发现在这个数列中，后一个数等于前面两个数之和（1=1+0，2=1+1，3=1+2……）。这个数列的规律在自然界中也很有代表性，如兔子自然繁殖数量的规律。

如果想求解斐波那契数列，那么最直接的方式是借助递归函数来求解。首先分析数列的递归表达式：

$$f(n)=\begin{cases} n & n\leqslant 1 \\ f(n\text{-}1)+f(n\text{-}2) & n>1 \end{cases}$$

此函数解析式是一个分段函数，其中第二段是一个递归函数，需要函数调用自身。下面是递归函数求解斐波那契数的示例程序 3-8。

示例程序 3-8　递归函数实现斐波那契数列：chapter03\code08\func.go

```
01    package main
02    import "fmt"
03    //递归函数实现斐波那契数列
04    func fib(n int64) int64 {
05        if n <=1 {
06            return n
07        }
08        return fib(n-2) + fib(n-1)
09    }
10    func main() {
11        var i int64 = 8
12        fmt.Printf("fib(8)= %d\n", fib(i)) //21
13    }
```

在示例程序 3-8 中，第 04 行定义了一个名为 fib 的函数，接收一个 int64 类型的变量，同时返回一个 int64 类型的值。第 05~07 行用到了逻辑控制中的 if 条件判断，其中 if n <=1 是递归的退出条件。第 08 行是体现递归的地方，fib 函数调用自身。

> **注 意**
>
> Go 语言中不支持匿名函数的递归，如果将一个匿名函数赋值给一个变量，那么在匿名函数内部访问这个变量会出现未定义的错误。

一般来说，在编程语言中，函数调用是通过栈（Stack）这种数据结构来实现的：每当进入一个函数调用，栈就会加一层栈帧；每当函数调用结束后返回，栈就会减一层栈帧。由于栈的大小是有限的，因此如果递归调用的次数过多，就可能会导致栈内存溢出的情况。另外，由于递归中间的临时运算结果并没有暂存，因此计算速度也比较慢。

递归函数虽然可以简化程序，让程序代码更加具有可读性，但是如果递归的调用层次过多，那么执行效率会非常低，也非常耗时，例如用递归计算 fib(50)会非常耗时。此时需要用其他的非递归方式来实现，以提高效率。

3.6.2 使用循环代替递归的方法

递归函数也可以利用非递归的方法来实现。下面给出计算斐波那契数列的非递归改进版本，以提高计算速度，如示例程序 3-9 所示。

示例程序 3-9 用非递归函数来实现斐波那契数列：chapter03\code08\func2.go

```
package main
import "fmt"
//fibNoRec 函数，用非递归函数来实现斐波那契数列
func fibNoRec(n int64) int64 {
   var f1 int64 = 0
   var f2 int64 = 1
   var i int64 = 0
   for ; i < n; i++ {
        f1, f2 = f2, f1+f2
   }
   return f1
}
func main() {
   fmt.Printf("fibNoRec(50)= %d\n", fibNoRec(50)) //12586269025
}
```

在示例程序 3-9 中，实际上是用循环的方式来替换递归的方式，由于中间的值都暂存在临时变量中，因此这种方式的计算效率与递归方式的计算效率要高不少。

3.7 回调函数

在 JavaScript 中实现异步的 Ajax 请求时基本都要用回调函数。由于异步请求何时返回是不确定的，因此不适用于同步方法，否则可能会阻塞 UI 线程。当请求执行完成后，再调用回调函数，这样的用户体验会更好，执行效率也更高。

Go 语言当然也支持回调函数（Callback Function）。回调函数本质上就是作为另一个函数参数的函数。在函数体中，可以在适当的时机调用参数对应的函数，形成回调。在很多语言的内部，也会大量使用回调函数，比如事件机制。下面是演示 Go 语言中函数回调基本用法的示例程序 3-10。

示例程序 3-10　回调函数的基本用法：chapter03\code09\func.go

```
01  package main
02  import "fmt"
03  type callback func(int, int) int
04  func doAdd(a, b int, f callback) int {
05     fmt.Println("f callback")
06     return f(a, b)
07  }
08  func add(a, b int) int {
09     fmt.Println("add running")
10     return a + b
11  }
12  func main() {
13     a, b := 2, 3
14     fmt.Println(doAdd(a, b, add))
15     fmt.Println(doAdd(a, b, func(a int, b int) int {
16         fmt.Println("============")
17         return a * b
18     }))
19  }
```

在示例程序 3-10 中，第 03 行用关键字 type 定义了一个 callback 类型。这个 callback 类型是一个函数，签名为 func(int, int) int。因此，callback 这个类型的变量只能接收签名为 func(int, int) int 格式的函数。第 04 行定义了一个函数 doAdd，它接收 3 个参数，前 2 个为整数类型，第 3 个为 callback 类型。第 06 行用 return f(a, b)语句调用传入的 f 函数并返回该函数的计算结果。

第 08~11 行定义了一个 add 函数，他的函数签名和 callback 类型一致，这样 add 函数就可以作为 doAdd 函数的第 3 个参数了，如第 14 行的语句 doAdd(a, b, add)所示。当然，还可以直接给出回调函数的定义，如第 15~18 行所示。

函数回调其实非常有用，下面给出一段模拟事件机制的示例程序。由于目前尚未介绍数组和结构体 struct 等概念，因此先给出相对松散的事件类型定义，如示例程序 3-11 所示。

示例程序 3-11　回调模拟事件处理：chapter03\code09\func2.go

```
//模拟事件绑定机制
```

```
package main
type OnSumBefore func(int) int
type OnSum func(int, int) int
type OnSumEnd func(string)
var SumBeforeEvent OnSumBefore
var SumEvent OnSum
var SumEndEvent OnSumEnd
//StartSum 启动计算
func StartSum(a, b int, c string) int {
    t, f := 0, 0
    //判断释放的绑定事件，并按事件执行顺序执行
    if SumBeforeEvent != nil {
        t = SumBeforeEvent(a)
    }
    if SumEvent != nil {
        f = SumEvent(t, b)
    }
    if SumEndEvent != nil {
        SumEndEvent(c)
    }
    return f
}
//RegEvent 注册事件的实现
func RegEvent(f1 OnSumBefore, f2 OnSum, f3 OnSumEnd) {
    SumBeforeEvent = f1
    SumEvent = f2
    SumEndEvent = f3
}
func main() {
    f1 := func(a int) int {
        println("====SumBeforeEvent====")
        return a + 1
    }
    f2 := func(a int, b int) int {
        println("====SumEvent====")
        return a + b
    }
    f3 := func(c string) {
        println("====SumEndEvent====")
        println(c)
    }
    RegEvent(f1, f2, f3)
    f := StartSum(3, 7, "End")
    println(f) //11->3+1+7
}
```

在示例程序 3-11 中，首先用 type 声明了 3 个用于回调的函数类型，分别来模拟 Sum 操作前的事件、Sum 操作的事件和 Sum 操作后的事件。回调函数的具体实现是通过注册函数 RegEvent 来实现事件绑定，StartSum 函数中则确定了 3 个回调函数的运行顺序。用 go run func2.go 命令来运行这个示例程序，结果如下：

```
====SumBeforeEvent====
====SumEvent====
====SumEndEvent====
End
11
```

3.8 闭　包

闭包（Closure）经常在 JavaScript 语言中提到，在 Go 语言中一般以匿名函数的形式来实现，具有持续引用位于该函数体外变量的能力。闭包是一个函数值，引用函数体之外的变量。这个函数可以对引用的变量进行访问和赋值。

没有闭包功能，函数执行完毕后就无法再修改函数中变量的值；有了闭包后，函数就是一个变量的值，只要这个变量没有被释放，就可以在后期修改函数中变量的值。下面是演示 Go 语言中闭包基本用法的示例程序 3-12。

示例程序 3-12　闭包的基本用法：chapter03\code10\func.go

```
01    package main
02    import (
03       "fmt"
04    )
05    //闭包实现的累加器 adder 函数
06    func adder(i int) func(int) int {
07       ret := i
08       return func(n int) int {
09           ret += n
10           return ret
11       }
12    }
13    func main() {
14       fc := adder(2)
15       // 2 + 1+2+3 -> 8
16       fc(1)
17       fc(2)
18       fc(3)
19       //13 = 8 + 5
20       fmt.Println(fc(5))
21       //20 = 13 + 7
22       fmt.Println(fc(7))
23    }
```

在示例程序 3-12 中，第 06 行定义了一个累加器函数 adder，它接收一个参数，并返回一个函数。第 08 行返回的函数实际上是一个匿名函数。第 14 行用 fc := adder(2)定义了一个变量 fc，其值为一个函数，这个变量有两个特性：一个是具有函数的返回值；一个是具有函数的功能，可以调用。第 16~18 行分别调用 fc(1)、fc(2)和 fc(3)进行累加（初始值为 2），即 2 + 1 + 2 + 3。因此，第 20

行输出 8 + 5 = 13，第 22 行输出 13 + 7 = 20。

闭包的价值在于可以作为函数对象或者匿名函数，对于类型系统而言，这意味着不仅要表示数据还要表示代码。闭包最重要的特性就是能够被函数动态创建和返回。

> **注 意**
>
> 在 Go 语言中，闭包只能用匿名函数，而不能用命名函数，比如示例程序 3-10 中第 08 行是匿名函数，但是不能给这个函数命名。

3.9 defer 关键字

Go 语言中的 defer 关键字是区别其他编程语言一个比较明显的特性。单从英文单词字面上理解 defer，它具有推迟、延缓的意思。defer 是 Go 语言提供的一种用于注册延迟调用的机制。defer 语句经常用于对资源进行释放的场景，比如释放数据库连接、解锁和关闭文件等。因此，它在一些需要回收资源的场景非常有用，可以很方便地在函数退出前做一些清理工作。

Go 语言中 defer 的作用类似于 Java 中的 finally 语句块，一般用于释放某些已分配的资源，防止内存泄漏。一般来说，使用 defer 对资源进行延迟释放，首先需要判断打开资源的时候是否有错误，如果资源打开失败，则没有必要也不应该再对资源执行释放操作。

当多个 defer 语句被定义时，它们会以定义的逆序依次执行。下面是 defer 语句基本用法的示例程序 3-13。

示例程序 3-13　defer 语句基本用法：chapter03\code11\func.go

```
01  package main
02  import (
03    "fmt"
04  )
05  func print(s string) {
06    fmt.Println("run ", s)
07  }
08  func main() {
09    fmt.Println("====start=====")
10    //defer 执行顺序和调用顺序相反
11    defer print("order 1")
12    defer print("order 2")
13    defer print("order 3")
14    fmt.Println("====end=====")
15  }
```

在示例程序 3-13 中，第 05 行定义了一个 print 函数，它接收一个字符串类型的参数，并打印输出到控制台。第 11~13 行依次用 defer 调用了 print 函数。这里需要注意的是 defer 的执行顺序和调用顺序相反，如下所示。

```
// ====start=====
```

```
// ====end=====
// run  order 3
// run  order 2
// run  order 1
```

注 意

当调用 os.Exit()方法退出程序时，defer 并不会被执行。

3.10 演练：原子计算器 2.0 迭代版

在第 2 章的演练部分，我们实现了一个简单的原子计算器，它是一种根据原子成分（质子、中子和电子）的数量来计算原子数和质量数的工具。这一章我们基于 Go 语言的函数用法，对原子计算器进行迭代升级。前面提过，假如我们知道质子（p）、中子（n）和电子（e）的数目，就可以计算原子序数（Z）、原子质量（A）和电荷（c）了。

基于第 2 章提供的方程式 2-1~2-3，可以结合 Go 语言函数来实现一个简易的原子计算器 2.0 迭代版示例程序。首先我们给出这个升级示例程序的目录结构，如图 3.1 所示。

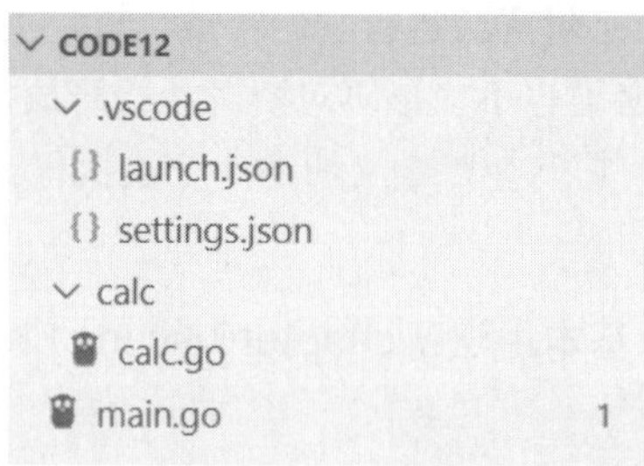

图 3.1 原子计算器 2.0 迭代版的目录结构

从图 3.1 可知，.vscode 是 Visual Studio Code 编辑器的配置目录，其中配置了关于 Go 语言的一些参数，可以更好地进行语法智能提示以及包自动导入等辅助工作。calc 目录下有一个 calc.go 文件，它是原子计算器计算逻辑的源代码文件，具体的代码可参考示例程序 3-14。

示例程序 3-14 用函数实现原子计算器：chapter03\code12\calc\calc.go

```
package calc
import "fmt"
const title = "原子计算器 2.0，输入质子、中子和电子的值，得到原子序数、原子质量和电荷"
const useage = "用法:空格分隔 3 个数值，换行进行计算，例如 16 16 18"
//自动调用
func init() {
   fmt.Println(title)
   fmt.Println(useage)
   fmt.Println("================")
}
//AtomCalc 计算函数
```

```
12    //
13    //输入 p、n、e，返回 Z、A、c
14    func AtomCalc(p, n, e int) (int, int, int) {
15        //原子序数（Z）
16        Z := p
17        //原子质量
18        A := p + n
19        //电荷
20        c := p - e
21        //多返回值
22        return Z, A, c
23    }
```

在示例程序 3-14 中，首先定义了两个常量 title 和 useage，它们是第 06 行定义的 init 函数将要输出到控制台的内容。第 14 行定义了一个 AtomCalc 函数，其中首字母大写，表示该函数可以对外导出。对外导出的函数按照规范需要编写注释。这个函数接收 3 个整数类型的变量，并返回 3 个整数类型的返回值。init 函数是 Go 语言程序自动调用的一个特殊函数，我们不用在程序中显式地调用它。

需要注意的是第 12 行，代码注释中有空白的注释行//，这在代码智能提示时表示换行，如图 3.2 所示。

```
func main() {
    //质子,中子,电子
    p, n, e := 0, 0,   AtomCalc func(p, n, e int) (int, int, int)
    //Scanln遇到换行
    fmt.Scanln(&p, &   AtomCalc 计算函数
    //函数多返回值       输入p, n, e返回Z, A, c
    Z, A, c := calc.AtomCalc(p, n, e)
```

图 3.2　AtomCalc 函数的代码智能提示界面

下面还需要一个 main 包和 main 函数来进行调用，程序入口文件 main.go 中需要导入 calc 包，并且调用 calc 包下的 AtomCalc 函数，具体的程序代码如示例程序 3-15 所示。

示例程序 3-15　原子计算器入口函数：chapter03\code12\main.go

```
//原子计算器 2.0 迭代版
//基于函数实现基本计算功能
package main
import (
    "fmt"
    "go.introduce/chapter03/code12/calc"
)
func main() {
    //质子，中子，电子
    p, n, e := 0, 0, 0
    //Scanln 遇到换行时才停止扫描
    fmt.Scanln(&p, &n, &e)
    //函数返回多个值
    Z, A, c := calc.AtomCalc(p, n, e)
    fmt.Printf("当质子 p=%d、中子 n=%d 和电子 e=%d 时\n", p, n, e)
```

```
16        fmt.Printf("原子序数 Z=%d、原子质量 A=%d 和电荷 c=%d \n", Z, A, c)
17    }
```

在示例程序 3-15 中，第 06 行导入包 calc，注意导入包的路径是相对于%GOPATH%\src 目录而言的。第 10 行用短变量声明的方式定义了 3 个整数类型的变量 p、n 和 e，初始值为 0。第 12 行用 fmt.Scanln 方法获取用户的输入，有 3 个值，可以用空格分隔，把获取到的用户输入分别赋值给变量 p、n 和 e。第 14 行调用 calc 包下的 AtomCalc 函数进行计算，最后输出结果。在命令行执行 go run .\main.go 命令，结果如图 3.3 所示。

```
C:\GoWork\src\go.introduce\chapter02\code08>go run .\main.go
原子计算器1.0，输入质子、中子和电子的值，得到原子序数、原子质量和电荷
用法:空格分隔3个数值，换行进行计算，例如 16 16 18
===============
16 16 18
当质子p=16、中子n=16和电子e=18时
原子序数Z=16、原子质量A=32和电荷c=-2

C:\GoWork\src\go.introduce\chapter02\code08>
```

图 3.3　原子计算器 2.0 迭代版运行的结果

3.11　小　结

函数在 Go 语言中是非常重要的概念，在实际的项目中会出现大量的函数，这些函数像构成汽车的各个零件一样，功能独立，但是互相组合后可以构成一个功能完备的汽车。Go 语言声明和定义函数用 func 关键字，并且支持函数返回多个返回值，这个特性可以简化程序的代码量。

另外，函数内和函数外声明的变量或者常量的作用域不同。函数内声明的变量是局部变量，函数外声明的变量为全局变量。理解了作用域，就可以编写更加可靠的程序代码。

最后，还要掌握 Go 语言中匿名函数、变长函数、递归函数、回调函数和闭包的基本用法，并理解它们各自的使用场景。

第 4 章

流程控制与错误处理

程序之所以能够根据不同的输入条件来进行不同的处理，本质上就是靠的流程控制语句，比如条件判断语句、循环语句等。流程控制语句可用来改变程序运行的顺序，是学习任何一门编程语言时都必须掌握的知识点。条件判断和循环语句的组合可以解决很多非常复杂的流程控制问题。

本章涉及的主要知识点有：

- if 语句和 switch 判断语句：掌握 Go 语言基本的条件判断语句用法。
- for 循环语句：掌握 Go 语言基本的 for 循环语句用法。
- break 与 continue：掌握 break 与 continue 的区别和作用。
- 错误处理：掌握 Go 语言的错误类别以及处理机制。
- 实战演练：哲学三段论。

4.1 if 判断

我们知道，现实生活中很多事物在不同的条件下会有不同的结果。比如人生，选择就很重要，在人生的分叉路口，一个人如何选择往往决定其后续的发展轨迹。一个程序的运行也是如此，在不同的条件下需要执行不同的操作，这也是程序的魅力所在，只要设计合理，就可以根据实际情况执行合理的逻辑。在某种程度上来说，程序的“智能”特性依赖于条件判断。

4.1.1 if 语句的基本语法

条件语句是一种根据条件执行不同代码的语句，如果条件满足就执行一段代码，否则执行其他代码。条件语句表达的意图可以理解为对某些事的决策规则或者表达某种因果关系，也就是如果什么，那么就什么。

例如，公司的员工要请假，每个公司都会有一套请假的流程，以作为请假的规则。如员工发起请假申请，然后主管进行审批后，会根据条件判断来确定下一步的审批人是谁：如果请假天数大于 3 天，请假单会在主管审批后流转到总经理处，总经理处审批后再流转到 HR 处，以便做好考勤工作；如果请假天数小于等于 3 天，那么请假单会在主管审批后流转到 HR 处，HR 审批通过后流程结束，具体的流程示意如图 4.1 所示。

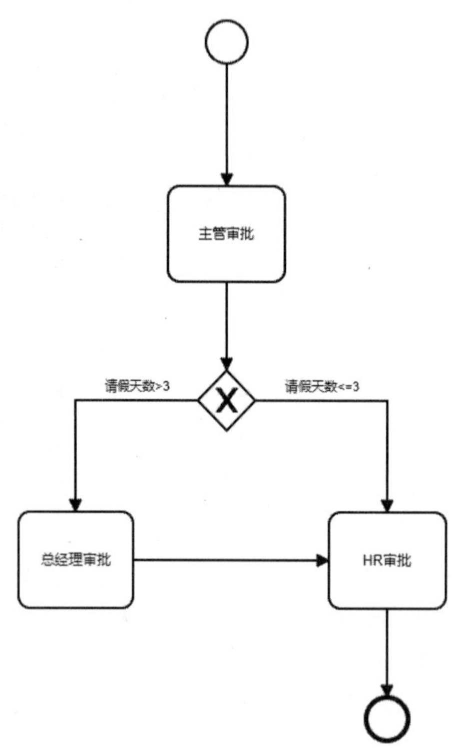

图 4.1　请假流程图

如果用 Go 语言来构建一个请假流程的程序，就必须要用到条件判断的相关知识。正是有了条件判断，从而使得程序可以根据规则来灵活处理现实问题。在 Go 语言中，实现条件判断最常用的是 if 条件判断语句（简称为 if 语句）。if 语句的基本语法如下：

```
if 条件 1 {
   满足条件 1 要执行的程序语句
} else if 条件 2 {
   满足条件 2 要执行的程序语句
} else  {
   条件都不满足时要执行的程序语句
}
```

下面给出一个 Go 语言 if 条件判断语句基本用法的示例程序，根据请假的具体天数来返回不同的值，如示例程序 4-1 所示。

示例程序 4-1　if 条件判断语句的基本用法：chapter04\code01\main.go

```
01  //if 条件判断语句基本用法的示例程序
02  package main
03  import (
04      "fmt"
05  )
06  //审批流程
07  func approve(days int) string {
08      if days > 3 {
09          return "总经理审批"
10      } else { //else 不能换行
11          return "HR 审批"
12      }
13  }
14  func main() {
15      days := 3
16      ret := approve(days)
17      fmt.Printf("请假%d 天，需要%s\n", days, ret)
18      days = 5
19      ret = approve(days)
20      fmt.Printf("请假%d 天，需要%s\n", days, ret)
21  }
```

在示例程序 4-1 中，第 07 行首先用 func 关键字声明了一个名为 approve 的函数，用于模拟主管审批后的分支决策。这个 approve 函数有 1 个整数类型的参数 days，表示请假的天数；返回值的数据类型是字符串，可以根据 if 条件判断语句返回具体审批人审批的信息。

在函数体中，用 if ...else...语句对请假的天数进行判断，如果大于 3 天，就返回 "总经理审批"，否则返回 "HR 审批"。第 15 行和第 18 行给 approve 函数传递了不同的值，因而返回的结果就不一样。

> **注　意**
>
> Go 语言中 if 语句的条件判断部分不能加括号，且大括号“{”的位置也不能随意放，必须放置在 if 或者 else 之后。

4.1.2　if 语句中的变量作用域

在 Go 语言中，在 if 语句代码块中声明的变量，这些变量的作用域只在对应的代码块（用大括号括起来的部分）内可见。下面是说明 if 条件判断语句中声明的变量只属于 if 代码块的示例程序 4-2。

示例程序 4-2　if 代码块中变量作用域：chapter04\code02\main.go

```
//if 条件判断语句中变量作用域的示例程序
package main
import (
    "fmt"
```

```
05  )
06  //审批流程
07  func approve(days int) string {
08     ret := ""
09     if days > 3 {
10         //if 括号范围内的局部变量
11         ret2 := "=========="
12         ret = "总经理审批"
13         fmt.Println(ret2)
14     } else if days <= 3 && days > 1 {
15         ret = "HR 审批"
16     } else { //else 不能换行
17         ret = "自动审批"
18     }
19     //fmt.Println(ret2)
20     return ret
21  }
22  func main() {
23     days := 3
24     ret := approve(days)
25     fmt.Printf("请假%d 天，需要%s\n", days, ret)
26     days = 5
27     ret = approve(days)
28     fmt.Printf("请假%d 天，需要%s\n", days, ret)
29  }
```

在示例程序 4-2 中，第 11 行在 if 语句大括号里面定义了变量 ret2；第 13 行将其值打印输出到控制台。第 19 行被注释掉的 fmt.Println(ret2)语句如果取消注释，Go 编译器就会报错，这是由于变量 ret2 是在{}块中定义的，在{}外就是未定义的，不可见的。

注　意
Go 语言中的 if...else 语句可以嵌套使用。

4.2　switch 条件判断语句

在 Go 语言中，除了 if 条件判断语句以外，switch 语句也可以实现条件判断。需要注意的是，switch 语句中的每一个 case 表达式的值的数据类型必须与 switch 语句表达式的数据类型（常量、变量或有返回值的函数）相匹配，否则会报错。

4.2.1　switch 语句中的基本语法

switch 语句可用于根据不同条件执行不同的操作，每一个 case 分支都是唯一的，自上而下逐一进行匹配测试。一般情况下，一旦有某个分支匹配，就会跳过其他 case 分支，否则执行默认的分支。Switch 条件判断语句的 case 分支不需要追加 break，因为在默认情况下 case 会在末尾自带 break 语句。

这里需要注意一下 Go 语言中的 switch 语句与 Java 等语言中的 switch 语句在语法上的区别：一是 Go 语言中的 switch 条件判断表达式部分不能加括号；二是不需要追加 break 关键字。Go 语言的 switch 语句的基本语法如下：

```
switch 表达式 {
      case 目标值 1:
          处理 1
      case 目标值 2:
          处理 2
      default:
          默认处理
}
```

为了更加直观地掌握 switch 语句的基本用法，下面是 switch 条件判断语句基本用法的示例程序 4-3。

示例程序 4-3　switch 条件判断语句基本用法：chapter04\code03\main.go

```
01    //switch 条件判断语句基本用法的示例程序
02    package main
03    import (
04       "fmt"
05    )
06    //switch 获取性别
07    func getSex(code int) string {
08       switch code {
09       case 1:
10           return "男"
11       case 0:
12           return "女"
13       default:
14           return "未知"
15       }
16    }
17    func main() {
18       code := 1
19       ret := getSex(code)
20       fmt.Printf("%d->%s\n", code, ret)
21       code = 0
22       ret = getSex(code)
23       fmt.Printf("%d->%s\n", code, ret)
24    }
```

在示例程序 4-3 中，第 07 行定义了一个 getSex 函数，它接收 1 个整数类型的参数，并返回一个字符串类型的值。在函数体内用 switch 条件判断语句对表达式（code 参数）的值进行判断：当 code 值为 1 时，返回"男"；当 code 值为 0 时，返回"女"；如果两个值都不匹配，则返回 default 分支的值"未知"。第 18 行定义了一个变量 code 并将它赋值为 1；第 19 行调用 getSex 函数，则返回值为"男"；第 21 行将变量 code 重新赋值为 0；第 22 行调用 getSex 函数，则返回值为"女"。

> **建 议**
>
> 将匹配率高的 case 分支放在最上面，这样从概率上来讲可以更早地完成匹配并更快地执行匹配率高的语句分支，从而提高了程序的执行效率。

4.2.2 fallthrough 穿透

上一小节提到了 Go 语言中的 switch 条件判断语句，由于在默认情况下每个 case 分支都自带 break（当然也可以显式地给出 break），因此一旦成功匹配后就不会再执行其他 case 分支。在某些情况下，我们可能需要继续执行后面的 case，就需要使用 fallthrough 关键字进行穿透了。它会穿透到下一层。如果需要多次穿透，则需要多个 fallthrough 关键字。下面对示例程序 4-3 稍加修改，以演示 fallthrough 关键字的用法，如示例程序 4-4 所示。

示例程序 4-4　在 switch 语句中使用 fallthrough：chapter04\code04\main.go

```
01  //在 switch 语句使用 fallthrough 的示例程序
02  package main
03  import (
04     "fmt"
05  )
06  func getSex(code int) string {
07     ret := ""
08     switch code {
09     case 1:
10         ret += "男"
11         fallthrough //只能放在这个位置
12     case 0:
13         ret += "女"
14         fallthrough
15     default:
16         ret += "未知"
17     }
18     return ret
19  }
20  func main() {
21     code := 1
22     ret := getSex(code)
23     fmt.Printf("%d->%s\n", code, ret) //1->男女未知
24     code = 0
25     ret = getSex(code)
26     fmt.Printf("%d->%s\n", code, ret) //0->女未知
27  }
```

在示例程序 4-4 中，第 07 行在函数 getSex 中定义了一个字符串类型的变量 ret，第 11 行和第 14 行都在 case 分支末尾使用了关键字 fallthrough。于是，如果 code 值为 1，则首先匹配 case 1 分支，字符串变量 ret 会被赋值为"男"（注意复合赋值运算符）；然后遇到关键字 fallthrough，会直

接穿透到下一层的 case 分支的逻辑处理部分（不管是否匹配），字符串变量 ret 的值会追加"女"；再执行到第 14 行，遇到关键字 fallthrough，会继续穿透到下一层的 default 逻辑处理部分，字符串变量 ret 的值会再次追加"未知"。

如果 code 为 0，则第一个 case 1 不匹配，继续测试第二个 case 0；匹配成功后，字符串变量 ret 的值会追加"女"，再执行到第 14 行；遇到关键字 fallthrough，直接穿透到下一层的 default 逻辑处理部分，字符串变量 ret 的值会追加"未知"。因此，第 23 行语句会在控制台打印出“1->男女未知”，第 26 行语句会在控制台打印出“0->女未知”。

注　意

switch 语句中的 fallthrough 只能放在每个 case 分支处理逻辑部分的最底部，因此不能和 return 一块使用。

4.2.3　case 多个表达式

case 后面可以带多个表达式，使用逗号间隔，比如可以根据月份来判断属于哪个季度。下面是示例程序 4-5。

示例程序 4-5　switch case 多个表达式的用法：chapter04\code05\main.go

```
//case 多个表达式的示例
package main
import (
  "fmt"
)
func getQuarter(m int) string {
  switch m {
  case 1, 2, 3:
      {
          return "第一季度"
      }
  case 4, 5, 6:
      {
          return "第二季度"
      }
  case 7, 8, 9:
      {
          return "第三季度"
      }
  case 10, 11, 12:
      {
          return "第四季度"
      }
  }
  return "参数必须是 1~12"
}
func main() {
```

```
28      m := 7
29      //7 月是第三季度
30      fmt.Printf("%d 月是%s\n", m, getQuarter(m))
31    }
```

在示例程序 4-5 中，第 08 行的 case 分支判断中有多个值，用逗号隔开，只要匹配多个值中的任意一个，即算匹配成功该分支。这种多值的方式可以让程序代码更加简洁。

注 意

这个示例程序中的 switch 语句并没有 default 分支，说明 default 不是必需的。

4.2.4 switch 省略判断条件

在 Go 语言中，switch 条件判断语句中的表达式也可以省略，这时相当于退化为 if ...else...条件判断语句，下面是 switch 省略表达式这种用法的示例程序 4-6。

示例程序 4-6 switch 省略表达式的用法：chapter04\code06\main.go

```
01    //switch 不带表达式时用法的示例
02    package main
03    import (
04       "fmt"
05    )
06    //审批流程
07    func approve(days int) string {
08       switch {
09       case days > 3:
10           {
11                return "总经理审批"
12           }
13       default:
14           {
15                return "HR 审批"
16           }
17       }
18    }
19    func main() {
20       days := 3
21       ret := approve(days)
22       fmt.Printf("请假%d 天，需要%s\n", days, ret)
23       days = 5
24       ret = approve(days)
25       fmt.Printf("请假%d 天，需要%s\n", days, ret)
26    }
```

在示例程序 4-6 中，第 08 行的 switch 后面并没有带任何表达式，第 09 行的 case 分支后面的表达式 days > 3 的结果值是一个布尔值，类似于 if 语句的条件判断部分，如果为 true，则会匹配这条 case 分支，并按照匹配的分支处理逻辑进行业务处理。如果不匹配，则会执行下面的 default 分支。因此这种用法可以替换 if...else 这种条件判断语句。

switch 语句和 if 语句有相似点也有不同点，它们在解决不同的问题时适用的程度不同。如果判断的具体数值不多，而且符合整数、浮点数和字符串等基本数据类型，则建议使用 switch 条件判断语句，这样简洁且高效。在其他情况下，比如需要对某个区间进行判断，就可以考虑用 if 条件判断语句。

4.3　for 循环语句

在实际的项目中，除了 if 等条件判断语句非常常见外，循环语句也是经常出现的一种流程控制语句，因此我们必须要掌握循环的基本用法。在循环语句中，迭代次数是确定/固定的循环称为确定次数的循环，循环次数不确定的循环则是次数不确定的循环。循环控制语句可以重复执行某段代码，直到满足某一退出条件为止。

举例来说，时钟计时可以看作是一个循环，以分钟数和小时数为例，分钟数每隔 60 秒加 1，然后判断分钟数是否为 60，如果是，那么小时数加 1，同时重置分钟数为 0，重新进行计时（等 60 秒后分钟数再加 1，如此循环）；如果分钟数不是 60，那么再过 60 秒后分钟数加 1，如此循环，如图 4.2 所示。

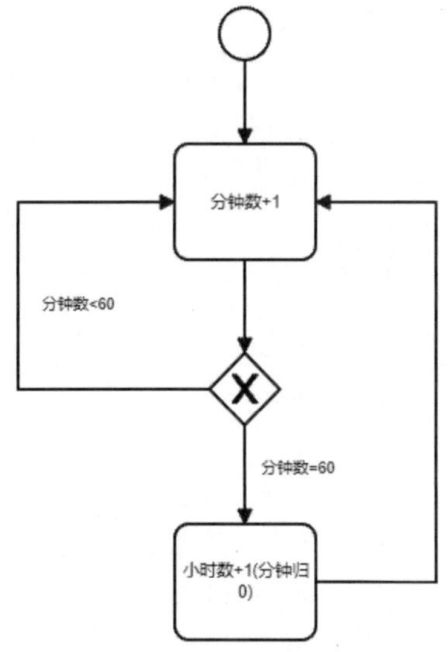

图 4.2　时钟计时循环流程图

在 Go 语言中，并没有像其他语言那样给出多种循环的实现方式，比如 for、while 和 do...while 等，而是只用 for 来实现确定次数的循环和次数不确定的循环。for 循环的基本语法如下：

```
for 给循环变量赋初值的表达式; 循环条件表达式; 循环变量自增或自减少的表达式 {
    循环体内要执行的程序语句
}
```

其中，for 后面的第一个表达式用于给循环变量赋初值；循环条件表达式返回一个布尔值，它可以是关系表达式或逻辑表达式，for 语句会根据这个布尔值来控制是否继续循环，当布尔值为 true 时，执行循环变量自增或自减少的表达式。

对于 Java 等语言中的 while 循环语句，Go 语言可以用如下的 for 语法来实现：

```
for 循环条件表达式 {
   循环体内要执行的程序语句
}
```

另外还有一种实现次数不确定循环的语法为：

```
for {
   循环体内要执行的程序语句
}
```

下面是用 for 实现多种循环基本用法的示例程序 4-7。

示例程序 4-7　for 循环基本用法：chapter04\code07\main.go

```
01    //for 示例
02    package main
03    import (
04       "fmt"
05    )
06    func main() {
07       for i := 0; i < 10; i++ {
08           fmt.Printf("%d\n", i)
09       }
10       fmt.Println("==========")
11       j := 10
12       for j > 0 {
13           fmt.Printf("--%d\n", j)
14           j--
15       }
16       fmt.Println("==========")
17       s := 10
18       for {
19           if s == 0 {
20               goto label
21           }
22           s--
23           fmt.Printf("%d\n", s)
24       }
25     label:
26       fmt.Printf("%d\n", j)
27     }
```

在示例程序 4-7 中，分别用 for 实现了 Go 语言中常见的 3 种循环。第 07 行用 for 的三段表达式实现了基本循环，这三段表达式之间用分号分隔，给循环变量赋初值的表达式 i := 0，这个表达式声明了循环变量 i 并把 0 赋值给 i，也即是给循环变量设置初值。循环条件表达式 i < 10 用于判断循环变量 i 的值是否小于 10，如果小于 10 则继续执行循环体，再执行表达式 i++对循环变量 i

加 1，如此循环往复，直到循环条件表达式 i < 10 的值为 false 时就退出循环。

第 12 行 for j > 0 相当于其他语言的 while 循环，首先判断这个循环条件表达式 j > 0 是否为 true，如果是 true 则继续循环。这种循环在一般循环体内都有一个对循环条件表达式中的变量值进行重新赋值的操作，否则就无法退出循环而使得当前循环成为“死循环”了。

第 18 行用 for 实现了一个无限循环，在循环体内使用了关键字 goto。这个关键字可以实现自由的语句跳转，而不受语句原来顺序的影响。关键字 goto 后面跟着一个标签 label，在第 25 行定义。通过这个 goto 跳转，当变量 s 等于 0 时就会跳出循环体，而不会出现“死循环”的情况。

注 意
goto 的使用要谨慎，过多地使用 goto 会让代码变得难于理解，可读性差。

4.4 break 与 continue

在无限循环中，如果想跳出循环，就要借助 break 语句。break 语句和 continue 语句经常和循环语句一起使用，用于更好的程序逻辑控制。

break 语句可用于跳出循环，并退出所在的循环体。continue 语句可以在出现了指定的条件时中断循环中当前的迭代，然后继续循环中的下一个迭代，但并没有退出当前的循环体。break 的基本用法可参考示例程序 4-8。

示例程序 4-8 break 和 continue 语句的用法：chapter04\code08\main.go

```
//break 和 continue 语句用法的示例程序
package main
import "fmt"
func main() {
   m := 10
   for {
       if m == 8 {
           break
       }
       fmt.Printf("%d\n", m)
       m--
   }
   fmt.Println("=======")
   fmt.Println("m=", m)    // 8
   for {
       m--
       if m == 7 || m == 5 {
           continue
       }
       if m <= 3 {
           break
       }
       fmt.Printf("%d\n", m)
```

```
24         }
25     }
```

在示例程序 4-8 中，第 06~12 行用 for 构建了一个无限循环。在这个 for 循环中，必须要有退出循环的条件。第 07 行用 if 语句定义了循环的退出条件，即变量 m 等于 8 时，在循环体内部用 break 语句退出所在的循环体。在其他情况下，把 m 值打印输出到控制台，并将 m 自减 1。第 1 个 for 循环会依次输出 10 和 9，当 m=8 的时候，满足用 break 语句退出的条件，于是退出了循环，后面的打印语句不再执行。当第 1 个循环结束后，m 的值变成了 8。

在第 15~24 行的第 2 个 for 循环中，先对 m 自减 1，然后用 if 语句判断 m 的值，当 m 等于 7 或者 5 时执行 continue 语句，结束本轮次的循环（continue 语句后面在循环体内的语句不执行），接着折回第 16 行继续对 m 自减 1，当 m 的值不等于 7 或者不等于 5 时才会执行循环体内后续的语句。在第 20 行用 if 语句继续判断 m 的值是否等于 3：如果等于 3，则用 break 语句退出所在的循环体；否则将 m 的值打印到控制台，输出 6 和 4。

注 意

Go 语言中的 for 无限循环要设置合理的退出条件，否则会陷入“死循环”，无法正常从循环中退出。另外，break 语句也可以跟标签一起使用，比如 break exit_for。

4.5 Go 的错误处理机制

在 Java 或者 C#这样的语言中，对于程序错误的处理最常用的就是 try...catch...finally，在捕获到错误时，在 finally 部分可以执行一些善后工作，从而防止程序崩溃。在 Go 语言中，并没有 try...catch...finally 这种机制，而是提供了特有的错误处理机制，即用 defer、panic 和 recover 进行错误处理。

在 Go 语言中，如果抛出一个 panic 异常，就可以在 defer 中通过 recover 捕获到这个异常，然后根据业务需要进行处理。语言的错误处理机制可以让程序运行得更加稳定，不会因为一些错误而导致程序崩溃，当捕获到错误时，可以提供错误提示或者输出到日志系统中，方便问题的跟踪和 bug 修复。

在 Go 语言中，错误或异常有 error 和 panic 两种。error 一般是程序开发者预知的，会进行合适的处理，比如检测用户的输入不合法，抛出一个自定义的 error 错误。panic 是程序开发者无法预知的异常，比如引用的对象值为空。

4.5.1 error

Go 提供了两种创建 error 的方法：errors.New 和 fmt.Errorf。下面是 Go 语言有关 error 错误的示例程序 4-9。

示例程序 4-9 error 错误：chapter04\code09\main.go

```
//error 示例
```

```
02    package main
03    import (
04        "errors"
05        "fmt"
06    )
07    //倒数
08    func reciprocal(n int) (float64, error) {
09        if n == 0 {
10            return 0, errors.New("0 不能求倒数")
11        }
12        //不是 float64(1/n)
13        return float64(1) / float64(n), nil
14    }
15    func main() {
16        for i := 3; i >= 0; i-- {
17            ret, err := reciprocal(i)
18            if err != nil {
19                fmt.Println(err)
20            } else {
21                fmt.Printf("1/%d = %.3f\n", i, ret)
22            }
23        }
24    }
```

在示例程序 4-9 中，我们注意到第 04 行引入了一个新的包"errors"，包中有定义错误的函数。第 08 行定义了一个 reciprocal 函数，用于求整数类型参数 n 的倒数。该函数的返回值有 2 个：一个是 float64 类型的值；一个是错误 error 类型的值。

由于 0 没有倒数，因此第 09 行判断一下参数 n 是否为 0，如果为 0，则用 errors.New 自定义一个错误提示作为函数的第 2 个返回值。对于不为 0 的值，可以用 float64(1) / float64(n)进行计算，得出倒数的近似值。第 13 行 float64(n)是将整数类型的值转化成 float64 类型的值。

第 16~23 行用 for 循环调用 reciprocal 函数，分别求 3、2、1 和 0 的倒数。对于函数返回值有错误 error 的情况，要先判断一下函数是否有错误。如果有错误，就把错误提示信息打印到控制台，如果没有错误则输出计算得到的倒数值。

注　意
float64(1) / float64(n)和 float64(1/n) 的结果是不一样的。另外，error 作为函数的返回值，应放在返回值类型列表的末尾。

4.5.2　panic

下面介绍 panic 关键字。一般在没有 recover 的情况下 panic 会导致程序崩溃，然后 Go 运行时会打印出调用栈。在 Go 语言中，panic、defer 和 recover 经常一起出现，用于异常的处理。下面是 panic 异常处理的示例程序 4-10。

示例程序 4-10　panic 异常处理：chapter04\code10\main.go

```
01  //panic 示例
02  package main
03  import (
04    "fmt"
05  )
06  //当捕获 panic 异常时触发
07  func doPanic() {
08    err := recover() //recover 捕获 panic 异常
09    if err != nil {
10        //runtime error: integer divide by zero
11        fmt.Println("doPanic()捕获到异常:", err)
12    }
13  }
14  func main() {
15    //注册捕获异常的处理函数
16    defer doPanic()
17    n := 0
18    ret := 1 / n //抛出 panic 异常，不能直接写成 1/0 的形式，编码阶段报错
19    //defer doPanic()//必须先注册
20    fmt.Println("main ret =", ret) //panic 异常后不会打印
21  }
```

在示例程序 4-10 中，第 07 行定义了一个 doPanic 函数，里面调用内置的 recover 函数来捕获 panic 异常，如果捕获到的值不为 nil，则在控制台打印异常信息；第 16 行用 defer 注册了一个延迟执行的函数 doPanic；第 18 行故意进行除 0 运算（注意不能直接写成 1/0 的形式，否则 Go 编译器会检测到除 0 的错误，而无法正常编译）；第 20 行的控制台打印语句是为了验证 panic 异常抛出之后，后续的语句都不会执行的结论。

panic 会在抛出它的函数中向自己和所有上层逐级抛出，如果到最顶层还没有 recover 将其捕获，那么程序就会崩溃；如果在其中某一层 defer 注册的函数中被 recover 捕获到，被注册的函数就将获得程序控制权，从而进行异常的善后处理。

注　意
在 Go 语言中，recover 只在 defer 调用的函数中有效，并且 defer 要先注册，否则不能捕获到 panic 异常。

4.6　演练：哲学的三段论

百度百科对哲学的三段论（Syllogism）这样解释：

> 三段论推理是演绎推理中的一种简单推理判断。它包括一个包含大项和中项的命题（大前提）、一个包含小项和中项的命题（小前提）以及一个包含小项和大项的命题（结论）三部分。

三段论实际上是以一个一般性的原则（大前提）以及一个附属于一般性原则的特殊化陈述（小前提），由此引申出一个符合一般性原则的特殊化陈述（结论）的过程。三段论是人们进行数学证明、办案、科学研究等思维时，能够得到正确结论的科学性思维方法之一。它也是演绎推理中一种正确的思维形式。

按照语言描述的顺序决定的大项、小项、中项在三段论中不同的位置分布，三段论可分为以下 4 个格，如表 4.1 所示。

表 4.1 三段论的位置分布

	第 1 格	第 2 格	第 3 格	第 4 格
大前提	M—P	P—M	M—P	P—M
小前提	S—M	S—M	M—S	M—S
结论	S—P	S—P	S—P	S—P

在三段论的每格中，有 A、E、I、O 这 4 种判断，它们都可以分别作为大、小前提和结论。但三段论中的有效式只有 24 个（5 个弱有效式，19 个强有效式），具体如表 4.2 所示。

表 4.2 三段论的有效式

第 1 格	第 2 格	第 3 格	第 4 格
AAA	AEE	AAI	AAI
EAE	EAE	EAO	EAO
AII	AOO	AII	AEE
EIO	EIO	EIO	EIO
(AAI)	(AEO)	IAI	IAI
(EAO)	(EAO)	OAO	(AEO)

如果大前提和小前提都是真实的，但是形式无效（不是有效式），那么推理得出的结论也不一定正确。举例如下（第 1 格）：

羊（M）不是肉食动物（P），而虎（S）不是羊（M），所以虎（S）不是肉食动物（P）。

这个结论并不正确。因为对于第 1 格来说，EEE 不是有效式，也就说 EEE1 为假。AAA1 为真，比如：

所有的偶蹄目动物（M）都是脊椎动物（P），牛（S）是偶蹄目动物（M），所以牛（S）都是脊椎动物（P）。

下面用 Go 语言给出一个判断三段式是否是有效式的程序。这里首先给出项目的结构，如图 4.3 所示。

```
C:\GoWork\src\go.introduce\chapter04\code11>go run main.go
哲学的三段论，判断是否为有效式
用法: 格子数(1-4)  大前提模式 小前提模式 结论模式,如 1 E E E
1 E E E
4 <nil> 1 E E E
EEE1
false <nil>
EEE1不是有效式============
2 E A E
4 <nil> 2 E A E
EAE2
true <nil>
EAE2是有效式============
```

图 4.3　哲学三段论目录结构

接着看一下哲学三段论有效式的核心文件 syllogism.go。它会根据哲学三段论有效式表来判断某个三段式是否是有效的，如果有效就返回 true，否则返回 false，如示例程序 4-11 所示。

示例程序 4-11　哲学三段论有效式：chapter04\code11\gosyllogism\gosyllogism.go

```
package syllogism
import (
  "errors"
  "fmt"
  "strconv"
)
func isJudgeChar(n string) bool {
  switch n {
  case "A", "E", "I", "O":
      {
          return true
      }
  default:
      return false
  }
}
//IsValid 判断三段式的模式是否有效
//
//gz 是第几格 1,2,3,4
//s,m,p 取值范围为 A,E,I,O
func IsValid(gz int, s, m, p string) (bool, error) {
  if gz > 4 || gz < 1 {
      return false, errors.New("格子数只能是 1-4")
  }
  if !isJudgeChar(s) {
      return false, errors.New("判断只能是 A,E,I,O")
  }
  if !isJudgeChar(m) {
      return false, errors.New("判断只能是 A,E,I,O")
  }
  if !isJudgeChar(p) {
      return false, errors.New("判断只能是 A,E,I,O")
  }
  ret := s + m + p + strconv.Itoa(gz)
```

```
    fmt.Println(ret)
    switch ret {
    case "AAA1", "EAE1", "AII1", "EIO1":
        {
            return true, nil
        }
    case "AEE2", "EAE2", "AOO2", "EIO2":
        {
            return true, nil
        }
    case "AAI3", "EAO3", "AII3", "EIO3", "IAI3", "OAO3":
        {
            return true, nil
        }
    case "AAI4", "EAO4", "AEE4", "EIO4", "IAI4":
        {
            return true, nil
        }
    default:
        return false, nil
    }
}
```

在示例程序 4-11 中，首先注意一下这个文件的包名为 syllogism，因此在外部访问时需要用包名作为前缀。这个包中定义了两个函数 isJudgeChar 和 IsValid。其中，isJudgeChar 首字母是小写的，是私有的内部函数，包外不可见；IsValid 首字母是大写的，是对外导出的，包外可见。

函数 isJudgeChar 判断输入的参数是否合法，哲学三段论中的有效式判断只会用到 A、E、I、O 这 4 个字符和数值 1、2、3、4。其他字符都是非法的。

IsValid 函数接收 3 个参数，首先用函数 isJudgeChar 判断输入的参数是否合法，合法的话则继续用 switch 条件判断语句进行有效式判断，否则直接返回 false。IsValid 的返回值是多个，最后是一个 error 类型的值，可以用 errors.New 函数返回对应的错误信息。如果正确执行，则 error 返回 nil。

gosyllogism.go 不是一个可执行程序，需要有一个 main 函数作为入口，那么在 code1 目录中包含一个启动文件 main.go，如示例程序 4-12 所示。

示例程序 4-12　哲学三段论 main 函数：chapter04\code11\main.go

```
//哲学的三段论示例
package main
import (
    "fmt"
    "io"
    "go.introduce/chapter04/code11/syllogism"
)
func doPanic() {
    err := recover()
    if err != nil {
        fmt.Println("doPanic()捕获到异常:", err)
    }
}
```

```
14  func main() {
15      defer doPanic()
16      fmt.Println("哲学的三段论，判断是否为有效式")
17      fmt.Println("用法: 格子数(1-4)  大前提模式 小前提模式 结论模式,如 1 E E E")
18      gz := 0
19      s, m, p := "", "", ""
20      ret := false
21      for {
22          n, err := fmt.Scanln(&gz, &s, &m, &p)
23          fmt.Println(n, err, gz, s, m, p)
24          if err == io.EOF {
25              break
26          }
27          if n > 0 {
28              ret, err = syllogism.IsValid(gz, s, m, p)
29              fmt.Println(ret, err)
30              if err == nil {
31                  if ret == true {
32                      fmt.Printf("%s%s%s%d 是有效式", s, m, p, gz)
33                  } else {
34                      fmt.Printf("%s%s%s%d 不是有效式", s, m, p, gz)
35                  }
36              }
37          }
38          fmt.Println("=============")
39      }
40  }
```

在示例程序 4-12 中，注意 main.go 的包名为 main，由于需要调用 IsValid 函数，因此在第 06 行导入包"go.introduce/chapter04/code11/syllogism"，在第 28 行用 syllogism.IsValid 进行调用。具体的参数值通过 fmt.Scanln 函数从控制台进行获取，如第 22 行所示（这里用到了&符号，可以暂时不用深入了解，后续在指针相关章节会详细介绍）。在命令行执行 go run main.go 则可以启动这个演示程序，运行结果如图 4.4 所示。

```
PS C:\GoWork\src\go.introduce\charpter04\code11> go run .\main.go
哲学的三段论，判断是否为有效式
用法: 格子数(1-4)  大前提模式 小前提模式 结论模式,如 1 E E E
1 E E E
4 <nil> 1 E E E
EEE1
false <nil>
EEE1不是有效式=============
2 E A E
4 <nil> 2 E A E
EAE2
true <nil>
EAE2是有效式=============
```

图 4.4　哲学的三段论演示截图

注　意

在 Go 语言中，整数类型和字符串类型不能直接用+拼接，可借助 strconv.Itoa 先将整数类型转化成字符串类型。

4.7 小　结

和其他编程语言一样，稍微复杂一点的 Go 语言程序都需要用到流程控制语句，因此掌握好 Go 语言中的 if /switch 条件判断语句和 for 循环语句，对于学好 Go 语言编程来说至关重要。Go 语言中的 if 语句在条件判断部分不需要括号，并且 else 必须和大括号“{”在同一行，否则 Go 编译器就会报错。

另外，Go 语言中只有 for 这样一种循环，而没有 while 等循环，但是通过 for 语句同样可以实现确定次数的循环和次数不确定的循环。

最后，我们需要掌握 Go 语言的错误处理机制，熟悉 error 和 panic 的区别。

第5章 复合数据类型

第 2 章在 Go 程序的基础要素中介绍了基本的数据类型，比如数值类型、字符串类型和布尔类型。这些基本的数据类型可以通过组合构建出比较复杂一些的数据类型。这一章我们介绍 Go 语言中的复合数据类型。复合的数据类型可以看作一种更加高级的数据结构，可以根据实际问题选择合适的复合数据类型来解决。

Go 语言中的复合数据类型包括结构体（struct）、数组（array）、切片（slice）和字典（map）。Go 语言中并没有类（class）这种数据类型，而是用结构体来代替类。Go 语言的设计者们觉得 Java 这类语言中的类设计得过于复杂，不够简洁。

本章涉及的主要知识点有：

- type 关键字：掌握 Go 语言 Type 关键字的常见用法。
- 结构体 struct：掌握 Go 语言结构体和匿名结构体的定义和基本用法。
- 数组 array：掌握 Go 语言数组定义和用法。
- 切片 slice：掌握 Go 语言切片的定义和用法，以及和数组的区别。
- 字典 map：掌握 Go 语言字典的定义和用法。
- range 关键字：掌握 Go 语言 range 关键字用法，特别是和 for 一起搭配用于循环。
- 实战演练：内存数据库。

5.1 type 关键字

在 Go 语言中，支持自定义数据类型。我们可以对整数类型、浮点类型、布尔类型和字符串类型等基本数据类型用 type 关键字来重新定义一种新的数据类型。type 关键字定义的新数据类型可以基于 Go 语言内置的基本数据类型，也可以基于 struct 类型来定义。定义一种新的数据类型的语法为：

```
type 新数据类型  基于的数据类型
```

比如，可以基于字符串类型这种基本的数据类型来定义一个新的数据类型 name，如示例程序 5-1 所示。

示例程序 5-1　type 自定义类型：chapter05\code01\main.go

```
01    package main
02    import (
03       "fmt"
04    )
05    //定义一个新的数据类型 name
06    type name string
07    func main() {
08       var myname name = "Jack"
09       myname2 := myname
10       //main.name
11       fmt.Printf("%T \n", myname2)
12       fmt.Printf("%t \n", myname2 == "Jack") //true
13       //myname3 := "Jack"
14       //类型 name 和 string 不匹配，无法比较
15       //fmt.Printf("%t \n", myname2 == myname3) //错误
16    }
```

在示例程序 5-1 中，第 06 行用 type name string 基于字符串（string）类型定义了一个新的数据类型 name，第 08 行用新定义的数据类型 name 声明了一个变量 myname，并用字符串初始化值。第 09 行用短变量定义的方式声明了一个类型为 name 的新变量 myname2。第 11 行在控制台打印变量 myname2 的类型，即输出 main.name（包名为 main)。

第 12 行将变量 myname2 与字符串值"Jack"进行比较，结果是相等的，打印输出为 true。如果再定义一个字符串类型的变量 myname3（值为 "Jack"），则和 myname2 是不同的类型，因此无法比较，见示例程序 5-1 中被注释的第 13~15 行。

在 Go 语言中，type 关键字还可以定义一个类型别名，语法如下：

```
type 别名 = 数据类型
```

例如，下面给出一个示例程序 5-2，介绍 type 关键字定义别名的用法，同时注意对比和新类型定义的区别。type 关键字用于新类型定义时没有用“=”，而用于类型别名时，需要用“=”。这个别名示例程序的具体代码如下所示。

示例程序 5-2　type 类型别名的用法：chapter05\code02\main.go

```
package main
import (
   "fmt"
)
type mystr = string
func main() {
   var myname mystr = "Jack"
   myname = "Smith"
   //类型仍然是字符串类型
```

```
10        fmt.Printf("%T \n", myname)
11        myname2 := "Smith"
12        fmt.Printf("%t \n", myname2 == myname) //true
13        //Go 内置的两个类型别名
14        var a byte
15        fmt.Printf("%T \n", a) //uint8
16        var c rune
17        fmt.Printf("%T \n", c) //int32
18    }
```

在示例程序 5-2 中，第 05 行用 type mystr = string 对字符串类型定义了一个新的别名，后续就可以用这个别名来定义新的变量。第 07 行用别名 mystr 定义了一个新的变量 myname，并初始化值为"Jack"。第 08 行直接可以用字符串对其重新赋值，表明 myname 本质上是字符串类型，否则会提示类型不匹配的错误信息。

第 10 行将 myname 变量的类型打印出来，输出为 string。第 11 行定义了一个字符串类型的变量 myname2。第 12 行将变量 myname2 和 myname 用“==”运算符进行比较，结果为 true。这也说明别名定义的变量和原数据类型定义的变量是等同的，从类型和值上都可以看作是一样的。

注　意
Go 语言中 byte 类型和 rune 类型实际上是 uint8 和 int32 的别名。

第 3 章详细介绍过 Go 语言中函数的用法，其实函数还可以用来给类型定义方法。方法其实就是一个函数，在 func 这个关键字和方法名中间加入了一个特殊的接收器类型。接收器类型可以是结构体类型或者是非结构体的自定义类型。接收器名可以在方法的内部进行访问。一般来说，Go 语言中定义方法的语法为：

```
func (接收器名 接收器类型) 方法名(参数列表) {
   //方法体，可以访问接收器名
}
```

下面给出一个示例程序 5-3 来说明在自定义类型上如何追加方法，这样只要是这个类型的变量就可以直接对方法进行调用。不同的类型可以定义同名的方法，互相不影响，这也是 Go 语言可以实现面向对象语言中类方法的一种机制。这个示例程序的具体代码如下。

示例程序 5-3　type 类型方法：chapter05\code03\main.go

```
//自定义类型的方法示例
package main
import (
   "fmt"
   "strconv"
)
//自定义类型 str 和 myInt
type str string
type myInt int
//getLen str 类型的方法，获取自身的长度
func (m str) getLen() int {
   return len(m)
```

```
13  }
14  func (i myInt) toStr() string {
15    return strconv.Itoa(int(i))
16  }
17  //接收器类型 int 不合法，因为不支持基础数据类型
18  // func (i int) toStr() string {
19  //     return strconv.Itoa(i)
20  // }
21  func main() {
22    var name str = "Jack"
23    fmt.Printf("%d\n", name.getLen())        //4
24    msg := "Hello," + name
25    fmt.Printf("%T\n", msg)                  //main.str
26    fmt.Printf("%d\n", msg.getLen())         //10
27    var i myInt = 30
28    i2 := i + 10
29    fmt.Printf("%T\n", i2)                   //myInt
30    fmt.Printf("%#v\n", i.toStr())           //"30"
31    fmt.Printf("%#v\n", i2.toStr())          //"30"
32  }
```

在示例程序 5-3 中，首先用 type 关键字定义了两个新的类型 str 和 myInt。其中用 func (m str) getLen() int 定义了 str 类型（接收器类型为 str，接收器名为 m）的 getLen 方法，即获取 str 类型 m 值的自身长度。

同样的，用 func (i myInt) toStr() string 定义了 myInt 类型（接收器类型为 myInt，接收器名为 i）的 toStr 方法，即将 myInt 类型 i 值转换成字符串。第 22 行定义了一个 str 类型的变量 name 并赋值为 "Jack"。第 23 行用 name.getLen()调用 str 类型变量 name 上的方法，返回长度 4。

第 24 行将 str 类型的 name 和字符串"Hello,"进行拼接，实际返回的变量 msg 是 str 类型，而不是字符串（string）类型。这个可从第 25 行打印出的 main.str 类型看出。因此，msg 也可以直接调用 getLen()方法返回 10，如第 26 行所示。

同样的，第 27 行定义了一个 myInt 类型的变量 i，后续即可调用 myInt 类型上的 toStr 方法，将其转成字符串。

注　意
Go 语言中不能在基础数据类型（比如 int 或 string）上直接定义方法，而只能在自定义的类型或者结构体上定义方法；类型的别名也不能定义方法，如 “type myStr = string” 中的 myStr 也是不可以为它定义方法。

5.2 struct 类型

如果读者学过 C 语言，那么一定知道 C 语言中也有 struct 这种类型，而且非常重要。Go 语言中的 struct 与 C 语言中的 struct 非常类似。现实生活中，很多对象都有不同的属性，而不同的属性

它们的数据类型也可能不同。举例来说，学生这个对象，基本的属性有：

- 学号：学号为学生在学校的唯一编码，一般为字符串类型。
- 姓名：学生的姓名以 2~3 个字为多，也有 4 个字的，字符串类型。
- 性别：是一个枚举值，可以用字符串类型存储。
- 年龄：代表学生的岁数，为整数类型。
- 身高：以厘米为单位，为浮点类型。
- 班级：学生所在班级名称，一般为字符串类型。

……

如果用 Go 语言来描述这个学生对象，就要借助复合数据类型，优于学生对象的多个属性数据类型不同，因此用 struct 这种轻量级数据结构（相对于类）来表示就非常合适。结构体是一系列不同或者相同数据类型的数据构成的数据集合。

5.2.1 声明 struct

在 Go 语言中，声明一个新的 struct 类型的语法如下：

```
type 类型名 struct {
    字段 1  字段 1 类型
    字段 2  字段 2 类型
    …
    字段 n  字段 n 类型
}
```

Go 语言中的结构体 struct 并没有构造函数，当我们定义一个 struct 对象时，struct 结构中的各个属性（字段）会各自初始化为其数据类型对应的零值，比如字符串类型属性的零值为空字符串、整数类型属性的零值为 0。

在同一个包中，结构的类型名不能重复，另外在结构定义中，字段名也不能重复。对于相同数据类型的多个字段，可以放在一行，用半角逗号隔开。struct 的各个字段行后不需要用逗号隔开。它们会按声明时的字段顺序初始化。下面给出 Go 语言初始化 struct 的几种方法的示例程序 5-4。

示例程序 5-4　初始化 struct 的几种方法：chapter05\code04\main.go

```
package main
import (
   "fmt"
)
//Student 学生结构
type Student struct {
   XH     string
   Name   string
   Age    int
   Height float32
   Class  string
}
func main() {
```

```
14      //第 1 种方法
15      var stu Student
16      stu.Name = "Jack"
17      fmt.Println(stu.Name, stu.Age, stu.Height)
18      //第 2 种方法
19      stu2 := Student{}
20      stu2.XH = "064248"
21      stu2.Name = "jack"
22      stu2.Age = 32
23      stu2.Height = 1.7
24      stu2.Class = "3"
25      fmt.Printf("%+v", stu2)
26      fmt.Println()
27      //第 3 种方法
28      stu3 := Student{
29          XH:     "064248",
30          Name:   "jackwang",
31          Age:    32,
32          Height: 1.7,
33          Class:  "3", //,不能少
34      }
35      fmt.Printf("%+v", stu3)
36      fmt.Println()
37      //第 4 种方法，new 返回指针
38      stu4 := new(Student)
39      stu4.Name = "Jack2"
40      fmt.Printf("%+v", stu4)
41  }
```

在示例程序 5-4 中，第 06 行用 type Student struct 定义了一个类型为 Student 的结构体，其中包括 5 个属性（字段）：XH、Name、Age、Height 和 Class。它们的数据类型有相同的也有不同的。一旦定义了结构体的类型，我们就可以把它当作一个普通类型来定义变量。

第 15 行用 var stu Student 定义了变量 stu，其类型为 Student。第 16 行可以用 stu.Name = "Jack" 对结构体中的 Name 属性进行赋值，同样的，可以用 stu.Name 获取属性 Name 的值。第 17 行用 fmt.Println 打印出 stu 对象中的 Name、Age 和 Height 的属性值。Student 类型的变量 stu 在定义时，各个属性会根据自己的数据类型自动初始化为零值。因此，虽然我们没有给 Age 和 Height 属性以显式方式赋值，但是打印出整数类型和 float32 类型时可以看到其零值 0。

第 2 种结构体变量的定义可以用短变量声明语法 stu2 := Student{}，如第 19 行所示。在第 20~24 行分别对 stu2 对象中的各个属性进行赋值，并在第 25 行打印输出结构体类型的对象 stu2，注意此时的 fmt.Printf 格式化符号是"%+v"，它会将结构体中的各个属性（即字段）都一起打印出来，输出的格式很像 JSON，但是中间没有逗号分隔，也没有双引号将属性和值括起来。

第 3 种结构体变量的定义，在用短变量声明时，可以一次性给结构体中的各个属性赋值，如第 28~34 行所示。

第 4 种结构体变量的定义可以用 new 关键词进行声明，如第 38 行所示，声明结构体变量之后可以直接对其属性进行赋值。在命令行中执行 go run main.go 命令即可执行示例程序 5-4 中的代码，输出结果如下所示。

```
Jack 0 0
{XH:064248 Name:jack Age:32 Height:1.7 Class:3}
{XH:064248 Name:jackwang Age:32 Height:1.7 Class:3}
&{XH: Name:Jack2 Age:0 Height:0 Class:}
```

注 意

Go 语言中 new(结构类型)返回一个指针。关于指针会在后续章节介绍。

5.2.2 struct 作为函数的参数

struct 可以作为函数的参数进行传递。默认情况下，Go 语言的函数参数是按值传递，而不是按引用传递。struct 对象也不例外，当作为函数参数时，会复制一个副本进行值传递，因此在函数体中虽然修改了 struct 参数的属性值，但是原始的 struct 对象却不受影响，二者本质上是两个对象。为了验证这种说法，下面给出示例程序 5-5。

示例程序 5-5　struct 方法示例：chapter05\code05\main.go

```
01  package main
02  import (
03    "fmt"
04  )
05  //Student 学生结构
06  type Student struct {
07    XH     string
08    Name   string
09    Age    int
10    Height float32
11    Class  string
12  }
13  func change(stu Student) {
14    stu.Name = "Smith"
15    stu.Age = 22
16    fmt.Printf("%+v", stu)
17    fmt.Println()
18  }
19  func main() {
20    stu2 := Student{}
21    stu2.XH = "064248"
22    stu2.Name = "jack"
23    stu2.Age = 32
24    stu2.Height = 1.7
25    stu2.Class = "3"
26    change(stu2)
27    fmt.Printf("%+v", stu2)
28  }
```

在示例程序 5-5 中，首先定义了一个类型为 Student 的结构体，并定义了几个属性。第 13 行定义了一个 change 函数，它接收一个 Student 类型的参数，在函数体内对传入的参数 stu 对象中的属性进行修改。第 20~25 行定义了一个 Student 类型的变量 stu2，并对各个属性进行赋值。第 26 行调用函数 change(stu2)，第 27 行打印出 stu2 的值。用命令 go run main.go 来运行这个示例程序，结果如下所示。

```
{XH:064248 Name:Smith Age:22 Height:1.7 Class:3}
{XH:064248 Name:jack Age:32 Height:1.7 Class:3}
```

由输出结果可知，在函数体内的 stu 参数值确实修改了，但是第 27 行打印的 stu2 值并未改变，还是初始赋的值。那么 Struct 结构体在内存中占用多大字节呢？我们可以访问 http://golang-sizeof.tips 来查看 Student 结构体的内存分配情况（在 64 位上为 64 字节），如图 5.1 所示。

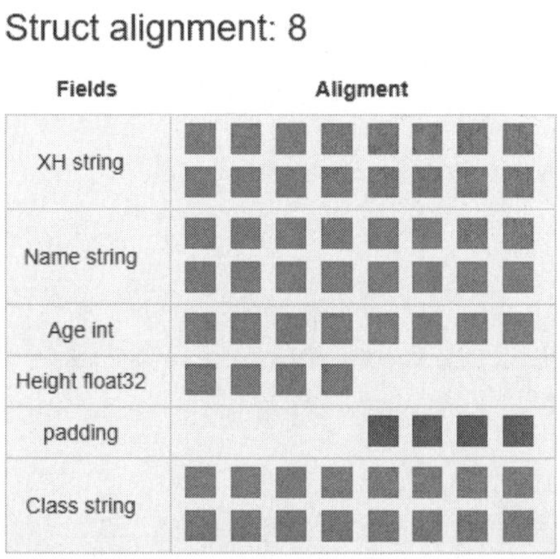

图 5.1　结构体 Student 的内存布局大小示意图

在 64 位操作系统上，整数类型的 Age 占 8 个字节，float32 类型虽然占 4 个字节，但是由于内存对齐（要填充 4 个字节），因此 float32 类型的 Height 相当于占了 8 个字节。字符串类型在源代码包（src/runtime/string.go）中的数据结构为：

```
//64 位操作系统下
type stringStruct struct {
    str unsafe.Pointer          //底层也是整数类型，长度 8
    len int                     //长度 8
}
```

因此，在 64 位操作系统下，一个字符串类型的变量在内存中占用 16 字节，结构体 Student 的总内存占用为 16+16+8+4+4+16（64）字节。

注　意

Go 语言里使用结构体 struct 作为数据载体，由于指针对齐的问题，因此不同字段顺序可能导致结构体的总体大小也有所不同。

5.2.3 给 struct 定义方法

可以通过函数来给结构体定义方法。下面给出一个示例程序来说明如何给结构体 Student 定义一个方法，示例程序 5-6 的具体代码如下。

示例程序 5-6 结构体的方法：chapter05\code06\main.go

```
01  package main
02  import (
03      "fmt"
04  )
05  //Student 学生结构
06  type Student struct {
07      XH     string
08      Name   string
09      Age    int
10      Height float32
11      Class  string
12  }
13  //CreateNew 给 Student 进行初始化的方法
14  func (stu Student) CreateNew(xh, name, class string, age int, height float32) Student {
15      stu.XH = xh
16      stu.Name = name
17      stu.Age = age
18      stu.Height = height
19      stu.Class = class
20      return stu
21  }
22  func main() {
23      stu := Student{}
24      stu = stu.CreateNew("064248", "jack", "3", 32, 1.7)
25      fmt.Printf("%+v", stu)
26  }
```

在示例程序 5-6 中，第 14 行给接收器类型 Student 定义了一个方法 CreateNew，它接收 5 个参数来对接收器名 stu 进行赋值。由于 Go 语言中函数传递都是值传递，因此函数内部修改的值无法直接反应到外部参数上，需要将内部修改的对象通过 CreateNew 函数返回值进行返回。第 24 行用 stu = stu.CreateNew 创建结构体对象 stu。

5.2.4 struct 嵌套

由于现实问题往往比较复杂，因此有些结构体中的属性可能也是结构体，换句话说，就是结构体的嵌套。Go 语言支持结构体的嵌套，而且这种机制也是实现类似面向对象编程继承效果的一种常用方法。下面是结构体嵌套的示例程序 5-7。

示例程序 5-7 结构体嵌套：chapter05\code07\main.go

```
01  package main
02  import (
03    "fmt"
04  )
05  //Address 地址结构
06  type Address struct {
07    Province string
08    City     string
09    Street   string
10    Other    string
11  }
12  //Student 学生结构
13  type Student struct {
14    XH     string
15    Name   string
16    Age    int
17    Height float32
18    Class  string
19    //struct 嵌套
20    Address Address
21  }
22  func main() {
23    stu := Student{}
24    stu.XH = "064248"
25    stu.Name = "Jack"
26    stu.Address.Province = "JS"
27    stu.Address.City = "XZ"
28    stu.Address.Street = "KaiYuan"
29    fmt.Printf("%+v", stu)
30  }
```

在示例程序 5-7 中，第 06 行首先定义了一个 Address 类型的结构体，其中有 4 个属性。第 13 行定义了一个 Student 类型的结构体，其中第 20 行的结构体属性 Address 的类型是 Address 类型。第 23 行定义了一个 Student 类型的变量 stu 之后，就可以用 stu.Address.Province 来访问子结构体中的属性。

注 意
struct 的嵌套可以是多层的，不限于 2 层。另外，Go 语言中的 struct 本身不能嵌套自己（可以是自己的指针类型），否则会报递归类型（Recursive Type）错误。

5.3 匿名 struct 类型

上面介绍的 struct 是有类型名的，但是 Go 语言中还支持一种匿名的 struct。定义匿名结构体时没有 type 关键字，与定义普通类型的变量一样，如果在函数外定义匿名结构体变量，那么需在结构体变量前加上 var 关键字，但在函数内部可省略 var 关键字。

声明一个匿名 struct 类型的语法如下：

```
var 变量名 struct {
    字段 1  字段 1 类型
    字段 2  字段 2 类型
    …
    字段 n  字段 n 类型
}
```

匿名 struct 一般用作全局的配置数据存储结构。比如可以存储数据库链接的用户名信息、用户密码信息和链接地址信息。下面是匿名 struct 用法的示例程序 5-8。

示例程序 5-8　匿名 struct：chapter05\code08\main.go

```
01  package main
02  import (
03    "fmt"
04  )
05  //匿名 struct
06  var config struct {
07    uid string
08    pwd string
09    url string
10  }
11  func main() {
12    config.uid = "sa"
13    config.pwd = "123#@"
14    config.url = "127.0.0.1:3306"
15    fmt.Printf("%T", config)
16    //定义且要初始化
17    config2 := struct {
18        uid string
19        pwd string
20        url string
21    }{"sa", "123#@", "127.0.0.1:3306"}
22    fmt.Printf("%T", config2)
23  }
```

在示例程序 5-8 中，第 06 行定义了一个匿名的结构体，并赋值给变量 config，匿名 struct 由于没有类型名称，因此无法在外部声明新的变量。实际上第 06 行定义的匿名 struct 相当于单例模式（Singleton Pattern），其他地方引用的都是全局的对象。第 12~14 行可以用变量 config 直接存取匿名结构体中的属性。

第 17 行用短变量的形式声明了一个匿名 struct，注意这种形式必须在声明结构的同时进行初始化。

前面提到结构体可以嵌套，一般来说，嵌套的结构体作为属性可以使用匿名字段，匿名字段只要提供字段类型即可，相当于同时提供了同类型名的字段名。下面是匿名字段用法的示例程序 5-9。

示例程序 5-9　匿名字段：chapter05\code08\main2.go

```
01  package main
02  import (
03    "fmt"
04  )
05  //Address 地址结构
06  type Address struct {
07    Province    string
08    City        string
09    Street      string
10    string                          //匿名字段，字段名和类型都是 string
11  }
12  //Student 学生结构
13  type Student struct {
14    XH      string
15    Name    string
16    Age     int
17    Height  float32
18    Class   string
19    //匿名字段
20    Address
21  }
22  func main() {
23    stu := Student{
24        XH: "064248",
25        Name: "Jack",
26        Age: 32,
27        Address: Address{
28            Province: "JS",
29            City:     "XZ",
30            Street:   "KaiYuan",
31            string:   "118",          //换行必须末尾有,
32        },
33        Height: 1.7, Class: "3",      //换行必须末尾有,
34    }
35    fmt.Printf("%+v", stu)
36  }
```

在示例程序 5-9 中，第 10 行给出了匿名字段 string，相当于给定了属性类型为 string，属性名也为 string，这一点可以从第 31 行的赋值语句看出。第 20 行将结构体 Address 作为匿名字段，因此字段名也是 Address。

除了结构体 struct 能作为匿名字段，自定义类型和内置类型也可以作为匿名字段，而且可以在相应的字段上进行函数操作。

> **注　意**
>
> 匿名字段类型必须不同，否则无法区分，比如两个字段类型都是 string，那么只能有一个 string 是匿名字段。

5.4 数 组

数组是一组同类型的数据集合，数组的个数往往确定，在内存中也是连续存储的，因此数组的存取效率很高。数组元素的类型可以是内置类型，比如字符串、整型、布尔类型等，也可以是自定义的类型。

5.4.1 创建数组

在 Go 语言中，定义数组的语法为：

```
var 数组名 [数组长度]数据类型
```

数组一旦定义，即使我们没有初始化赋值，每个元素也会自动初始化为零值。例如，我们用 var arr [5]int 定义了一个长度为 5、元素类型为整数类型的数组 arr，那么此语句会在内存中分配连续的空间，各个元素初始化为整数类型的零值 0。

数组的存取可以通过下标（或称为索引），编号从 0 开始，因此数组 arr 下标为 0 的元素是该数组的第一个元素，可以用 arr[0]进行存取。arr[0]既可以对数组第一个元素进行读取，也可以对第一个元素进行赋值。var arr [5]int 对应的内存布局示意图如图 5.2 所示。

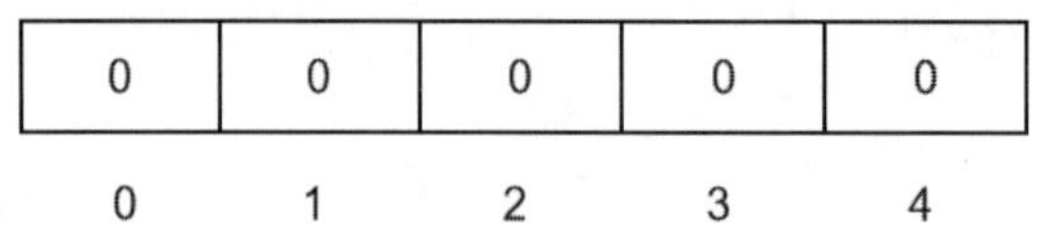

图 5.2 var arr [5]int 内存布局示意图

数组还支持用短变量的方式进行定义，此方式可以在定义数组时完成特定的初始化工作。比如 arr2 := [5]int{7, 8, 9, 10, 11}定义了一个长度为 5、元素类型为整数类型的数组 arr2，并对 5 个元素依次初始化赋值为 7, 8, 9, 10, 11。对应的内存布局示意图如图 5.3 所示。

arr2 := [5]int{7, 8, 9, 10, 11}

7	8	9	10	11
0	1	2	3	4

图 5.3 arr2 := [5]int{7, 8, 9, 10, 11}内存布局示意图

数组可以进行赋值，但是前提是两个数组的类型和长度必须一致。数组的赋值实际上会通过复制数据来完成，因此两个数组最终指向的是不同内存中的数据，修改任何一个数组中的值都不会影响另外一个数组。比如 arr2 := [5]int{7, 8, 9, 10, 11}，那么执行 arr3 := arr2 赋值后对应的内存布局示意图如图 5.4 所示。

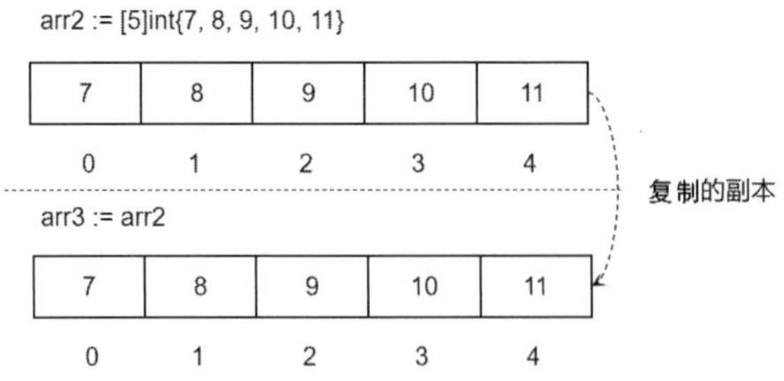

图 5.4　数组赋值的内存布局示意图

由于数组的赋值或者作为函数参数需要复制副本，因此如果一个数组非常大，那么数组的这类相关操作是比较消耗资源的。下面是数组用法的示例程序 5-10。

示例程序 5-10　数组的用法：chapter05\code09\main.go

```
01  package main
02  import (
03     "fmt"
04  )
05  func main() {
06     //定义一个长度为 3，元素类型为字符串 string 的数组
07     //初始化为字符串类型的零值""
08     var arrName [3]string
09     fmt.Printf("%#v", arrName) //[3]string{"", "", ""}
10     fmt.Println()
11     //通过数组下标来给数组元素赋值
12     arrName[0] = "Hello"
13     arrName[1] = ","
14     arrName[2] = "Go"
15     fmt.Println(arrName) //[Hello , Go]
16     //短变量定义，长度为 3、元素类型为整数类型的数组
17     //初始化为整数类型的零值 0
18     arrInt := [3]int{}
19     fmt.Println(arrInt) //[0 0 0]
20     arrInt[0] = 1
21     arrInt[1] = 2
22     arrInt[2] = 3
23     //越界报错
24     //arrInt[4] = 4
25     fmt.Println(arrInt)          //[1 2 3]
26     //短变量定义并初始化，长度为 3、元素类型为整数类型的数组
27     arr2 := [3]int{7, 8, 9}
28     fmt.Println(arr2)            //[7 8 9]
29     //可以用...，会自动根据元素个数确定数组长度
30     arr3 := [...]int{7, 8, 9, 10}
31     fmt.Println(arr3)            //[7 8 9 10]
32  }
```

在示例程序 5-10 中，分别用 3 种方法定义了数组，第 08 行 var arrName [3]string 定义一个长度为 3、元素类型为字符串类型的数组。数组中的每个元素都被初始化为字符串类型的零值""。数

组的下标从 0 开始计数，可以通过下标来存取数组元素，第 12~14 行分别通过下标的方式对数组 arrName 中的各元素进行赋值，由于数组的元素类型是字符串类型，因此我们只能赋字符串类型的值。

第 18 行 arrInt := [3]int{}用短变量的方式创建了一个长度为 3、元素类型为整数类型的数组 arrInt，各元素类型初始化为整数类型的零值 0。短变量的方式还可以在定义数组的时候指定各元素的初始化值，如第 27 行所示，这样就不用逐一赋值了，代码更加简洁。

如果用短变量定义方式初始化的值个数比较多，且不好确定个数，就可以用...来代替，这样 Go 编译器会根据初始化的值来自动确定数组长度。

数组实际上由长度和元素类型共同组成，因此只有两个数组变量的长度和元素类型都一致时才能进行相等比较，否则判断会报类型不匹配的错误。两个数组相等需要满足如下 3 个条件：

- 长度相等。
- 元素类型一致。
- 各元素的值一致。

5.4.2 数组作为函数的参数

数组可以作为函数的参数进行传递。Go 语言中的函数参数都是按值传递的，因此函数中的数组参数实际上是外部数组的副本，二者是两个不同的对象。下面是数组作为函数参数的示例程序 5-11。

示例程序 5-11 数组作为函数参数：chapter05\code10\main.go

```
package main
import (
   "fmt"
)
func sum(arr [100]int) int {
   length := len(arr)
   sum := 0
   for i := 0; i < length; i++ {
       sum += arr[i]
   }
   return sum
}
func main() {
   //length := 100
   //var arr [length]int 必须是常量
   var arr [100]int
   length := len(arr)
   for i := 1; i <= length; i++ {
       arr[i-1] = i
   }
   sum := sum(arr) //5050
   fmt.Println(sum)
}
```

在示例程序 5-11 中，第 05 行用 func sum(arr [100]int) int 定义了一个 sum 函数，参数的类型为[100]int，即长度为 100、元素类型为整数类型的数组，函数返回值是整数类型，sum 函数只能处理长度是 100 的数数类型的数组，其他数组都不能当作实参进行传递，否则会报错。第 06 行用内置函数 len 获取数组的长度，第 08~10 行用 for 循环语句对数组中的元素（通过数组下标来存取）进行累加，也就是求和。最后将求和的结果返回。

注意被注释掉的第 14 行和第 15 行，如果定义了一个整数类型的变量 length，然后用这个 length 来作为数组长度，那么编译器会报错。因为只有常量才能用来定义数组的长度，而变量后续是可以被修改的，即长度是不确定的，如果允许这种语法，那么可能会出现无法预期的错误。

第 16 行用 var arr [100]int 定义了一个长度为 100、元素类型为整数类型的数组 arr，第 18~20 行借助 for 循环给数组 arr 赋值。注意 for 循环中的 i 是从 1 开始的，并且 i 最后一个值为数组长度，因此要用 arr[i-1]给数组 arr 的各个元素赋值，否则最后一个元素会越界。

第 21 行 sum := sum(arr)调用 sum 函数对数组 arr 求和，并重新赋值给 sum，注意这里的新变量名和函数 sum 名称相同，这在 Go 语言里面是允许的。不过这样做的话，需要注意一个“坑”。

注　意

第 21 行 sum := sum(arr)会导致后续的 sum 变量不再是函数名，而是一个整数类型的变量，因此无法用 sum()进行函数调用。这个类型覆盖的问题有时可能非常不好排除，比如定义了一个整数类型变量 len，由于它和内置的 len 函数同名，可能会覆盖内置的 len 函数，从而导致调用 len()函数时报错。

前面提到，数组作为函数参数时是按照值进行传递的，本质上外部的数组和函数中的参数数组是两个对象，互相不影响。下面是验证此规则的示例程序 5-12。

示例程序 5-12　数组函数中按值传递：chapter05\code11\main.go

```
package main
import (
  "fmt"
)
func change(arr [10]int) {
  length := len(arr)
  for i := 0; i < length; i++ {
      arr[i] = 2 * i
  }
}
func main() {
  var arr [10]int
  length := len(arr)
  for i := 1; i <= length; i++ {
      arr[i-1] = i
  }
  change(arr)
  //[1 2 3 4 5 6 7 8 9 10]
  fmt.Println(arr)
}
```

在示例程序 5-12 中，第 05 行 func change(arr [10]int)首先定义了一个函数 change，接收一个[10]int 类型的形参，在函数内部，我们通过 for 循环修改了数组 arr 每个元素的值。第 12~16 行定义了一个数组 arr，并且通过循环给这个数组的各个元素依次赋值为 1、2、3、4、5、6、7、8、9、10。

第 17 行调用函数 change(arr)，函数体内虽然修改了参数的元素值，但是第 19 行打印的 arr 值并未受影响，仍然是 1、2、3、4、5、6、7、8、9、10。这说明函数中的数组是按值传递的。当然我们也可以通过其他手段（比如指针）来实现函数中修改参数后再同步到外部。关于指针的内容后续章节会单独介绍。

5.4.3 二维数组

上面介绍的数组是一维的数组，其实还有二维数组和三维数组。当然还有四维或者更高维度的数组。一般来说，一维和二维数组最常用。数学领域可能会涉及三维或者高维数组的应用场景。下面就介绍一下二维数组的基本用法。

二维数组是最简单的多维数组，二维数组本质上是由一维数组构成的，可以想象一维数组的元素类型是一个一维数组。二维数组定义方式如下：

```
var 数组名 [行长度][列长度]数据类型
```

比如，定义一个 2 行 3 列的整数类型二维数组，则可以用 var twoArr = [2][3]int 来定义。twoArr 数组的内存布局示意图如图 5.5 所示。二维数组实际上可以看作是一个表格。2 行 3 列的整数类型数组可以存储 2×3=6 个整数元素。

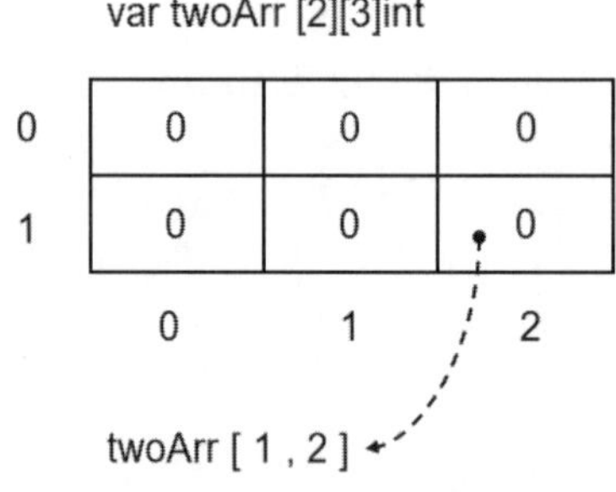

图 5.5 二维数组 var twoArr = [2][3]int 的示意图

twoArr 定义后，各个元素会被初始化为整数类型的零值 0，行下标和列下标都是从 0 开始的，存取二维数组的元素和存取一维数组的元素一样，都是通过下标来存取，例如 twoArr[1,2]用来存取数组中第 2 行第 3 列的元素值。

二维数组也可以用短变量的方式进行声明并初始化。下面是二维数组用法的示例程序 5-13。

示例程序 5-13 二维数组用法：chapter05\code12\main.go

```
package main
import (
    "fmt"
)
```

```
05    //printArr 打印[2][3]int 数组
06    func printArr(arr [2][3]int) {
07      for i := 0; i < len(arr); i++ {
08          for j := 0; j < len(arr[0]); j++ {
09              fmt.Print(arr[i][j], " ")
10          }
11          fmt.Println()
12      }
13    }
14    func main() {
15      var twoArr [2][3]int
16      twoArr[0][0] = 1
17      twoArr[1][1] = 2
18      twoArr[1][2] = 3
19      printArr(twoArr)
20      //定义并初始化
21      arr2 := [2][3]int{
22          {1, 2, 3},
23          {4, 5, 6},              //,不能省略
24      }
25      fmt.Println(arr2[1][2])     //6
26    }
```

在示例程序 5-13 中，第 06 行用 func printArr(arr [2][3]int) 定义了一个 printArr 函数，它接收一个[2][3]int 类型的二维数组参数，函数体内利用两层循环依次打印出二维数组中的元素值。第 15 行用 var twoArr [2][3]int 定义了一个二维数组，这个二维数组的类型、行长度、列长度和 printArr 函数的数组参数类型一致，因而可以作为这个函数的参数进行函数调用。

第 16~18 行利用下标对数组元素进行赋值。第 19 行调用 printArr 函数打印二维数组 twoArr。第 21 行用短变量的方式定义了一个[2][3]int 类型的数组 arr2，并对每个元素值进行初始化，二维数组用两层{}进行嵌套初始化。

注 意
示例程序 5-13 中第 23 行右大括号“}”后的逗号不能省略，否则报错。

5.4.4 数组元素是 struct

数组的元素不但可以是简单的内置类型，比如字符串类型和整数类型等，还可以是自定义的结构体类型。结构体是不同属性的集合，和数组组合起来更能描述现实中的集合数据。其实结构体和数组的组合更像数据库中的一个二维表。下面是数组元素为结构体用法的示例程序 5-14。

示例程序 5-14 数组和结构体的用法：chapter05\code13\main.go

```
package main
import (
  "fmt"
  "strconv"
)
```

```
06  //Student 学生结构
07  type Student struct {
08    XH     string
09    Name   string
10    Age    int
11    Height float32
12    Class  string
13  }
14  func main() {
15    arr := [10]Student{}
16    for i := 0; i < len(arr); i++ {
17        arr[i] = Student{
18            XH:    "XH" + strconv.Itoa(i),
19            Name:  "Jack" + strconv.Itoa(i),
20            Age:   10 + i,
21            Class: strconv.Itoa(i),
22        }
23    }
24    //Jack1
25    fmt.Println(arr[1].Name)
26    //12
27    fmt.Println(arr[2].Age)
28  }
```

在示例程序 5-14 中，第 07~13 行定义了一个 Student 结构体，第 15 行用 arr := [10]Student{} 定义了一个元素类型为 Student 结构体、长度为 10 的数组 arr。第 16~23 行用 for 循环快速对数组中的每个 Student 结构体元素进行初始化。其中用到了基本的类型转换函数库 strconv。第 25 行 fmt.Println(arr[1].Name)中先用 arr[1]读取到第二个元素的值，并把这个元素的 Name 属性值打印到控制台。

5.5 切　片

数组的长度是固定的，而且在函数中传递需要复制整个数组，当数组非常大时，数组的相关操作是比较消耗资源的。另外，数组的长度需要提前确定，但作为函数参数时，函数只能接收特定长度的数组参数，灵活性不高。

在 Go 语言中，比数组更加常用的一种数据结构是切片（slice）。切片这个概念在主流的语言中是没有的。首先切片的长度可以动态进行扩展，并且切片在函数中作为参数时，只需要复制一些标志头信息即可，而不需要复制底层的数组数据，因此效率更高，占用内存更少。

由于切片不需要显式指定长度，因此当用切片作为函数参数时，函数不会检测切片的长度，只要切片的类型一致，那么函数就可以对该切片参数进行处理。因此，使用切片作为参数的函数，通用性更高。

5.5.1 切片的内部实现

切片的内部实现是由 3 部分所构成：

- 指向底层数组的指针
- 长度
- 容量

切片就像火车车厢一样，可以根据情况通过连接更多的车厢来扩容，也可以截取几节车厢构成另一列火车。切片的定义和数组定义非常类似，只是不要指定长度。切片的底层是数组结构，也是在连续的内存块中分配存储空间的，所以切片具备以下标方式存取、迭代以及高效垃圾回收等优势。可以说切片是一个比较小的对象。定义切片的基本语法为：

```
var 切片名 []数据类型
```

例如，用 var slice []int 即可定义一个元素类型为整数类型的切片，但是此切片并未在内存中分配存储空间，切片指向底层数组的指针为 nil，其长度为 0、容量为 0，因此无法直接进行赋值。比如用 slice[0]存取切片 slice 时，会报超出范围，也就是下标越界的错误，如图 5.6 所示。

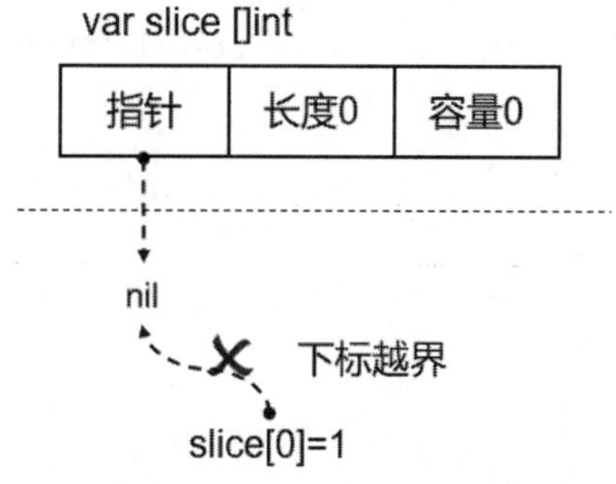

图 5.6　var slice []int 切片定义的内存分布示意图

切片只定义的话是无法使用的，还需要用 make 内置函数进行初始化才能进行数据的存取。切片定义和初始化更简洁的语法为：

```
切片名 :=make([]数据类型,长度,容量)
```

例如，用 slice := make([]int, 3,5)定义并初始化一个长度为 3 和容量为 5 的切片。虽然容量是 5，但是此时只会在内存中开辟长度为 3 的数组，而不是长度为 5 的数组。因此可以用 slice [0]=1 和 slice[2]=3 对切片进行赋值，但是不能用 slice[3]=5 进行赋值，会报下标越界的错误，如图 5.7 所示。

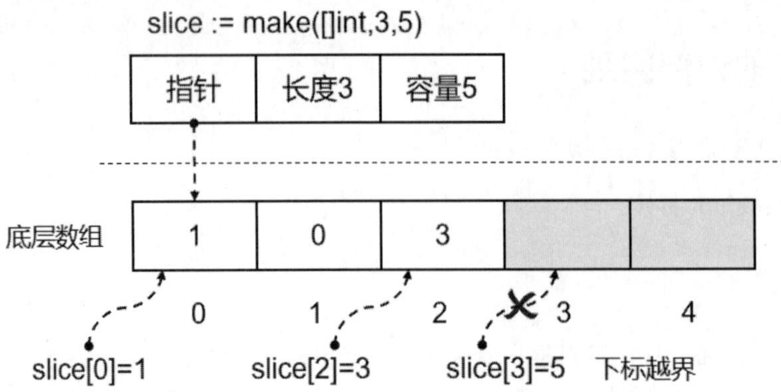

图 5.7　slice := make([]int, 3,5)切片内存分布示意图

在图 5.7 中，底层数组中下标为 3 和 4 的内存区域背景色是灰色的，表示这块内存区域实际上还未分配。这里要注意的是，切片不但有长度的概念，还有容量的概念，其中长度指当前元素的个数，而容量指最大存储空间的个数。用短变量的方式可以将切片定义和初始化用一条语句来完成，简洁高效。切片的容量必须比长度大，否则会报错。

如果省略容量，那么切片的容量和长度一致。切片的长度可以用内置函数 len 来获取，而容量可以用内置函数 cap 来获取。下面是切片基本用法的示例程序 5-15。

示例程序 5-15　切片的基本用法：chapter05\code14\main.go

```
package main
import (
  "fmt"
)
func main() {
  //var 定义
  var slice []string
  fmt.Println(len(slice))          //0
  fmt.Println(cap(slice))          //0
  fmt.Printf("%#v", slice)         //[]string(nil)
  fmt.Println()
  //slice[0] = "Hello"             //下标越界
  slice = make([]string, 6)
  slice[0] = "Hello"
  slice[5] = "Go"
  fmt.Printf("%#v\n", slice) //[]string{"Hello", "", "", "", "", "Go"}
  //切片字面量定义，注意不要指定长度，否则为数组
  slice2 := []int{1, 2, 3, 4, 5}
  slice1 := slice2               //切片赋值，共享底层数组
  slice1[0] = 9                  //同时影响两个切片
  fmt.Println(slice2) //[9 2 3 4 5]
  //短变量定义，长度为 3，容量为 10
  slice3 := make([]int, 3, 10)
  fmt.Println(len(slice3))         //3
  fmt.Println(cap(slice3))         //10
  fmt.Println(slice3)              //[0 0 0]
```

```
27      slice3[0] = 1
28      slice3[1] = 2
29      slice3[2] = 3
30      fmt.Println(slice3)              //[1 2 3]
31  }
```

在示例程序 5-15 中，第 07 行用 var 关键词定义了一个切片 slice。由于这种方式不会初始化切片底层数组的内存结构，此时的长度和容量都是 0，因此调用 len(slice)和 cap(slice)都会打印出 0。第 10 行 fmt.Printf("%#v", slice)语句会按照 Go 的语法打印 slice 的值，即[]string(nil)，由此可以知道此时切片地址指针为 nil，也就是未指向任何已存在的数组。

第 12 行被注释的 slice[0] = "Hello"语句试图对切片的第一个元素赋值，但是会提示下标越界的错误。第 13 行 slice= make([]string, 6)对已经定义的切片 slice 进行初始化，此时切片的长度和容量都是 6，各个元素初始化为字符串的零值""。

第 18 行 slice2 := []int{1, 2, 3, 4, 5}语句用切片的字面量对切片进行定义，这种定义切片的方式可以对各个切片元素进行初始化，元素的个数即为切片的长度和容量。第 23 行 slice3 := make([]int, 3, 10)语句用短变量方式定义长度为 3、容量为 10 的切片，此时各个元素初始化为整数类型的零值 0，且底层数组只分配了 3 个整数类型的存储区域，而不是 10 个。

注　意

Go 不允许创建容量小于长度的切片，切片定义时默认不会初始化底层数组，因此切片必须初始化后才能使用，否则会提示错误，这和数组是不同的。

第 19 行 slice1 := slice2 语句对切片进行定义并赋值，此时切片 slice1 和 slice2 共享底层数组。因此第 20 行 slice1[0] = 9 语句修改了切片 slice1 的一个元素值，即从 1 改为 9，就会影响到切片 slice2 的值，如图 5.8 所示。

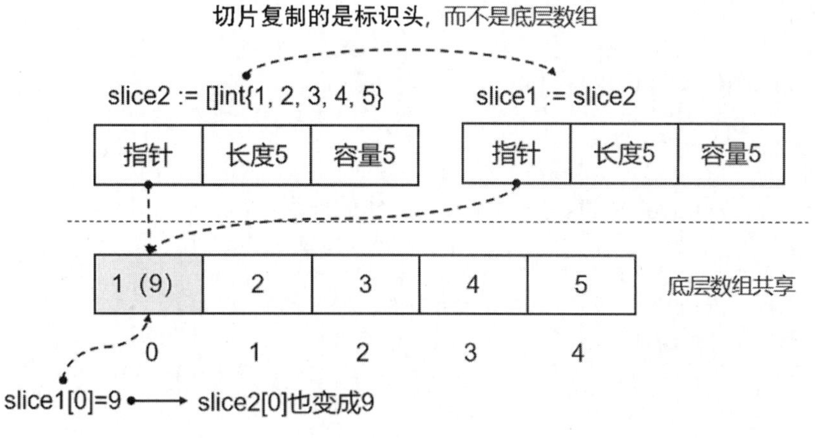

图 5.8　slice1 := slice2 切片赋值内存分布示意图

5.5.2　切片的切割

上面介绍了切片的几种定义和初始化方法，并了解了切片的赋值是共享底层数组，只需复制切片的标识头信息即可。下面介绍一下切片的切割，这也是切片一词的由来。切片可以非常方便地对底层数组进行切分，从而创建新的切片对象。通过切片创建新切片的基本语法如下：

```
slice[i:j]      //从 slice 下标为 i（i 从 0 开始）的元素开始切，切片长度为 j-i
slice[i:j:k]    //从 slice 下标为 i（i 从 0 开始）的元素开始切，切片长度为 j-i，容量是 k-i
slice[i:]       //从 slice 下标为 i（i 从 0 开始）的元素切到最后一个
slice[:j]       //从 slice 下标为 0 的元素切到下标为 j-1 的元素，不包含 j
slice[:]        //从头切到尾，等同于 slice 复制
```

注 意

将切片切分为两个切片时，它们共享底层数组，因此修改其中一个，也会影响到另外一个切片。

下面是关于切片创建新切片的示例程序 5-16。

示例程序 5-16　切片创建新切片：chapter05\code15\main.go

```
01  package main
02  import (
03      "fmt"
04  )
05  func main() {
06      slice := []int{1, 2, 3, 4, 5}
07      slice2 := slice[:] //切片拷贝
08      slice2[0] = 9
09      slice2[4] = 7
10      //切片共享底层数据
11      fmt.Println(slice)          //[9 2 3 4 7]
12      fmt.Println(slice2)         //[9 2 3 4 7]
13      s3 := slice[3:]             // 从下标为 3 切到末尾
14      fmt.Println(s3)             //[4 7]
15      fmt.Println(len(s3))        //长度 2
16      fmt.Println(cap(s3))        //容量 2
17      s3 = slice[:3]              // 从 0 切到 3(不包含 3)
18      fmt.Println(s3)             //[9 2 3]
19      fmt.Println(len(s3))        //长度 3
20      fmt.Println(cap(s3))        //容量 5
21      s3 = slice[1:4]             //从下标为 1 的元素开始切，长度为 3(4-1)
22      fmt.Println(s3)             //[2 3 4]
23      fmt.Println(len(s3))        //长度 3
24      fmt.Println(cap(s3))         //容量 4
25      //从下标为 1 的元素开始切，切片的长度为(3-1)，容量为(4-1)
26      s3 = slice[1:3:4]
27      fmt.Println(s3)             //[2 3]
28      fmt.Println(len(s3))        //长度 2
29      fmt.Println(cap(s3))        //容量 3
30  }
```

在示例程序 5-16 中，第 06 行用 slice := []int{1, 2, 3, 4, 5}语句定义并初始化了一个长度为 5、容量为 5 的整数类型切片，其元素值分别为 1, 2, 3, 4, 5。第 07 行 slice2 := slice[:]语句中的 slice[:]

从 slice 第 0 个元素开始，一直切取到最后一个元素，也就是复制整个切片值到 slice2。因此 slice2 底层数组和 slice 是一样的，二者共享。第 08~09 行对 slice2 重新赋值，同时也影响到 slice。因此修改后的两个切片值都为[9 2 3 4 7]。

s3 := slice[3:]中的 slice[3:]表示从 slice 下标为 3 的元素开始，一直切取到最后一个元素，即[4 7]，长度为 2（等于 5-3），容量为 2（等于 5-3）。slice[3:]等同于 slice[3:5:5]。

s3 = slice[:3] 中的 slice[:3]表示从 slice 下标为 0 的元素开始，一直切取到下标为 2（等于 3-1）的元素，即[9 2 3]，长度为 3（等于 3-0），容量为 5（等于 5-0）。slice[:3]等同于 slice[0:3:5]。

s3 = slice[1:4]中的 slice[1:4]表示从 slice 下标为 1 的元素开始，一直切取到下标为 3（等于 4-1）的元素，即[2 3 4]，长度为 3（等于 4-1），容量为 4（等于 5-1）。slice[1:4]等同于 slice[1:4:5]。

s3 = slice[1:3:4]中的 slice[1:3:4]表示从 slice 下标为 1 的元素开始，一直切取到下标为 2（等于 3-1）的元素，即[2 3]，长度为 2（等于 3-1），容量为 3（等于 4-1）。

切片通过切割生成两个共享底层数组的切片，其内存布局示意图如图 5.9 所示。

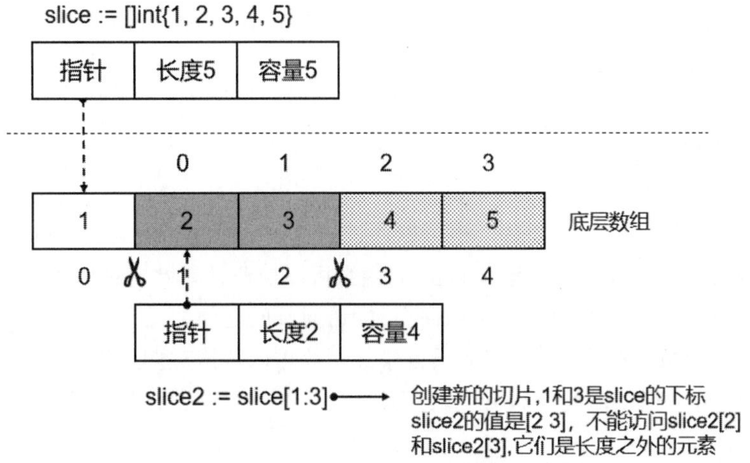

图 5.9　两个切片共享底层数组的内存分布示意图

在图 5.9 中，切片 slice 长度为 5、容量为 5，因此可以访问到长度 5 以内的所有元素，即 1、2、3、4 和 5。由于切片 slice2 的长度是 2、容量是 4，切片只能访问长度 2 以内的元素，因此只能访问到元素 slice2[0]和 slice2[1]，即 2 和 3；不能存取 slice2[2]和 slice2[3]，否则会报下标越界的错误。

由于两个切片是共享底层数组的，因此如果一个切片修改了底层数组的值，那么另一个切片的底层数组可能被修改，也可能不被修改，如示例程序 5-17 所示。

示例程序 5-17　切片创建新切片的示例：chapter05\code15\main2.go

```
package main
import (
  "fmt"
)
func main() {
  slice := []int{1, 2, 3, 4, 5}
  slice2 := slice[1:3]
  fmt.Println(slice2)            //[2 3]
  fmt.Println(len(slice2))       //长度 2
```

```
10      fmt.Println(cap(slice2))          //容量 4
11      fmt.Println(slice2[0])            //2
12      fmt.Println(slice2[1])            //3
13      //fmt.Println(slice2[2])          //下标越界
14      //fmt.Println(slice2[3])          //下标越界
15      slice2[0] = 9                     //修改会影响 slice 和 slice2
16      fmt.Println(slice)                //[1 9 3 4 5]
17      fmt.Println(slice2)               //[9 3]
18      slice[0] = 7                      //只会影响 slice
19      fmt.Println(slice)                //[7 9 3 4 5]
20      fmt.Println(slice2)               //[9 3]
21   }
```

在示例程序 5-17 中，第 15 行 slice2[0] = 9 语句的操作会同时影响 slice 和 slice2 这两个切片的值，因为从图 5.9 可以看出，slice2[0]和 slice[1]在内存中是同一个对象，因此任何一个切片修改该内存的值，另一个切片的值都会同样改变。

第 18 行 slice[0] = 7 语句只会影响 slice 本身，由于 slice[0]和 slice2 在底层数组上没有任何共享的内存，因此 slice[0]的修改不会影响 slice2。

5.5.3 切片的扩容

切片除了可以通过切分缩小切片，也可以通过切片的动态增长实现切片的扩容。切片的扩容可以通过内置 append 函数来实现，这个 append 函数可以快速且高效地对切片进行扩容操作。如其所述，切片只能访问到其长度内的元素，任何试图访问长度之外的元素都会导致运行时抛出异常。

相对于数组这个数据结构而言，Go 语言中的切片可以按需对切片进行容量。内置的 append 函数有两个参数：第一个参数是将被处理的切片，另一个参数是要追加的值。append 函数会返回一个扩容后的新切片。

注 意
append 函数会增加新切片的长度，而容量可能会改变，也可能不会改变，这取决于被处理切片的可用容量，因为容量的扩容规则会随着可用容量而变化。

下面是切片进行扩容的示例程序 5-18。

示例程序 5-18　切片扩容：chapter05\code16\main.go

```
package main
import (
   "fmt"
)
func main() {
   slice := []int{1, 2, 3, 4, 5}
   slice2 := slice[1:3]
   fmt.Println(len(slice2))                    //长度为 2
   fmt.Println(cap(slice2))                    //容量为 4
   //slice2 和 slice3 是两个切片
```

```
11      slice3 := append(slice2, 11)              //扩容，有足够容量，共享底层数组
12      fmt.Println(len(slice2))                  //长度为 2
13      fmt.Println(cap(slice2))                  //容量为 4
14      slice3[0] = 77
15      fmt.Println(slice)                        //[1 77 3 11 5]
16      fmt.Println(slice2)                       //[77 3]
17      fmt.Println(slice3)                       //[77 3 11]
18      slice3 = append(slice2, 11, 12, 13)
                                          //扩容，没有足够容量，此时不共享底层数组
19      fmt.Println(len(slice3))                  //长度为 5
20      fmt.Println(cap(slice3))                  //容量为 8=4*2
21      fmt.Println(slice)                        //[1 77 3 11 5]
22      fmt.Println(slice3)                       //[77 3 11 12 13]
23      slice3[0] = 99
24      fmt.Println(slice)                        //[1 77 3 11 5]
25      fmt.Println(slice3)                       //[99 3 11 12 13]
26  }
```

在示例程序 5-18 中，第 06 行 slice := []int{1, 2, 3, 4, 5}语句定义并初始化了一个长度为 5、容量为 5、元素类型为整数类型的切片 slice。第 07 行 slice2 := slice[1:3]语句会创建一个长度为 2、容量为 4 的切片 slice2，由于和 slice 共享底层数组。第 11 行 slice3 := append(slice2, 11) 语句首先基于 slice2 创建一个新的切片 slice3，即长度是 2、容量是 4，当追加元素 11 时，slice3（注意不是 slice2）长度会变成 3，但 slice3 容量是 4，有足够的容量，因此新创建的 slice3 和 slice2 是共享底层数组的。在 slice3 中追加的元素 11，实际上也同时修改了切片 slice 中下标为 3 的元素值，这时 slice 打印时会输出[1 2 3 11 5]。这个过程的示意图如图 5.10 所示。

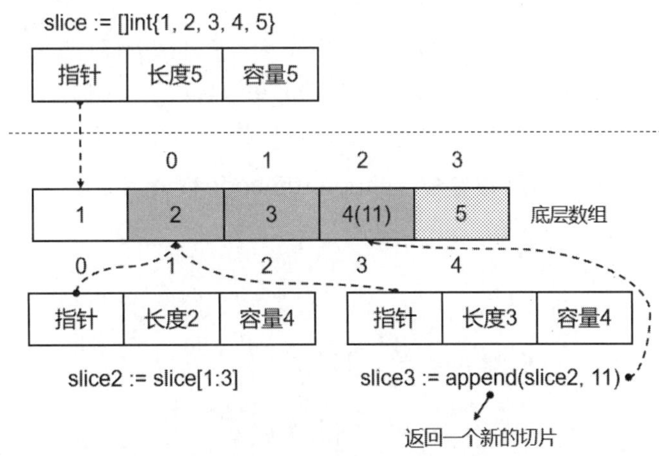

图 5.10　切片有足够容量时扩容的内存分布示意图

第 14 行 slice3[0] = 77 语句修改了切片 slice3 的第一个元素值，由于 slice3 和 slice、slice2 共享底层数组，因此也会同时修改 slice[1]和 slice2[0]的值。

第 18 行 slice3 = append(slice2, 11, 12, 13) 语句对切片进行扩容时，由于切片的容量为 4，而长度为 5，此时的容量已不足，因此会自动进行扩容，一般来说，元素容量在 1000 以内都会成倍进行扩容，就这个例子而言就是 4*2，即容量扩充为 8。更重要的是，如果原始底层数组的空间不足

时，新创建的切片 slice3 底层的数组就不和 slice2 底层的数组共享内存空间，于是二者具有各自独立的内存空间，因而修改其中一个数组的内容就不会影响另外一个数组的内容。

切片容量不足时的切片扩容示意图如图 5.11 所示。由于底层数组不共享，因此 slice3[0] = 99 修改了 slice3 第 1 个元素，但不会影响 slice 和 slice2 中的元素。

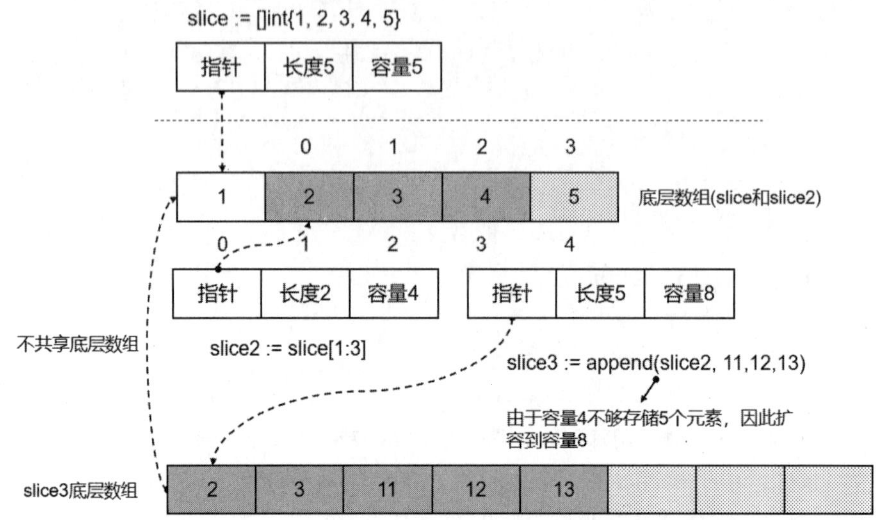

图 5.11　切片容量不足时扩容的内存分布示意图

5.5.4　切片作为函数的参数

切片如果作为函数的参数，那么函数内部的切片参数和外部的切片参数实际上的底层数组是同一个对象，因此函数内部修改切片的值会影响外部的参数切片值。下面是切片作为函数参数的示例程序 5-19。

示例程序 5-19　切片作为函数参数：chapter05\code17\main.go

```
package main
import (
  "fmt"
)
func change(slice []int) {
  slice[1] = 99
}
func main() {
  slice := []int{1, 2, 3, 4, 5}
  slice2 := []int{6, 7, 8, 9, 10}
  //合并
  slice = append(slice, slice2...)
  //[1 2 3 4 5 6 7 8 9 10]
  fmt.Println(slice)
  change(slice)
  //[1 99 3 4 5 6 7 8 9 10]
  fmt.Println(slice)
```

```
18    }
```

在示例程序 5-19 中，第 05 行 func change(slice []int)语句定义了一个函数 change，它接收一个整数类型切片的参数 slice，在函数体内会把切片 slice 第 2 个元素的值修改为 99。第 09 行和第 10 行定义了两个切片（slice 和 slice2）。第 12 行 slice = append(slice, slice2...)语句将 slice2 切片的值追加到 slice 上，并重新生成一个新的切片 slice。第 15 行 change(slice)语句修改切片的值，由于切片底层数组是共享的，函数体内修改的切片值会影响到作为实参的外部切片对象的值，因此第 17 行 slice 打印的第 2 个元素被修改为 99。这个过程的示意图如图 5.12 所示。

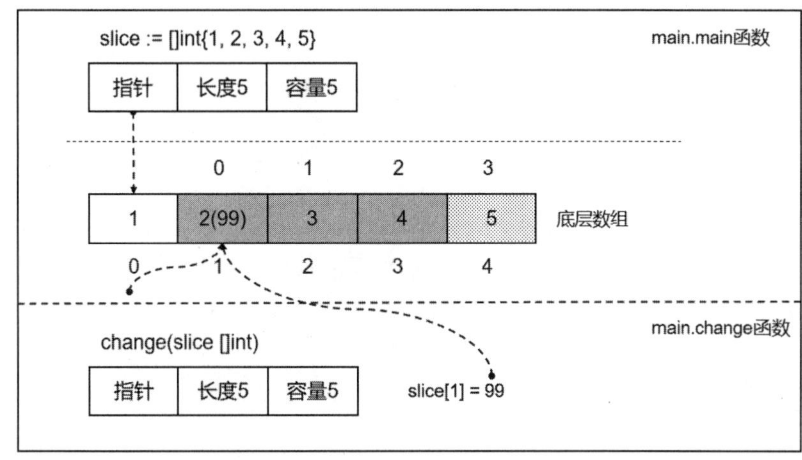

图 5.12　切片作为函数参数内存分布示意图

切片作为一个比数组更加实用且高效的数据结构，可以实现更加通用的函数。在介绍数组时，对数组求和的限制比较多，只能传入特定长度的数组来作为求和函数的参数，却可以传入任何长度的切片作为求和的参数。下面是切片作为函数参数进行求和的示例程序 5-20。

示例程序 5-20　切片作为函数参数：chapter05\code18\main.go

```
package main
import (
  "fmt"
)
func sum(slice []int) int {
  length := len(slice)
  ret := 0
  for i := 0; i < length; i++ {
      ret += slice[i]
  }
  return ret
}
func main() {
  var slice []int
  for i := 1; i <= 10; i++ {
      slice = append(slice, i)
  }
  ret := sum(slice)
```

```
19      //55
20      fmt.Println(ret)
21    }
```

在示例程序 5-20 中，第 05 行 func sum(slice []int) int 语句定义了一个函数，它接收一个整数类型的切片参数，函数体内会通过 for 循环计算得出切片中各元素之和。第 14 行用 var slice []int 语句首先定义了一个整数类型的切片，然后用 for 循环实现切片 slice 的扩容操作，第 18 行 ret := sum(slice) 语句调用 sum 函数，求和后返回给变量 ret，因此 ret 的值为 55（1+2+...+9+10）。

和数组类似，切片也可以是二维、三维或更多维的，这里不再赘述。

5.6 字 典

字典（map）是一种无序的键值对（Key-Value Pair）集合。字典最重要的一个特性是通过键（Key）来快速检索数据。键类似于索引，可以快速获取数据。数组或者切片都是通过下标来获取对应的值，字典可以用更有意义的键（Key）来获取对应的值（Value）。

5.6.1 创建字典

字典是无序的数据结构，因此无法确定字典的返回顺序。本质上字典使用哈希（Hash）函数来实现内部的映射关系。定义字典的语法为：

```
var 字典名 map[key 数据类型]值数据类型
```

和切片一样，字典只通过 var 来定义是不能使用的，还必须通过 make 进行初始化才能使用。一旦为字典分配内存后，就可以对多个键进行赋值操作。字典可以调用 delete 函数删除字典中已有的项。下面是字典基本操作的示例程序 5-21。

示例程序 5-21　字典的基本操作：chapter05\code19\main.go

```
package main
import (
   "fmt"
)
func main() {
   var myMap map[string]string
   //myMap["key1"] = "value1" //错误 nil map
   fmt.Println(myMap) //map[]
   myMap = make(map[string]string)
   //新增
   myMap["key1"] = "value1"
   myMap["key2"] = "value2"
   //map[key1:value1 key2:value2]
   fmt.Println(myMap)
   //修改
   myMap["key1"] = "value2"
```

```
17      //删除
18      delete(myMap, "key2")
19      fmt.Println(myMap) //map[key1:value2]
20      //检索或查询
21      fmt.Println(myMap["key1"]) //value2
22      /////////////////
23      //字面量创建
24      myMap2 := map[string]string{
25          "key1": "value1",
26          "key2": "value2",
27      }
28      myMap2["key3"] = "value3"
29      //map[key1:value1 key2:value2 key3:value3]
30      fmt.Println(myMap2)
31  }
```

在示例程序 5-21 中，实际上用了多种定义字典的方法。字典可以通过先定义然后用 make 分配内存的方式来创建，也可以通过字典字面量的方式来创建。第 06 行用 var myMap map[string]string 语句定义了一个键和值都为字符串类型的字典，此时字典还未初始化，也就是没有分配内存，此时无法对字典中的值进行赋值，因此这时要执行第 07 行的 myMap["key1"] = "value1"语句就会出错。

第 09 行用 myMap = make(map[string]string)语句对已经定义的 myMap 进行了初始化，第 11~12 行往字典中添加键和值（对于字典中不存在的键即为添加操作）。第 16 行对已经存在的 key1 进行赋值，此时即是修改。第 18 行用 delete 对字典特定的键执行删除操作。第 21 行可以用 myMap["key1"] 访问字典 key1 对应的值。

第 24~27 行用字典字面量来定义字典并进行初始化，这种方式对确定的字典来说也非常方便。

5.6.2 字典作为函数的参数

字典和切片一样，可作为函数参数值，此时底层是共享的内存结构，因此函数体内对字典的修改也会反映到外部字典中。下面是字典作为函数参数的示例程序 5-22。

示例程序 5-22 字典作为函数参数：chapter05\code20\main.go

```
package main
import (
  "fmt"
)
func change(m map[string]string) {
  m["name"] = "Jack"
}
func main() {
  myMap := map[string]string{
      "key1": "value1",
      "key2": "value2",
  }
  change(myMap)
  //map[key1:value1 key2:value2 name:Jack]
```

```
15        fmt.Println(myMap)
16        myMap2 := myMap
17        delete(myMap2, "key1")
18        //map[key2:value2 name:Jack]
19        fmt.Println(myMap)
20        //map[key2:value2 name:Jack]
21        fmt.Println(myMap2)
22        v, e := myMap2["name"]       //判断键 name 是否存在
23        if e {
24            fmt.Println(v)           //Jack
25        }
26    }
```

在示例程序 5-22 中，第 05 行 func change(m map[string]string)语句定义了一个函数 change，它接收一个字典类型的参数 m，在函数体内修改字典 m 的 name 键对应的值为 Jack，即 m["name"] = "Jack"。第 09 行用字典字面量定义并初始化了一个字典 myMap。

第 13 行 change(myMap)对字典进行修改，当前字典 myMap 没有键 name，因此在函数体内相当于添加了键值对 name 和 "Jack"。因此第 15 行打印字典 myMap，它的输出值为 map[key1:value1 key2:value2 name:Jack]。

注意第 22 行 v, e := myMap2["name"]语句的用法，实际上字典可以判断一个键是否存在，如果存在，就可以执行某种操作。第 23~24 行判断字典的键 name 是否存在，如果存在，就打印键 name 对应的值，即"Jack"。

注 意

在 Go 语言中，字典和切片一样，作为函数参数时，是共享底层内存结构的，因而必须通过初始化分配到内存后才能使用。

5.7 range 关键字

在 Go 语言中，我们经常需要对数组、切片以及字典等数据结构进行迭代遍历。除了传统的 for 循环外，更加方便的是使用 range 关键字实现迭代操作。range 关键字可迭代数组、切片和字典等数据结构。在数组和切片中它返回元素的索引和索引对应的值。下面是使用 range 关键字示例程序 5-23。

示例程序 5-23 range 关键字的用法：chapter05\code21\main.go

```
package main
import (
    "fmt"
)
func main() {
    arr := [3]int{1, 2, 3}
    for index, v := range arr {
        fmt.Printf("arr[%d]->%d", index, v)
```

```
09          fmt.Println()
10      }
11      slice := []int{1, 2, 3, 4, 5}
12      for index, v := range slice {
13          fmt.Printf("slice[%d]->%d", index, v)
14          fmt.Println()
15      }
16      map1 := map[string]string{
17          "name": "jack",
18          "xh":   "064248",
19      }
20      for k, v := range map1 {
21          fmt.Printf("map[%s]->%s", k, v)
22          fmt.Println()
23      }
24      sum := 0
25      for _, v := range arr {
26          sum += v
27      }
28      fmt.Println(sum) //6
29  }
```

在示例程序 5-23 中，第 06 行 arr := [3]int{1, 2, 3}语句首先定义并初始化了一个数组 arr，我们可以利用 range 关键字实现对数组的遍历操作。第 07~10 行对数组 arr 进行迭代并打印。

第 11 行用 slice := []int{1, 2, 3, 4, 5}语句定义并初始化一个切片 slice，第 12~15 行用 range 关键字实现对切片的遍历操作。

第 16~19 行用字典字面量定义并初始化一个字典 map1，第 20~23 行用 range 关键字实现对字典的遍历操作。

注　意
在 Go 语言中，range 循环创建了每个元素的副本，而不是直接返回对该元素的引用。

在 Go 语言中，用 rang 关键字实现循环，可以对 map 进行修改，包含追加和删除操作。下面是一个在 range 循环过程中实现对切片或者字典进行修改的示例程序，具体的代码可参考示例程序 5-24。

示例程序 5-24　用 range 实现循环来执行修改操作：chapter05\code22\main.go

```
package main
import (
    "fmt"
)
func main() {
    slice := []int{1, 2, 3}
    //v是副本
    for _, v := range slice {
        v = v * 2
    }
```

```
11      fmt.Println(slice) //[1 2 3]
12      //通过循环追加
13      for _, v := range slice {
14          slice = append(slice, v)
15      }
16      //[1 2 3 1 2 3]
17      fmt.Println(slice)
18      map1 := map[string]string{
19          "name": "jack",
20          "xh":   "064248",
21      }
22      for k := range map1 {
23          if k == "xh" {
24              //通过循环删除
25              delete(map1, "xh")
26          }
27      }
28      fmt.Println(map1) //map[name:jack]
29  }
```

在示例程序 5-24 中，第 06 行用 slice := []int{1, 2, 3}定义了初始化切片 slice，我们可以用 range 实现对切片 slice 的循环迭代，由于 range 中的值是实际切片的副本，因此修改 range 迭代中的值不会修改原切片中的值。

第 13~15 行在 range 循环中对切片执行 append 操作，这个在 Go 语言中是允许的，循环也只是迭代第一次切片中的值 slice，因此不会陷入无限循环。同样的，range 循环中也可以对字典执行删除操作，比如第 22~27 行的程序语句。

5.8 演练：内存数据库

传统的数据库管理系统把所有数据都存放在磁盘上进行管理。数据库需要频繁地访问磁盘来执行对数据库中数据的操作，由于对磁盘读写数据的操作一方面要进行磁头的机械移动，另一方面还会受到系统调用时间的影响，当操作的数据量很大、操作频繁且复杂时，就会暴露出很多问题。

近年来，内存容量不断提高，价格不断下跌，操作系统已经可以支持更大的内存空间，同时对数据库系统实时响应能力的要求日益提高，充分利用内存技术提升数据库的性能成为一个热点。当前很多 Web 应用都会引入内存数据库作为缓存来提高对 Web 并发访问量的响应，其中 Redis 就是其中较为常用的一款内存数据库。

本节我们结合学过的 Go 语言知识构建一个简单的内存数据库。这个内存数据库并不打算实现一个完整的数据库功能，因为那样将非常复杂。这里只是将一些问题进行简化，如并不实现 SQL 解析引擎。本节演练的目录结构如图 5.13 所示。

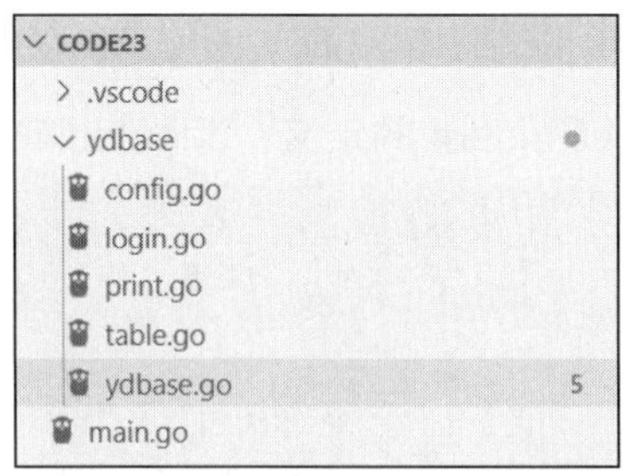

图 5.13　内存数据库的目录结构

这个演练项目中涉及多个文件，它们存储在目录 ydbase 中，其中各个文件的包名称和目录名 ydbase 一致。在项目根目录中有一个 main.go 文件，是整个程序的启动程序。

首先看一下 config.go 文件。此文件定义了一个匿名结构体 config，将作为配置文件来设置数据库连接的用户名和密码等信息，如示例程序 5-25 所示。

示例程序 5-25　配置 config：chapter05\code23\ydbase\config.go

```
package ydbase
var config struct {
  uname   string
  pwd     string
  isLogin bool
}
func init() {
  config.uname = "root"
  config.pwd = "123"
  config.isLogin = false
}
```

在示例程序 5-25 中，首先用 init 函数对配置 config 中的用户名和密码等字段信息进行初始化。对数据库的操作首先要完成登录验证，只有验证通过才可以执行后续的操作。

下面再看一下 login.go 文件。此文件主要定义一个登录函数 Login，它接收两个参数：一个是用户名 uname，另一个是密码 pwd。这个函数返回一个 bool 类型的值，表示登录是否成功：登录成功则返回 true，登录失败则返回 false。login.go 的具体代码如示例程序 5-26 所示。

示例程序 5-26　登录 login.go：chapter05\code23\ydbase\login.go

```
package ydbase
//Login 函数，以用户名和密码进行登录
func Login(uname, pwd string) bool {
  if uname == config.uname && pwd == config.pwd {
      config.isLogin = true
  } else {
      config.isLogin = false
  }
  return config.isLogin
}
```

对于本节所介绍的内存数据库，我们只能对其内置的学生结构体所构成的表执行增删改查操

作。下面的示例程序 5-27 给出了学生结构体 Student 的定义，以作为数据库表的结构。

示例程序 5-27　学生结构体 Student 的定义：chapter05\code23\ydbase\table.go

```
01  package ydbase
02  //Student 学生结构
03  type Student struct {
04    XH, Name string
05    Age     int
06    Height   float32
07  }
08  //学生表
09  var studentTable = []Student{}
10  func init() {
11    //初始化表，容量100
12    studentTable = make([]Student, 0, 100)
13  }
```

在示例程序 5-27 中，首先用 type Student struct 定义了一个结构体 Student 类型，然后在第 09 行定义了一个[]Student{}类型的 studentTable 变量，以作为数据库中学生表的存储结构。在第 10 行的 init 函数中，用 make 初始化切片 studentTable 的长度为 0、容量为 100。

然后，可以定义一个 Print 函数来实现对切片[]Student 的打印工作。这个 Print 函数会对各个字段的宽度进行对齐处理，这样打印的表格会非常整齐。print.go，即示例程序 5-28 所示。

示例程序 5-28　print.go：chapter05\code23\ydbase\print.go

```
package ydbase
import (
  "fmt"
  "strconv"
  "strings"
)
func float32ToString(f float32) string {
  return strconv.FormatFloat(float64(f), 'f', 2, 64)
}
var width = 15
//Print 格式化打印 stu 切片数据
func Print(stu []Student) {
  fmt.Println(strings.Repeat("-", width*5))
  fmt.Print("|Order" + strings.Repeat(" ", width-len("|Order")))
  fmt.Print("|XH" + strings.Repeat(" ", width-len("|XH")))
  fmt.Print("|Name" + strings.Repeat(" ", width-len("|Name")))
  fmt.Print("|Age" + strings.Repeat(" ", width-len("|Age")))
  fmt.Print("|Height" + strings.Repeat(" ", width-len("|Height")))
  fmt.Println()
  fmt.Println(strings.Repeat("-", width*5))
  for i, v := range stu {
      fmt.Print("|" + strconv.Itoa(i) +
          strings.Repeat(" ", width-len("|"+strconv.Itoa(i))))
      fmt.Print("|" + v.XH + strings.Repeat(" ", width-len("|"+v.XH)))
      fmt.Print("|" + v.Name +
```

```
            strings.Repeat(" ", width-len("|"+v.Name)))
        fmt.Print("|" + strconv.Itoa(v.Age) +
            strings.Repeat(" ", width-len("|"+strconv.Itoa(v.Age))))
        fmt.Print("|" + float32ToString(v.Height) +
            strings.Repeat(" ", width-len("|"+
             float32ToString(v.Height))))
        fmt.Println()
        fmt.Println(strings.Repeat("-", width*5))
    }
    fmt.Println("共打印", len(stu), "行")
    fmt.Println(strings.Repeat("-", width*5))
}
```

一个数据库表的基本操作是对数据的增删改查，ydbase.go 这个文件实现了对结构体 Student 的 Insert、Modify、Delete 和 Query 操作。ydbase.go，即示例程序 5-29 所示。

示例程序 5-29　ydbase.go：chapter05\code23\ydbase\ydbase.go

```
package ydbase
import (
    "strconv"
    "strings"
)
func Insert(stu Student) bool {
    len1 := len(studentTable)
    cap1 := cap(studentTable)
    if len1 < cap1 {
        studentTable = append(studentTable, stu)
    }
    studentTable[len1] = stu
    return true
}
func Count() int {
    return len(studentTable)
}
func Modify(stu Student) bool {
    for i, v := range studentTable {
        if v.XH == stu.XH {
            //v = stu //修改的不是同一个对象
            studentTable[i] = stu
            break
        }
    }
    return true
}
func Delete(xh string) bool {
    for i, v := range studentTable {
        if v.XH == xh {
            studentTable = append(studentTable[:i],
             studentTable[i+1:]...)
            break
```

```
        }
    }
    return true
}
//支持 >= == <= like
func Query(exp string) []Student {
    stu := make([]Student, 0)
    where := make([]string, 3)
    if strings.Contains(exp, ">=") {
        where = strings.Split(exp, ">=")
        if len(where) == 2 {
            for _, v := range studentTable {
                if strings.ToUpper(strings.Trim(where[0]," ")) == "AGE" {
                    age, _ := strconv.Atoi(where[1])
                    if v.Age >= age {
                        stu = append(stu, v)
                    }
                }
            }
        }
    }
    if strings.Contains(exp, "<=") {
        where = strings.Split(exp, "<=")
        if len(where) == 2 {
            for _, v := range studentTable {
                if strings.ToUpper(strings.Trim(where[0]," ")) == "AGE" {
                    age, _ := strconv.Atoi(where[1])
                    if v.Age <= age {
                        stu = append(stu, v)
                    }
                }
            }
        }
    }
    if strings.Contains(exp, "==") {
        where = strings.Split(exp, "==")
        if len(where) == 2 {
            for _, v := range studentTable {
                if strings.ToUpper(strings.Trim(where[0], " ")) == "XH" {
                    if v.XH == strings.Trim(where[1], " ") {
                        stu = append(stu, v)
                    }
                }
                if strings.ToUpper(strings.Trim(where[0]," ")) =="NAME" {
                    if v.Name == strings.Trim(where[1], " ") {
                        stu = append(stu, v)
                    }
                }
            }
        }
```

```
    }
    if strings.Contains(exp, "like") {
        where = strings.Split(exp, "like")
        if len(where) == 2 {
            for _, v := range studentTable {
                if strings.ToUpper(strings.Trim(where[0], " ")) == "XH" {
                    if strings.Contains(v.XH,strings.Trim(where[1]," ")){
                        stu = append(stu, v)
                    }
                }
                if strings.ToUpper(strings.Trim(where[0], " ")) == "NAME" {
                    if strings.Contains(v.Name, strings.Trim(where[1]," ")) {
                        stu = append(stu, v)
                    }
                }
            }
        }
    }
    return stu
}
```

内存数据库的核心文件 ydbase.go 实现了对 Student 结构体的增删改查功能。下面还需要一个启动文件 main.go，这个文件用 fmt.Scanln 函数获取用户的控制台输入参数，并根据用户的不同参数输入进行不同的处理。启动文件 main.go，如示例程序 5-30 所示。

示例程序 5-30　启动文件 main.go：chapter05\code23\main.go

```
package main
import (
    "fmt"
    "io"
    "strconv"
    "strings"
    "go.introduce/chapter05/code23/ydbase"
)
func main() {
    fmt.Print("#>")
    uname := ""
    upwd := ""
    for {
        n, err := fmt.Scanln(&uname, &upwd)
        if err == io.EOF {
            break
        }
        if n > 0 {
            if !ydbase.Login(uname, upwd) {
                fmt.Println("登录失败")
                fmt.Print("#>")
            } else {
                fmt.Println("欢迎使用 YdBase 1.0")
                fmt.Print("$>")
```

```
                    break
                }
            }
        }
        cmd := ""
        exp := ""
        for {
            n, err := fmt.Scanln(&cmd, &exp)
            //fmt.Println(cmd, exp)
            if err == io.EOF {
                break
            }
            if n > 0 {
                if cmd == "init" {
                    len1, _ := strconv.Atoi(exp)
                    for i := 1; i <= len1; i++ {
                        stu := ydbase.Student{
                            XH:     "09" + strconv.Itoa(i),
                            Name:   "Name" + strconv.Itoa(i),
                            Age:    22 + i,
                            Height: 1.7,
                        }
                        //新增
                        ydbase.Insert(stu)
                    }
                    fmt.Printf("操作成功,共%d 行\n", ydbase.Count())
                    fmt.Print("$>")
                } else if cmd == "insert" {
                    fields := strings.Split(exp, ",")
                    leng := len(fields)
                    if leng != 4 {
                        fmt.Println("insert 需要 4 个参数")
                        fmt.Print("$>")
                    }
                    age, _ := strconv.Atoi(fields[2])
                    //string to float64
                    height64, _ := strconv.ParseFloat(fields[3], 32)
                    //float64 to float32
                    height := float32(height64)
                    stu := ydbase.Student{
                        XH:     fields[0],
                        Name:   fields[1],
                        Age:    age,
                        Height: height,
                    }
                    //新增
                    ydbase.Insert(stu)
                    fmt.Printf("操作成功,共%d 行\n", ydbase.Count())
                    fmt.Print("$>")
                } else if cmd == "delete" {
```

```
                //删除
                ydbase.Delete(exp)
                fmt.Printf("操作成功,共%d 行\n", ydbase.Count())
                fmt.Print("$>")
            } else if cmd == "select" {
                //"age<=24"
                exp := strings.Replace(exp, "%", " like ", 1)
                stu := ydbase.Query(exp)
                fmt.Printf("操作成功,匹配%d 行\n", len(stu))
                if len(stu) > 0 {
                    //fmt.Println(stu)
                    ydbase.Print(stu)
                }
                fmt.Print("$>")
            } else if cmd == "update" {
                fields := strings.Split(exp, ",")
                leng := len(fields)
                if leng != 4 {
                    fmt.Println("insert 需要 4 个参数")
                    fmt.Print("$>")
                }
                stu := ydbase.Query("xh==" + fields[0])
                if len(stu) == 1 {
                    stu[0].Name = fields[1]
                    age, _ := strconv.Atoi(fields[2])
                    //string to float64
                    height64, _ := strconv.ParseFloat(fields[3], 32)
                    //float64 to float32
                    height := float32(height64)
                    stu[0].Age = age
                    stu[0].Height = height
                    //修改
                    ydbase.Modify(stu[0])
                    fmt.Printf("操作成功,影响 1 行\n")
                }
                fmt.Print("$>")
            } else if cmd == "count" {
                fmt.Printf("操作成功,共%d 行\n", ydbase.Count())
                fmt.Print("$>")
            } else if cmd == "exit" {
                break
            } else {
                fmt.Println("不支持的语法,支持 init;delete;update;select")
                fmt.Print("$>")
            }
        }
    }
    fmt.Print("#>")
    // root 123
    //init 10
```

```
    //select age<=25
    //count
    //delete 091
    //insert 001,jack,33,1.81
    //select name==jack
    //update 001,jack2,32,1.79
    //select name%Nam -> name like '%Nam%'
}
```

本演练的内存数据库非常简单，首先启动 main.go 程序，然后会在控制台打印出#>，要求用户输入用户名和密码进行登录，用户名和密码之间用空格隔开。

输入用户名 root 和密码 123 登录成功后，会在控制台打印出$>，表明可以进行数据库的相关操作了。首先输入“init 2”命令初始化 2 个示例数据，再输入“select age<24”查询特定条件的数据。delete 091 可根据学号 XH 字段的值 091 删除对应的数据项。其他操作不再赘述，具体的示例结果如图 5.14 所示。

```
#>root 123
欢迎使用YdBase 1.0
$>init 2
操作成功,共2行
$>select age<=24
操作成功,匹配2行
----------------------------------------------------------------------
|Order          |XH             |Name           |Age            |Height
----------------------------------------------------------------------
|0              |091            |Name1          |23             |1.70
----------------------------------------------------------------------
|1              |092            |Name2          |24             |1.70
----------------------------------------------------------------------
共打印 2 行
----------------------------------------------------------------------
$>delete 091
操作成功,共1行
$>insert 001,jack,33,1.81
操作成功,共2行
$>select name==jack
操作成功,匹配1行
----------------------------------------------------------------------
|Order          |XH             |Name           |Age            |Height
----------------------------------------------------------------------
|0              |001            |jack           |33             |1.81
----------------------------------------------------------------------
共打印 1 行
----------------------------------------------------------------------
```

```
$>update 001,jack2,32,1.79
操作成功,影响1行
$>select age<=33
操作成功,匹配2行
----------------------------------------------------------------------
|Order          |XH             |Name           |Age            |Height
----------------------------------------------------------------------
|0              |092            |Name2          |24             |1.70
----------------------------------------------------------------------
|1              |001            |jack2          |32             |1.79
----------------------------------------------------------------------
共打印 2 行
----------------------------------------------------------------------
```

图 5.14　内存数据库运行结果

5.9 小　结

本章介绍了 Go 语言中的复合数据类型，其中涉及结构体 struct、数组、切片和字典的基本定义和用法，同时介绍了它们的内部实现原理。

合理、有效地使用结构体 struct、数组、切片和字典可以让程序功能更加强大。本章还介绍了 range 关键字，可以使用它来迭代数组、切片和字典。

第 6 章

指针

如果读者学过 C 语言或者 C++，那么对指针一定是又爱又恨，指针功能异常强大，但是比较难理解和掌握。指针提供了某种机制，可以通过内存地址直接修改变量的值，性能极高。合理地使用指针，可以有效降低程序的内存占用率和提高数据操作的性能。

在 Go 语言中，也提供了指针的功能，但是限制比 C 语言多一点，就是不能直接对指针进行偏移运算，但是可以通过非安全的方式（unsafe 包）进行指针偏移运算。这样既能更好地发挥指针的优势，又能避免 C 语言中指针过于灵活而可能导致的诸多问题。

本章涉及的主要知识点有：

- 内存地址：掌握内存、内存地址的基本概念，以及掌握 Go 语言如何获取变量的内存地址。
- 指针类型和声明：掌握 Go 语言指针的类型以及声明语法。
- 野指针：掌握 Go 语言野指针的概念和注意事项。
- 值传参和地址传参：掌握 Go 语言值传参和地址传参的用法以及区别。
- 实战演练：Go 单向链表的实现。

6.1 内存地址

内存（Memory）是计算机存储数据的仓库，百度百科上说：内存是计算机中重要的部件之一，它是外存与 CPU 进行沟通的桥梁。计算机中所有程序的运行都是在内存中进行的，因此内存的性能对计算机运行性能的影响非常大。内存用于暂时存放将投入 CPU 中进行处理或运算的数据，以及用于存储 CPU 与硬盘等慢速外部存储器之间交换的数据。

我们可以把内存看作是由一个个的隔断构成的货架，然后根据特定规则将数据放在这些货架的隔断中。当计算机要对数据进行处理时，可根据具体货架号和隔断号从内存这个货架中找到要处理的数据，而后就可以对数据进行存放或者读取操作了。一般来说，内存最小的存储单位是字节

（Byte，习惯上用大写 B 来表示），位（Bit，也称为比特）则是计算机内部数据存储的最小单位。1 字节（1B）等于 8 个比特。

现在的计算机操作系统主要分为 32 位和 64 位两种，目前以 64 位居多，这里的位都是指 Bit。32 位的操作系统理论上支持的最大内存容量为 2 的 32 次方的字节数，即 4GB 的内存。64 位操作系统理论上支持的最大内存容量为 2 的 64 次方的字节数，即 128GB 的内存。

计算机的内存也称为主存，是 CPU 能直接寻址的存储空间。内存的特点是存取速度快，这也是现在的 Web 应用程序会使用 Redis 这种内存数据库来提高并发访问速度的原因。传统的 Web 应用如果只使用关系型数据库来持久化数据，由于磁盘读写速度相对于内存读写速度来说是比较慢的，而在高并发的请求下会在极短的时间内完成成千上万次的读写操作，这个级别的读写频次往往是存储在磁盘上的关系型数据库不能够承受的，因此关系型数据库的性能瓶颈最终会导致整个 Web 应用的性能不高。

一般来说，内存的作用主要有：

- 存放 CPU 运算过程的中间数据。
- 暂存 CPU 与硬盘等外部存储器交换的数据。
- 保障 CPU 计算的稳定性和高性能。

在各类系统中合理地使用内存作为缓存数据，可以显著提高系统的性能。1 纳秒（Nanosecond）等于 1 秒的十亿分之一。光在真空中 1 纳秒仅传播 0.3 米，而个人电脑的 CPU 执行一条指令（如两数求和）只需要 2~4 纳秒，因此 CPU 执行指定的速度非常快。

计算机中的存储器层次结构犹如一个金字塔，如图 6.1 所示。越在上层离 CPU 的内核越近，数据的存取速度越快，但是可以存储的数据容量也越小，因为越靠近 CPU 内核的存储器越昂贵，所以不可能做成很大的容量。根据设计的算法，使用率越高的数据越会缓存在上层，这样高速的存储器利用率最高，计算机的执行速度就越快。

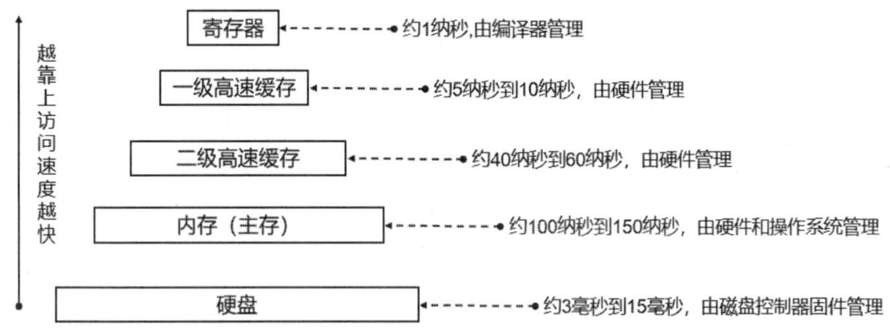

图 6.1　计算机中的存储器层次结构示意图

内存中存储着大量的数据，就像在一个摆满货的仓库中寻找一种货物一样，如果没有一种机制来快速定位，那么存取货物将非常耗时。为此，我们需要对内存中的货架进行编码，这样在存取货物时就可以根据货物对应的货架编码进行快速定位。

内存地址（Memory Address）就是对内存中每个字节的存储空间进行顺序编号。内存地址指明了数据在内存中的存储位置，它相当于内存中存储数据的“门牌号”，我们通过内存地址就可以找到内存中存储的数据。内存地址从 0 开始编号，每次增加 1。这种线性增加的存储器地址称为线性地址（Linear Address）。程序在运行时，其中的每一行代码以及代码中用到的每一个数据都需要存储到内存中，就会有对应的内存地址。

内存的存储单元采用的是随机读取存储器（RAM，Random Access Memory）。内存的这种数据读取方式决定了存储器的读取时间和数据所在的位置无关。内存中的数据是临时数据，不能持久化保存数据。因为一旦计算机断电，内存中存储的数据就会丢失。磁盘是可以永久保存数据的，比如关系型数据库都会将数据最终写到物理磁盘上，从而防止数据丢失。

一般来说，内存地址用十六进制数来表示，例如 0xFF010CB1。这里的 0x 前缀用来表示十六进制，0x 后面就是作为内存地址的十六进制数。

CPU 根据指令进行内存数据的存取过程比较复杂，涉及物理地址、逻辑地址和页表等概念（超出了本书的范围，故不再展开说明）。下面给出 CPU 读取内存数据的简化示意图，如图 6.2 所示。

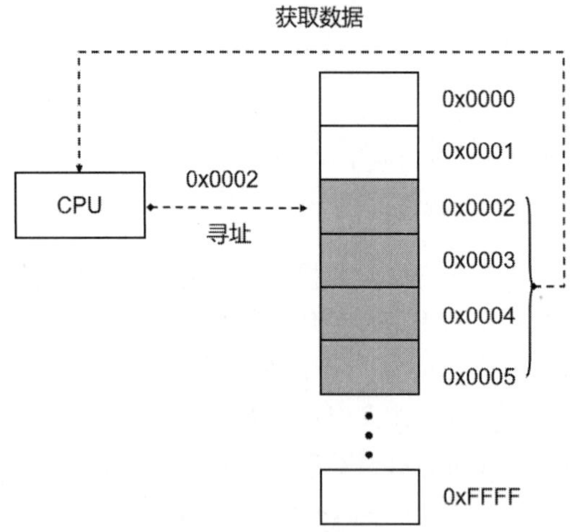

图 6.2　CPU 读取内存数据的简化示意图

图 6.2 中给出了简化的 CPU 从内存中读取数据的示意图，一般来说，计算机上运行的进程中使用的内存地址是虚拟内存地址（Virtual Memory Address），而不是物理内存地址。操作系统会把虚拟内存地址翻译成真实的物理内存地址。CPU 根据物理内存地址可以快速定位到数据在内存中的开始位置，并根据数据的类型等信息确定数据的长度，这样就可以从开始位置到结束位置将数据正确地读取出来。

这个过程可以想象成从图书馆借书，虚拟内存地址就是图书管理员给每个图书的唯一编号，这个编号会根据书的学科分门别类，它和实际的物理空间有一定的对应关系。比如我们需要从图书馆借出 3 本《数据结构和算法》的书，通过图书管理系统查询得到这本书的编码为 TP-3-7-12，通过 TP-3-7-12 可以知道书在 3 楼 7 排第 12 格上。这样就可以根据索引快速找到第一本，然后依次取 3 本借出即可。

内存存储进程空间的程序段、全局数据、栈和堆等数据。每个进程都有自己的一套虚拟内存地址，用来给自己的进程地址空间编号。进程空间中的数据同样以字节为单位。借助虚拟内存地址，操作系统可以保障进程空间的独立性。因此，不同进程中的虚拟内存地址是可能重复的。只要操作系统把两个进程的进程空间对应到不同的物理内存区域，就让两个进程空间成为独立的空间。这样两个进程就不可能相互“篡改”对方的数据，从而提高了数据的安全性和程序运行的稳定性。

如果操作系统把同一物理内存地址映射到多个进程空间的虚拟内存地址，那么不需要数据的复制就可以在多个进程之间访问到相同的数据，实现共享内存的作用。每个线程都有自己的页表，虚拟地址映射到的物理地址可能有交集，通过页表的许可位可以控制某个线程是否可以修改、读取数据，从而保证共享数据的安全性。进程中的虚拟内存地址和物理内存地址的映射关系示意图如图6.3所示。

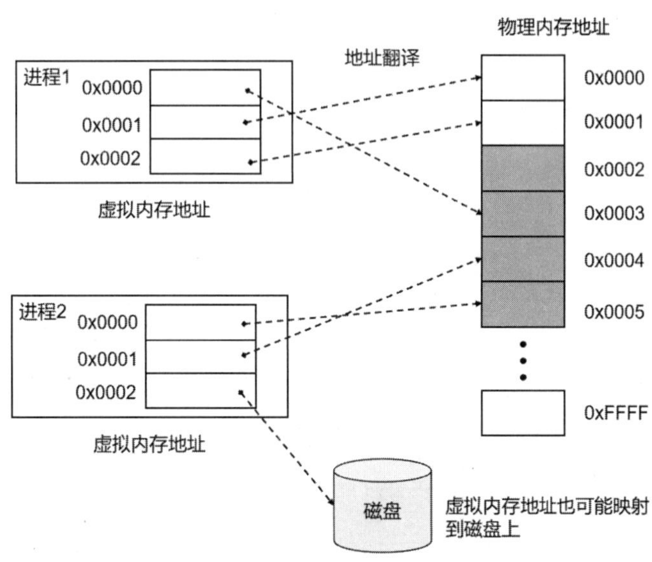

图6.3 进程虚拟内存地址和物理内存地址的映射示意图

并非程序的所有数据都存储在内存中。如果没有足够的内存块，操作系统可以将某些不活跃的内存块数据放入速度较慢的磁盘中，以节省宝贵的内存空间。

Go语言的程序在启动时会从操作系统申请一大块内存作为内存池，由Go内存分配器对这块内存进行二次分配，以防止频繁的系统内存申请操作，从而提高效率。回收对象内存时，并没有将其真正释放掉，只是放回到预先分配的大块内存中，以便复用。

内存池是一种缓存技术，是提高效率的一种有效机制，在计算机软硬件架构中大量应用。Go内存分配算法主要源自Thread-Caching Malloc（简称TCMalloc），它是由Google公司专门为并行环境优化的内存分配算法。关于TCMalloc算法的具体细节，超出了本书范围，就不再深入探讨了。

Go实现分层级的内存管理模型，是由mcache、mcentral和mheap三大组件构成的。这三大组件的具体作用如下：

- mcache组件：与Go中的协程（Goroutine，可以看作轻量级的线程）绑定，是协程独享的内存空间，因此没有多协程的竞争情况。换句话说，在mcache中为对象分配内存时，无须加锁，因此数据的读取性能很高。
- mcentral组件：只负责一种规格（Size Class）的内存块，为mcache缓存组件提供备用的特定规格的可用空间。mcache的内存扩容请求会被分散到不同的mcentral组件上，以减小共享内存的竞争锁粒度。
- mheap组件：负责将从操作系统申请来的一大块内存切割成不同的区域，并将其中一部分内存细分成合适的大小，分配给用户使用。当空间不足时，mheap组件向操作系统申请内存。

其实作为应用开发人员，一般不用太关注 Go 内存管理的具体细节，但是了解 Go 内存分配的相关原理对优化程序和编写更高质量的代码是大有好处的。

操作系统上的程序（进程）有自己的虚拟内存地址，运行的 Go 程序也不例外。那么我们如何获取变量的虚拟内存地址呢？在 Go 语言中，可以在变量名前添加&操作符来获取变量的内存地址（取地址操作），基本语法如下：

```
&变量名
```

取地址操作符&和 C 语言中的取地址操作符一样，变量定义后就可以通过操作符&来取地址操作，其过程的示意如图 6.4 所示。

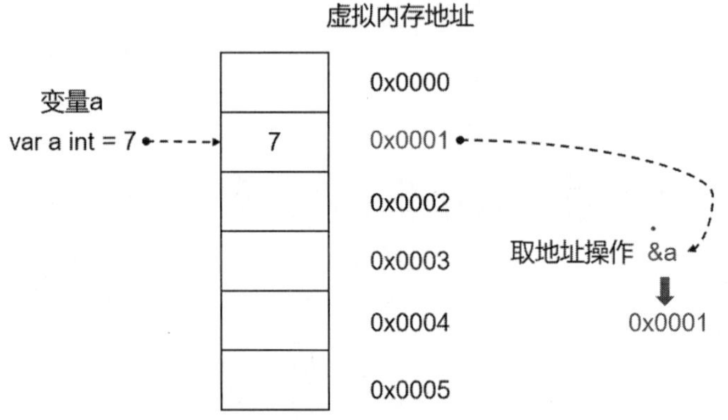

图 6.4　操作符&的取地址过程示意图

在图 6.4 中，用 var a int =7 定义并初始化了一个整数类型的变量 a，它对应的虚拟内存地址为 0x0001，&a 就可以取出变量 a 的值存储的内存地址，即 0x0001。下面是演示如何获取函数内变量的内存地址的示例程序 6-1。

示例程序 6-1　取变量地址：chapter06\code01\main.go

```
package main
import (
   "fmt"
)
func main() {
   var a bool = false              //1Byte
   var b uint8 = 7                 //1Byte
   var c uint8 = 6                 //1Byte
   var d int64 = 8                 //8Byte
   var e float32 = 3.14            //4Byte
   var f int32 = 9                 //4Byte
   var g bool = true               //1Byte
   var h string = "hello world"    //16Byte
   fmt.Printf("%v\n", &a)
   fmt.Printf("%v\n", &b)
   fmt.Printf("%v\n", &c)
   fmt.Printf("%v\n", &d)
   fmt.Printf("%v\n", &e)
```

```
    fmt.Printf("%v\n", &f)
    fmt.Printf("%v\n", &g)
    fmt.Printf("%v\n", &h)
}
```

在该目录下执行命令 go run main.go，输出的变量虚拟内存地址如下：

```
0xc0000120a1
0xc0000120a2
0xc0000120a8
0xc0000120b0
0xc0000120b4
0xc0000120b8
0xc0000361f0
```

从内存地址上看，Go 变量的地址分配不是连续的，变量 c 和变量 b 的地址中间间隔有 6 个字节而不是 1 个字节。

注 意

在不同计算机上，同一段代码对变量获取的内存地址每次可能都不一样。另外，不能对一个 const 常量或各类型的字面量取地址，比如&3；也不能取地址的地址，比如&(&a)。

6.2　指针的应用

与 C 语言类似，Go 语言为开发人员提供了指针（Pointer）的能力，但是并不能像 C 语言那样进行指针的运算。Go 语言允许开发人员控制特定数据分配内存空间的数量以及内存访问的模式，这对于构建高性能的程序非常重要。

C 语言和 C++之所以能成为系统级的编程语言，一个很重要的原因就是提供了指针，使用可以更高效地对内存进行分配和释放，但是 C 语言或 C++设计得过于灵活，对开发人员的要求比较高。另外，指针对于系统编程、操作系统编程或者网络应用等是一个不可或缺的功能。因此，Go 语言提供的指针非常适合构建网络应用。

6.2.1　什么是指针

指针本质上就是内存地址，一般为内存中存储的变量值的起始位置。指针变量即存储内存地址的变量。指针是对内存数据的一种引用，在日常编程中有很多用途，比如作为函数的参数、实现单向链表或二叉树等动态数据结构。

指针的优势在于，当我们需要把大量的数据作为函数参数进行传递时，高效的办法不是传递数据本身，而是使用指向数据的指针作为函数的参数，因为这样就无须复制一个副本来进行操作，速度更快，内存占用更低。

指针代表了一个变量的地址和类型。如果一个变量的类型是 T ，那么指向它的指针就是一个指向 T 的指针类型。举例来说，如果变量 a 的类型是 int（整数类型），那么&a 返回变量 a 的内存地址，其类型是一个指向整数的指针类型，也就是*int 类型。

6.2.2 声明指针

在 Go 语言中，声明一个变量的指针的基本语法如下：

```
var 指针名 *类型 = 初始化值
```

在声明中，星号（*）表示指向某个类型的指针，比如*int 表示指向整数类型的指针。初始化值一般为另一个变量的地址，可以用&获取。举例来说，假如用 var a int = 7 定义并初始化了一个整数类型的变量，那么可以再用 var p *int = &a 来声明和初始化一个指向整数类型的指针变量 p。这个过程的示意图如图 6.5 所示。

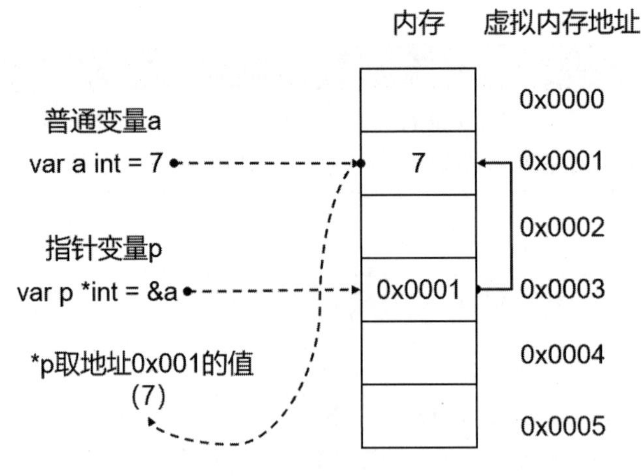

图 6.5 指针声明过程示意图

在图 6.5 中，指针变量 p 保存了变量 a 的内存地址，实际上 p 指向的内存地址和变量 a 使用的内存地址都为 0x001。换句话说，指针可以让不同的变量共享同一块内存空间。*p 等于 7，即为 a 的值。*p 是解引用指针的意思，即通过指针访问被指向的值。

6.2.3 关键字 new

Go 语言支持用关键字 new 来创建指针类型，其基本语法为：

```
指针名 := new(类型)
```

new 关键字配合短变量定义方式也可以声明一个指针类型，并初始化为对应类型的零值，比如 var d := new(int)返回一个*int 类型的指针，并且*d 对应的值为整数类型的零值 0。new 会开辟一块内存空间，并将这块空间的内存地址返回。下面是 Go 语言指针声明的示例程序 6-2。

示例程序 6-2 指针声明：chapter06\code02\main.go

```
package main
```

```
02    import (
03        "fmt"
04    )
05    func main() {
06        var a int64 = 8
07        var ptr *int64 = &a
08        fmt.Printf("%v\n", ptr)
09        //通过指针修改值
10        *ptr = 9
11        fmt.Printf("%v\n", a)              //9
12        var c float32 = 3.14
13        //ptr := &c                         //*float32 和*int64 类型不兼容
14        ptr2 := &c
15        fmt.Printf("%v\n", ptr2)
16        fmt.Printf("%v\n", c)              //3.14
17        c = 6.28
18        fmt.Printf("%v\n", *ptr2)          //6.28
19        d := new(int)                      //开辟内存，d 是*int
20        fmt.Printf("%v\n", *d)             //0
21        *d = 9
22        fmt.Printf("%v\n", *d)             //9
23    }
```

在示例程序 6-2 中，第 06 行首先用 var a int64 = 8 定义了一个 int64 类型的变量 a，并初始化为 8。第 07 行用 var ptr *int64 = &a 定义了一个*int64 类型的指针 ptr，其指向变量 a 的地址。第 10 行通过*ptr=9 即是对指向的内存地址进行直接访问，并把 9 写入这个内存地址指向的内存空间。由于变量 a 和*ptr 共同分享同一块内存空间，因此变量 a 的值也被修改为 9。第 11 行打印出变量 a 的值即可验证。

同样的，第 12 行定义了一个 float32 类型的变量 c，其值被初始化为 3.14，第 14 行 ptr2 := &c 语句用短变量的方式定义了一个*float32 类型的指针变量 ptr2，其值为变量 c 的内存地址。第 17 行 c = 6.28 语句修改了 c 的值，由于变量 c 和*ptr2 共享同一块内存，因此*ptr2 的值也被修改为 6.28。

第 19 行用 d := new(int)语句开辟了一块内存空间，并返回了*int 类型的指针，所以变量 d 的类型为*int。第 20 行用*d = 9 语句直接修改了新开辟的内存空间中的值。

Go 语言是一个强类型语言，也就是说 Go 对类型要求严格，不同类型之间不能进行赋值操作。指针是具有明确类型的对象，因此会进行严格的类型检查，第 13 行被注释掉的 ptr := &c 语句，如果取消注释而执行的话，会报出*float32 和*int64 类型不兼容的错误。

注　意

在 Go 语言中，除了 new 这个内存分配关键字外，还有一个 make 关键字。make 仅适用于 map、slice 和 channel，且返回的不是指针。new 返回的是指针。

6.2.4　获取元素地址

前面章节介绍过 range 关键字可以和 for 配合使用来进行循环切片（即迭代切片中的元素）。

下面的示例程序 6-3 使用 for range 迭代切片中的元素并获取元素地址，以此来说明 for range 中需要注意的一些事项。

示例程序 6-3　for range 迭代取元素的地址：chapter06\code03\main.go

```
01    package main
02    import (
03       "fmt"
04    )
05    func main() {
06       slice := []int{3, 4, 5, 6, 7}
07       for _, value := range slice {
08           value = 10
09           //10
10           fmt.Println(value)
11           //所有迭代的 value 的地址是一样的
12           fmt.Println(&value)
13       }
14       fmt.Println(slice)           //[3 4 5 6 7]
15    }
```

在目录 code03 中运行命令 go run main.go，则输出如下结果（注意地址可能不同）：

```
10
0xc0000120a0
10
0xc0000120a0
10
0xc0000120a0
10
0xc0000120a0
10
0xc0000120a0
[3 4 5 6 7]
```

从这个输出可以发现，虽然在内部我们修改了迭代元素 value 的值为 10，但是每次迭代的元素内存地址都是 0xc0000120a0，说明 value 本质上不是切片中各个元素的值，只是 for range 创建的一个临时变量，其值是每次迭代元素的副本。因此，每次迭代重新赋值，都不会实际修改切片中元素的值，即第 14 行输出切片的值仍然为[3 4 5 6 7]，而不是[10 10 10 10 10]。这个过程的示意图如图 6.6 所示。

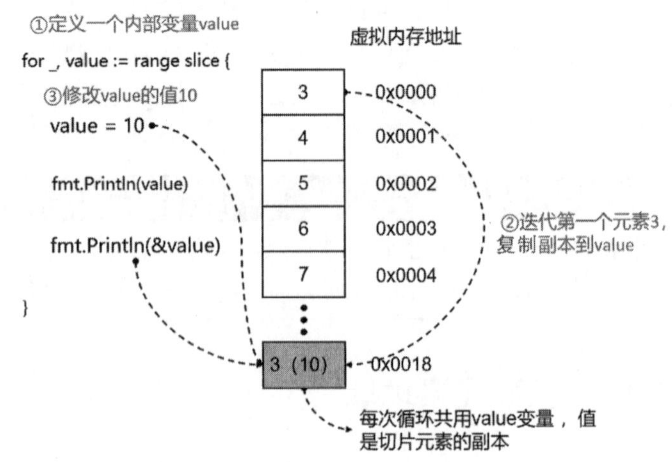

图 6.6　for range 第一次迭代过程示意图

6.2.5 unsafe 包

前面提到不同类型的指针是不允许互相赋值的，但是在 Go 语言中可以通过 unsafe 包打破这种限制。下面是用 unsafe 包对不同类型的指针进行转换的示例程序 6-4。

示例程序 6-4　unsafe 指针类型转换：chapter06\code04\main.go

```
01    package main
02    import (
03       "fmt"
04       "unsafe"
05    )
06    func main() {
07       var a int32 = 8
08       var f int64 = 20
09       ptr := &a                             //*int32
10       fmt.Println(ptr)
11       ptr = (*int32)(unsafe.Pointer(&f)) //*int64 -> *int32
12       fmt.Println(ptr)
13       *ptr = 10
14       fmt.Println(a)                        //8
15       fmt.Println(f)                        //10
16    }
```

在示例程序 6-4 中，第 07 行 var a int32 = 8 语句定义了一个 int32 类型的变量 a，第 08 行 var f int64 = 20 语句定义了一个 int64 类型的变量 f。第 09 行 ptr := &a 语句定义了一个*int32 类型的指针变量 ptr。如果直接将&f 赋值给 ptr 则会报错。

这里可以通过导入 unsafe 包中的 unsafe.Pointer(&f)先转成*ArbitraryType 类型，再用(*int32)转成*int32 类型，第 13 行用*ptr = 10 语句进行赋值，那么 f 的值应该会被修改为 10。

另外，在介绍结构体时，我们提到结构体的字段名首字母是大写的话则是公有的字段，在包外可以进行直接访问；如果字段名首字母是小写的，则字段是私有的，外部不可修改。借助 unsafe 包可以对结构体中的私有字段进行修改，从而打破限制。下面给出一个利用 unsafe 包来修改结构体私有字段值的示例程序，该示例程序的目录结构如图 6.7 所示。

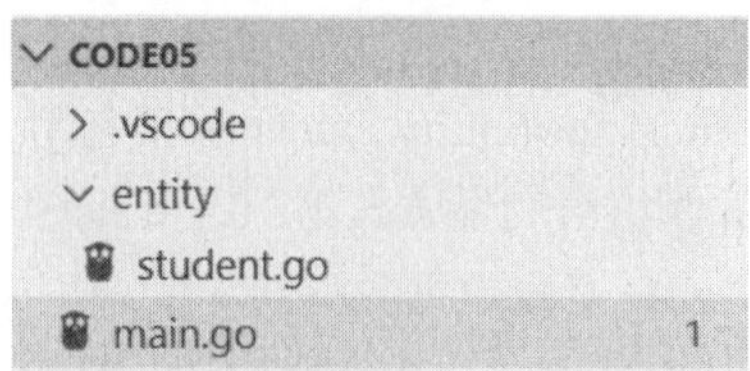

图 6.7　用 unsafe 包修改结构体私有字段的示例程序之目录结构

从图 6.7 可知，根目录中有一个子目录 entity，里面有一个文件 student.go，定义了一个 Student 结构体，结构体的字段非常简单，只有 2 个私有字段 name 和 id，一个是字符串类型，另一个是整数类型。Student 中的具体代码可参考示例程序 6-5。

示例程序 6-5　student 结构体：chapter06\code05\entity\student.go

```
package entity
type Student struct {
  name string
  id   int
}
```

之所以要将 Student 结构体放到单独的目录中，是由于同包下结构体的私有变量可以被访问，拆分后一个属于 entity 包，一个属于 main 包。这样 main 包中的函数就不能直接访问 entity 包下的 Student 结构体的私有字段。

下面利用 unsafe 包中的函数来打破不能访问结构体私有字段的限制。这里需要注意，结构体的字段顺序会影响到私有字段的操作，第 1 个私有字段的访问不需要进行额外的指针运算，但是第 2 个字段的访问需要进行指针的运算。示例程序 6-6 中的具体代码如下。

示例程序 6-6　unsafe 结构体私有字段的修改：chapter06\code05\main.go

```
01  package main
02  import (
03    "fmt"
04    "unsafe"
05    "go.introduce/chapter06/code05/entity"
06  )
07  func main() {
08    stu := new(entity.Student)          //*Student
09    //stu.id = 2                        //私有不可修改
10    fmt.Printf("%+v \n", stu)           //&{name: id:0}
11    //第一个 name string 类型
12    p := (*string)(unsafe.Pointer(stu))
13    *p = "jack"                         //突破第一个私有字段
14    fmt.Printf("%+v \n", stu) //&{name:jack id:0}
15    //第二个需要指针运算，第一个是字符串长度为 16->uintptr(16)
16    ptr_id := (*int)(unsafe.Pointer(uintptr(unsafe.Pointer(stu)) +
      uintptr(16)))
17    //p2 := (*int)(unsafe.Pointer(stu))
18    *ptr_id = 1                         //突破第二个私有字段
19    fmt.Printf("%+v \n", stu)           //&{name:jack id:1}
20  }
```

在示例程序 6-6 中，第 08 行 stu := new(entity.Student) 语句用 new 关键字开辟了一块内存空间，并返回*Student 类型的指针对象并赋值给变量 stu。第 10 行打印变量 stu 的值，由输出&{name: id:0}可知，此时 stu 中的各个字段都是对应字段数据类型的零值。

第 12 行 p := (*string)(unsafe.Pointer(stu))语句用 unsafe.Pointer(stu)将*Student 类型的指针转换成通用的指针类型，由于第 1 个字段类型是字符串类型 string，因此可以用 (*string)进行指针类型转换（结构体的开始内存地址就是结构体中第 1 个字段的内存地址），此时变量 p 的类型是*string 且指向结构体中 name 字段的内存区域。

第 13 行用*p = "jack"语句对指针变量 p 指向的内存值进行修改，因此第 14 行打印变量 stu 的值，输出结果&{name:jack id:0}。由此可知，此时 stu 中的 name 字段已经修改为"jack"，成功突破第一个私有字段。

第 2 个字段复杂一些，需要进行指针运算。在 Go 语言中，借助 unsafe 包也可以对指针进行运算。指针运算需要转成 uintptr 类型。unsafe.Pointer(stu)首先获取通用结构体的内存地址，然后考虑到第一个指针是字符串类型，内存占用长度为 16 字节，因此偏移 16 字节即可，即 uintptr(unsafe.Pointer(stu)) + uintptr(16))，然后用 unsafe.Pointer()将其转成通用的指针类型，再转换成*int 并赋值给指针变量 ptr_id，此时的 ptr_id 即和结构体 stu 中的 id 私有字段在内存中指向同一块地址。

注　意
第 2 个字段的地址不能用第 17 行被注释的 p2 := (*int)(unsafe.Pointer(stu))语句来直接获取，这是错误的。

第 18 行用*ptr_id =1 语句即可修改结构体 stu 的 2 个私有字段 id 的值，第 19 行打印变量 stu 的值，输出结果为&{name:jack id:1}，由此可知，此时 stu 中的 id 字段被修改为 1。这个过程的简化示意图如图 6.8 所示。

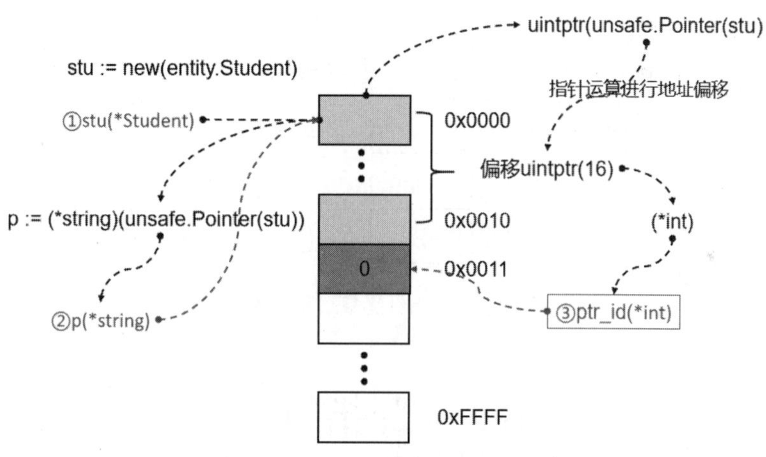

图 6.8　unsafe 包修改结构体私有字段过程示意图

注　意
unsafe 包对内存的操作不是安全的操作，除非有特殊用途，使用时需要慎用，否则可能会得到意外的值或者导致程序崩溃。

6.2.6　指针的指针

在 Go 语言中，我们可以定义指针变量的指针，即指针的指针。下面是简单的示例程序 6-7。

示例程序 6-7　指针的指针：chapter06\code06\main.go

```
package main
import "fmt"
func main() {
```

```
04      var a int32 = 7
05      p := &a
06      pp := &p
07      **pp = 9
08      fmt.Println(a)          //9
09      fmt.Println(*&a)        //9
10      fmt.Println(*&*&a)      //9
11  }
```

在示例程序 6-7 中，第 04 行 var a int32 = 7 语句定义了一个 int32 类型的变量 a，其值为 7。第 05 行 p := &a 语句定义了一个指针变量 p 并赋值为变量 a 的地址。第 06 行 pp := &p 语句取指针变量的地址。第 07 行**pp = 9 语句实际上可看作两个步骤：第一步先执行*pp，指针变量 p；再执行*p，则是修改了变量 a 的值为 9。执行过程为：**pp→*(*pp)→*p→a。另外，*&成对出现，相当于互相取消，例如*&*&a 就是 a，化简过程为*&*&a→*&(*&a)→*&a→a。示例程序 6-7 运算过程的示意图如图 6.9 所示。

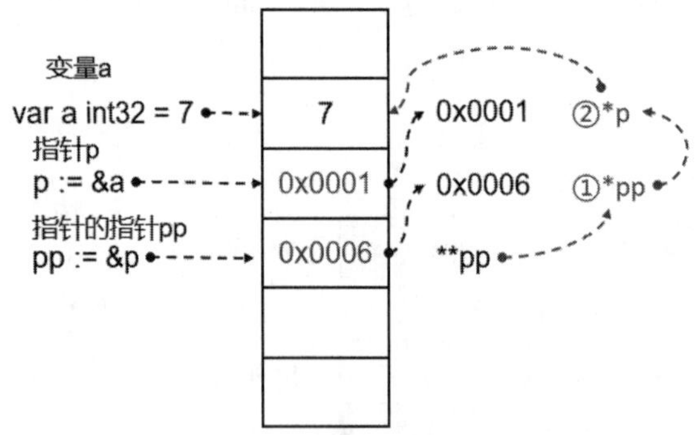

图 6.9　指针的指针运算过程示意图

6.3　野指针

野指针（Wild Pointer）是指一种指向的内存位置是不可知的指针，一般是由于指针变量在声明时未初始化所导致的。在 Go 语言中，布尔类型的零值为 false，数值类型的零值为 0，字符串类型的零值为""，而指针、切片、映射、信道、函数和接口的零值则是 nil。

nil 是 Go 语言中一个预定义的标识符，有过其他编程语言开发经验的开发者也许会把 nil 看作其他语言中的 null，其实这并不是完全正确的，因为 Go 语言中的 nil 和其他语言中的 null 有很多不同点：

- nil 标识符是不能比较的。
- nil 没有默认类型。
- 不同类型的指针是一样的 0x0。

下面是野指针用法的示例程序 6-8。对野指针进行操作会触发 panic 错误的。

示例程序 6-8　野指针：chapter06\code07\main.go

```
01   package main
02   import (
03      "fmt"
04   )
05   func main() {
06      //指针声明未初始化，野指针
07      var ptr *int
08      //打印指针 ptr 指向的地址
09      fmt.Printf("%p\n", ptr)     // 0x0
10      //panic: 无效的内存地址或 nil 指针解引用 (Pointer Dereference)
11      //*ptr = 3                  //野指针不能进行*ptr 取值
12      fmt.Println(ptr)            //<nil>
13      var a int = 7
14      //可以重新指向
15      ptr = &a
16      *ptr = 3
17      fmt.Println(a)              //3
18   }
```

在示例程序 6-8 中，第 07 行 var ptr *int 语句只定义了一个*int 类型的指针变量 ptr，但是并未对其进行任何初始化工作，因此它就是一个野指针。第 09 行用 fmt.Printf("%p\n", ptr)语句打印指针 ptr 的地址，输出为 0x0。第 11 行被注释的*ptr = 3 语句如果执行的话，则会引发 panic 错误，会报出无效的内存地址或 nil 指针解引用（Pointer Dereference）错误。

当然，我们可以重新将指针 ptr 指向一个有效的内存空间，如 ptr = &a，即重新指向变量 a 的地址，因此*ptr = 3 即可修改变量 a 内存地址中的值。

另外，除了野指针，还有悬空指针（Dangling Pointer）的概念。悬空指针是指这样一种指针，它最初指向的内存空间已经被释放掉了。在 Go 语言中，如果函数内变量的地址作为函数返回值，编译器就会判断出该变量在函数调用完成后还需要被引用，因此不在栈中为其分配存储空间，而是在堆中为其分配存储空间，这样的变量在函数调用完成后其占用的存储空间不会被立刻释放，也就避免了出现悬空指针这种情况。

6.4　值传参与地址传参

之前提到，Go 语言中函数的参数都是按值进行传递的，即使参数是指针，也是指针的一个副本而已。习惯上把指针的函数参数称为地址传参，而非指针的函数参数称为值传参。

地址传参在大对象上效率比值传参要好，在内部相当于用指针地址赋值，而不用复制整个大对象。下面是值传参与地址传参的示例程序 6-9。

示例程序 6-9　值传参与地址传参：chapter06\code08\main.go

```
package main
import (
   "fmt"
```

```
04      "time"
05  )
06  func change(arr [1024]int) {
07      //0xc00009a000
08      //fmt.Printf("%p\n", &arr)
09      for i, v := range arr {
10          arr[i] = v * 2
11      }
12  }
13  func changeByAddress(arr *[1024]int) {
14      //0xc000096000
15      //fmt.Printf("%p\n", arr)
16      for i, v := range *arr {
17          arr[i] = v * 2
18      }
19  }
20  func main() {
21      arr := [1024]int{}
22      for i := 1; i <= 1024; i++ {
23          arr[i-1] = i
24      }
25      //fmt.Printf("%p\n", &arr)      //0xc000096000
26      start := time.Now()             // 获取当前时间
27      sum := 0
28      for i := 0; i < 10000000; i++ {
29          change(arr)
30          sum++
31      }
32      elapsed := time.Since(start)
33      fmt.Println("change(arr)执行 10000000 次耗时: ", elapsed)
34      //fmt.Println(arr)              //还是 1..1024
35      start = time.Now()              //获取当前时间
36      sum = 0
37      for i := 0; i < 10000000; i++ {
38          changeByAddress(&arr)
39          sum++
40      }
41      elapsed.= time.Since(start)
42      fmt.Println("changeByAddress(&arr)执行 10000000 次耗时: ", elapsed)
43      //fmt.Println(arr)          //修改为 2..2048
44  }
```

在示例程序 6-9 中，第 06~12 行定义了一个按值传参的函数 change，它接收一个[1024]int 类型的参数 arr，在函数体内用 for range 迭代遍历数组参数 arr，并修改每个数组的元素值为当前值的 2 倍。第 13~19 行定义了一个按地址传参的函数 changeByAddress，它接收一个*[1024]int 类型的参数 arr，在函数体内用 for range 迭代遍历数组参数*arr，并修改每个数组的元素值为当前值的 2 倍。

第 21~24 行定义并赋值一个 1024 长度的整数数组 arr，它各个元素的值依次为 1,2,3,...,1024。调用函数 change(arr)后打印 arr 的值，发现这个数组中各个元素的值并未改变，如果调用 changeByAddress(&arr)后打印 arr 的值，就会发现数组中各个元素的值都修改为原来的 2 倍。

在这个例子中，我们还想看一下按值传递和按参数传递的运行速度如何。这里用 time 包中的几个函数获取函数运行前的时间和运行后的时间，每个函数运行 10000000 次，这是为了防止个别次数对运行结果的影响，这个量级的运行次数更具说服性。

在根目录中，在命令行执行 go run main.go 命令，输出结果（每次运行都会有差异）如下：

```
change(arr)执行 10000000 次耗时：  9.2891609s
changeByAddress(&arr)执行 10000000 次耗时：  5.577087s
```

从这个运行结果可知，changeByAddress(&arr)按地址传递的平均速度要比 change(arr)按值传递的平均速度快。

6.5　演练：Go 单向链表的实现

如果读者学过数据结构，那么对单向链表（Linked List）一定不会陌生。单向链表是一种很常用的数据结构，Go 语言的内存分配器中就用到了链表结构。单向链表是一种链式存取的数据结构，它的基本单元是节点（Node），每个节点由 2 个部分构成：数据元素和指向后继节点存储位置的指针。单向链表的逻辑结构示意图如图 6.10 所示。

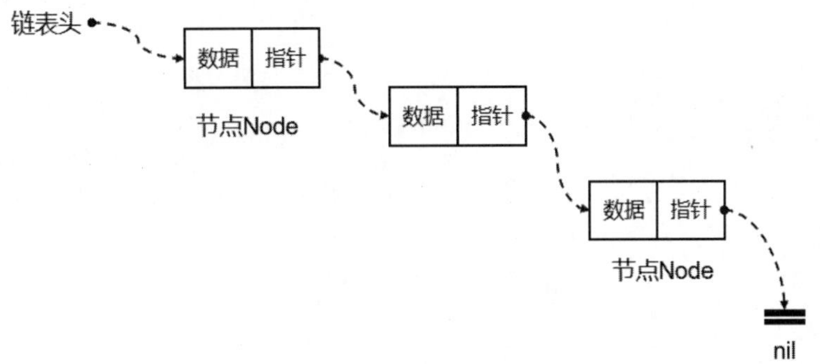

图 6.10　单向链表逻辑结构示意图

单向链表中的节点可以有很多个，每个节点首尾相连，构成一个链表。如果用 Go 语言实现，就需要对节点 Node 进行抽象。节点 Node 具有以下两个元素：

- 一个是存储数据的元素。
- 一个是指向后继节点的指针。

因此，可以用一个结构体来对节点 Node 的内部结构进行抽象。Go 是强类型的语言，这里我们只实现存储整数类型数据的单向链表。首先给出本次演练的目录结构，如图 6.11 所示。

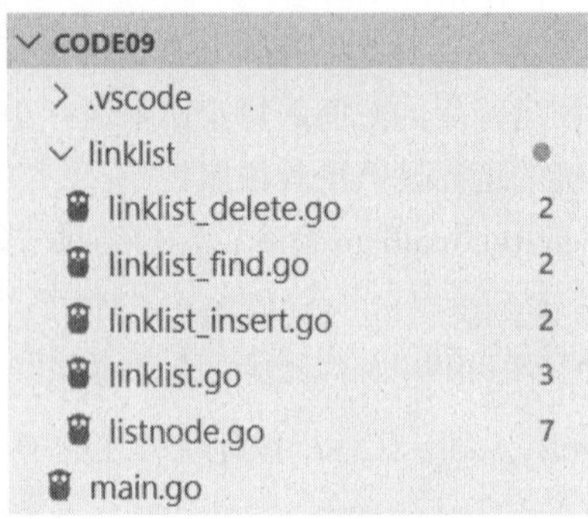

图 6.11 单向链表示例项目的目录结构

从图 6.11 可以看出，单向链表的具体实现都在包 linklist 中（目录名为 linklist)。其中有多个文件，分为两大类：一类是 listnode 相关的文件；另一类是 linklist 相关的文件。下面是节点 Node 用法相关的示例程序 6-10。

示例程序 6-10 节点 Node 的用法：chapter06\code09\linklist\listnode.go

```
01  //Go 单链表实现
02  package linklist
03  type ListNode struct {
04     data int
05     next *ListNode
06  }
07  func CreateLinkNode(value int) *ListNode {
08     return &ListNode{
09          data: value,
10          next: nil,
11     }
12  }
13  func (this *ListNode) GetNext() *ListNode {
14     return this.next
15  }
16  func (this *ListNode) GetValue() int {
17     return this.data
18  }
```

在示例程序 6-10 中，第 03 行用 type ListNode struct 定义了一个 ListNode 类型的结构体，它包含两个字段：一个是整数类型的变量 data；另一个是*ListNode 类型的指针变量 next。链表中的节点就是自己指向自己的另一个实例节点。

第 07 行定义了一个 CreateLinkNode(value int) *ListNode 函数，可以快速构建一个值为 value 的*ListNode 节点。第 13~18 行分别定义了 2 个*ListNode 类型的方法，用于获取下一个节点和获取当前节点的值。

单向链表中的节点是构成单向链表的基础，但是只有节点是不够的，单向链表还需要实现初始化、插入、删除、修改和查找等操作。其实单向链表也可以抽象为一个结构体，这个结构体具备维护单向链表的方法。下面给出单向链表 LinkList 的示例程序，具体的代码可参考示例程序 6-11。

示例程序 6-11 单向链表 LinkList：chapter06\code09\linklist\linklist.go

```
01  //Go 单向链表的实现
02  package linklist
03  import (
04      "fmt"
05  )
06  type LinkList struct {
07      head   *ListNode
08      length uint
09  }
10  //CreateLinkList 初始化单向链表
11  func CreateLinkList() *LinkList {
12      return &LinkList{
13          head:   &ListNode{0, nil},
14          length: 0,
15      }
16  }
17  //PrintLink 打印链表
18  func (this *LinkList) PrintLink() {
19      cur := this.head.GetNext()
20      for nil != cur {
21          fmt.Printf("%v->", cur.GetValue())
22          cur = cur.GetNext()
23      }
24      fmt.Println()
25  }
```

在示例程序 6-11 中，第 06~09 行用 type LinkList struct 定义了一个单向链表 LinkList 类型的结构体，它有两个字段：一个是链表的头 head，指向一个链表节点；另一个是当前链表的节点个数 length。第 11~25 行在*LinkList 类型定义了 2 个方法：一个是 CreateLinkList，初始化单向链表；另一个是 PrintLink，打印链表中的数据。

另外，单向链表还有插入、删除、查找和修改等基本操作。关于这些操作，我们可以逐个分别在单独的程序文件中实现它们，比如插入操作就对应文件 linklist_insert.go，如示例程序 6-12 所示。

示例程序 6-12 单向链表插入节点的操作：chapter06\code09\linklist\linklist_insert.go

```
package linklist
import "errors"
//Insert 节点插入，i 是节点索引，从 0 开始；node 是需要插入的节点
func (this *LinkList) Insert(i uint, node *ListNode) error {
    if i < 0 || node == nil || i > this.length {
        return errors.New("节点为空或越界")
    }
    //从 head 通过循环依次定位到索引 i
    curNode := (*this).head
    for j := uint(0); j < i; j++ {
        curNode = curNode.GetNext()
    }
```

```
    node.next = curNode.GetNext()
    curNode.next = node
    this.length++
    return nil
}
```

在示例程序 6-12 中，Insert 函数首先判断一下参数的有效性，然后获取单向链表的头部信息，并从头开始通过循环来定位索引 i，如果搜寻到插入的位置节点，则把需要新插入的节点挂接到定位到的节点 next 上，构成新的链，同时将单向链表的长度加 1。插入 insert 操作的示意图如图 6.12 所示。

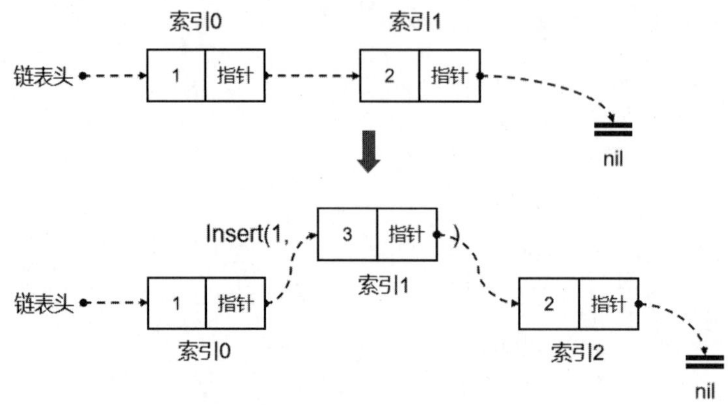

图 6.12　单向链表插入函数操作过程的示意图

另外，单向链表还可以执行删除操作。下面是根据节点的值来删除单向链表节点的示例程序 6-13。

示例程序 6-13　单向链表删除节点的操作：chapter06\code09\linklist\linklist_delete.go

```
package linklist
import "errors"
func (this *LinkList) Delete(node *ListNode) error {
  if nil == node {
      return errors.New("节点为空")
  }
  pre := this.head
  cur := this.head.GetNext() //头指向的节点
  //通过循环遍历链表的各个节点直到链表尾端 nil
  for nil != cur {
      if cur.GetValue() == node.GetValue() {
          break
      }
      pre = cur
      cur = cur.GetNext()
  }
  if nil == cur {
      return errors.New("未找到节点")
  }
```

```
    pre.next = cur.GetNext()
    node = nil //删除节点
    this.length--
    return nil
}
```

在示例程序 6-13 中，Delete 函数首先判断一下参数 node 是否为 nil，如果不为 nil 则通过链表头 head 依次循环获取下一个节点的值，并和当前的节点 node 的值比较，如果相等，则跳出循环，然后将该节点赋值为 nil 以进行删除，同时将单向链表的长度减 1。

关于单向链表的查询或修改操作这里就不再赘述。上面的链表操作不包含在启动文件中，不能独立运行，因此还需要一个启动文件来调用这些函数。下面是单向链表启动文件的示例程序 6-14。

示例程序 6-14　单向链表启动文件：chapter06\code09\main.go

```
package main
import (
    "fmt"
    "io"
    "go.introduce/chapter06/code09/linklist"
)
var list *linklist.LinkList
func init() {
    list = linklist.CreateLinkList()
}
func main() {
    fmt.Print("$>")
    cmd := ""
    var data int = 0
    for {
        n, err := fmt.Scanln(&cmd, &data)
        if err == io.EOF {
            break
        }
        if n > 0 {
            if cmd == "init" {
                for i := 0; i < data; i++ {
                    list.Insert(uint(i), linklist.CreateLinkNode(i+1))
                }
                list.PrintLink()
                fmt.Print("$>")
            } else if cmd == "add" {
                node := linklist.CreateLinkNode(data)
                list.Insert(0, node)
                list.PrintLink()
                fmt.Print("$>")
            } else if cmd == "remove" {
                //删除
                list.Delete(linklist.CreateLinkNode(data))
                list.PrintLink()
                fmt.Print("$>")
```

```
            } else if cmd == "get" {
                node, err := list.Find(uint(data))
                if err != nil {
                    fmt.Println(err)
                } else {
                    fmt.Printf("node %d value:%v\n", data,
                     node.GetValue())
                }
                fmt.Print("$>")
            } else if cmd == "exit" {
                break
            } else {
                fmt.Println("不支持的语法,支持 init;add;remove;get;exit")
                fmt.Print("$>")
            }
        }
    }
}
```

在示例程序 6-14 中，通过循环从控制台获取参数来确定对链表执行哪种操作。目前支持单向链表的操作有：

- init n：初始化操作，初始化 n 个节点的链表，值从 1 到 n 依次递增。
- add n：在索引为 0 的位置插入新节点（值为 n），其他节点依次往后移动。
- remove n：根据节点的值 n 进行删除。
- get i：根据索引 i 查询节点。

在目录 code08 中，在命令行执行 go run main.go，启动演练程序，进入交互界面。

```
$>init 6
1->2->3->4->5->6->
$>add 7
7->1->2->3->4->5->6->
$>add 8
8->7->1->2->3->4->5->6->
$>remove 6
8->7->1->2->3->4->5->
$>get 0
node 0 value:8
$>get 3
node 3 value:2
$>exit
```

注　意

本演练的重点是演示指针的相关用法，为了简化代码，并未实现单向链表的所有操作，比如修改节点的操作。

6.6 小 结

Go语言中提供了指针的功能，但是限制比C语言多一点，一般来说不能直接对指针进行偏移运算，但是可以通过非安全的方式（unsafe包）进行指针偏移运算。这既能更好地发挥指针的优势，又能避免C语言中指针过于灵活而导致的诸多问题。

指针是具有类型的，因此不同类型的指针不能互相赋值，通过unsafe包可以进行类型的转换，但是这也是一种不安全的操作，如无必要，建议不要使用这类操作。

第 7 章

面向对象和接口

面向对象有三大特性，即封装、继承和多态。从严格意义上来说，Go 语言不是一门面向对象的语言，它实际上只有结构体而没有类。不过，Go 语言可以通过结构体这种比类更加轻量级的数据结构来实现类似面向对象编程的特性。本章主要介绍如何用 Go 语言来实现面向对象三大特性中的封装、继承和多态。具体涉及的主要知识点有：

- 封装实现：掌握 Go 语言中如何用结构体来实现封装特性。
- 继承实现：掌握 Go 语言中如何通过组合来实现继承特性。
- 接口实现：掌握 Go 语言中接口的概念以及如何实现接口。
- 类型判断和断言：掌握 Go 语言中类型判断和断言的用法以及区别。
- 实战演练：SQL 生成器的实现。

7.1 结构体实现封装

如果读者之前学过 Java 或者 C#等面向对象的语言，那么一定对面向对象中的类比较熟悉。在面向对象的语言中，一切都可视为对象，而对象可抽象为类。Go 语言中没有类的概念，而是继续沿用 C 语言中的结构体。结构体是一种功能强大的复合类型，能够非常方便地实现类的若干功能。

首先介绍一下面向对象的第一个特性——封装，所谓封装（Encapsulation）就是把从对象中抽象出来的字段（属性或数据）和对字段的操作封装在内部，从而达到保护数据和隐藏内部实现细节的目的。外部程序只能通过调用公有的方法（Method）才能对内部数据进行操作。因此，封装的优点有：

- 隐藏内部具体的实现细节，相当于一个黑盒。
- 只能通过对外暴露的方法对内部的数据进行操作，从而保证了数据的安全。

在 Go 语言中，我们可以对结构体中的字段（属性）进行封装，并通过结构体中的方法来操作内部的字段（属性）。根据约定，如果结构体中字段名的首字母是小写字母，那么这样的字段是私有的，相当于 private 字段，外部包不能直接访问；如果字段名的首字母是大写字母，那么这样的字段是对外暴露的，相当于 public 字段。

这个规则也适用于结构体中的方法。如果方法名的首字母是大写字母，那么这样的方法是对外暴露的，是 public 方法；如果方法名的首字母是小写字母，那么这样的方法是私有的，包外的其他包是无法直接调用的。

如果我们想隐藏结构体中的特定字段，则可以将特定字段名都设置为以小写字母开头，而对字段的数据操作可以通过定义 SetXXX 和 GetXXX 方法来实现。在 SetXXX 方法中可以对外部参数进行有效性验证，防止赋值非法的值，从而让程序更加稳定。

同样的，GetXXX 方法内部可以根据需要，进行更多的逻辑处理。下面是一个通过结构体实现封装的示例程序 7-1。完整的示例项目涉及多个文件，它的目录结构如图 7.1 所示。

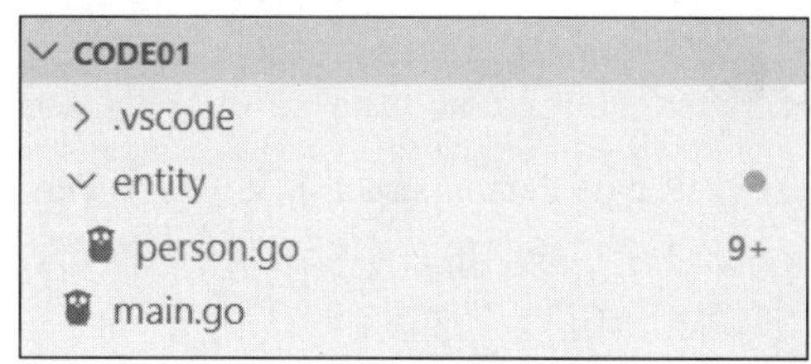

图 7.1　通过结构体实现封装的示例项目之目录结构

从图 7.1 可以看出，这个示例涉及 2 个文件，结构体 person.go 文件在子文件夹 entity 中，结构体 person.go 的代码参考示例程序 7-1。

示例程序 7-1　通过结构体来实现封装：chapter07\code01\entity\person.go

```
package entity
import "fmt"
type Person struct {
   name string
   age  int
   sex  string
}
func (this *Person) SetName(name string) {
   this.name = name
}
func (this *Person) SetAge(age int) {
   if age > 0 && age < 200 {
       this.age = age
   }
}
func (this *Person) SetSex(sex string) {
   if sex == "男" || sex == "女" {
       this.sex = sex
   } else {
       this.sex = "未知"
   }
```

```
22 }
23 func (this *Person) GetName() string {
24     return this.name
25 }
26 func (this *Person) GetAge() int {
27     return this.age
28 }
29 func (this *Person) GetSex() string {
30     return this.sex
31 }
32 //私有方法
33 func (p *Person) walk() {
34     fmt.Println("Person walk")
35 }
36 //Eat 公有方法
37 func (p *Person) Eat() {
38     fmt.Println("Person Eat")
39 }
```

在示例程序 7-1 中，第 03 行用 type Person struct 定义了一个 Person 类型的结构体，它的内部有 3 个字段 name、age 和 sex，这 3 个字段名的首字母都是小写字母，因此它们都是私有的字段，外部包无法直接通过结构体对象来访问这 3 个字段。

第 08~31 行分别定义了这 3 个字段的 SetXXX 和 GetXXX 方法。这些字段的设置和读取方法名的首字母都是大写字母，因此是对外暴露的方法。第 33 行定义了一个 walk 方法，该方法名的首字母是小写字母，因而是私有方法。第 37 行定义了一个 Eat 方法，该方法名的首字母是大写字母，表示它是公有方法。

这个结构体通过 Go 语言内置的约定规则，就可以实现对内部字段（属性）的封装以及对方法的实现细节进行封装。

注 意

结构体的私有属性和私有方法可以在所定义的同一个包中被访问，而不能被其他包访问。

为了验证结构体中的字段封装性是否如前文讲述的一样，可参考调用结构体 Person 的示例程序 7-2。

示例程序 7-2　结构体封装性的验证：chapter07\code01\main.go

```
package main
import (
    "fmt"
    "go.introduce/chapter07/code01/entity"
)
func main() {
    p := entity.Person{}
    //私有属性和方法不能访问
    //p.name = "Jack"
    //p.walk()
    p.SetName("Jack")
```

```
12      p.SetAge(33)
13      p.SetSex("男")
14      p.Eat()              //Person Eat
15      fmt.Printf("%+v", p)    //{name:Jack age:33 sex:男}
16  }
```

在示例程序 7-2 中，第 07 行首先用 p := entity.Person{}定义了一个 Person 类型的实例对象 p，由于 Person 结构体中的所有字段都是私有的，即被封装起来了，因此外部无法访问（在 main 包中无法访问 entity 包下 Person 结构体中的私有字段和方法），被注释掉的第 09 行和第 10 行程序语句在编译时就会报错。

如果访问公有的方法，则没有问题，如第 11 行的 p.SetName("Jack")和第 14 行的 p.Eat()都可以正确运行。

7.2　组合实现继承

当前软件非常庞大，为了提高开发的效率，重点就是提高组件的可复用性。面向对象的继承特性实际上就是一种组件复用的机制。在 Java 这类面向对象的语言中，可以先定义一个基类作为父类，然后通过继承特性来实现子类继承父类的功能。

在 Go 语言中没有继承的关键字 extends，而是采用组合的方式来实现继承的效果。组合和继承是有区别的，组合一般可以理解为 has-a 的关系，而继承可以理解为 is-a 的关系，它们都能起到代码复用的目的。Go 语言提倡组合而不是继承。Go 语言中的组合就是用来替代继承的。组合相对于继承的优点有：

- 可以利用面向接口编程原则的一系列优点，封装性好，耦合性低。
- 相对于继承的编译期确定实现，组合的运行态指定实现更加灵活。
- 组合是非侵入式的，继承是侵入式的。

举例而言，汽车这个对象由多个组件构成，比如有发动机、车轮和座椅等。我们可以先把发动机、车轮和座椅分别定义成一个结构体，它们的功能相互独立，每个结构体只需完成自身核心功能的封装即可。汽车这个结构体可以将发动机、车轮和座椅组合（安装）到汽车框架上，只要它们的接口一致，那么 A 类型的发动机和 B 类型的发送机就都可以进行切换。同样的，轮胎也可以用防爆轮胎或者普通的轮胎。组合只有和接口一起才能发挥它的最大价值。

下面给出一段用组合实现继承的 Go 示例项目，这里涉及多个文件，首先是此示例项目的目录结构，如图 7.2 所示。

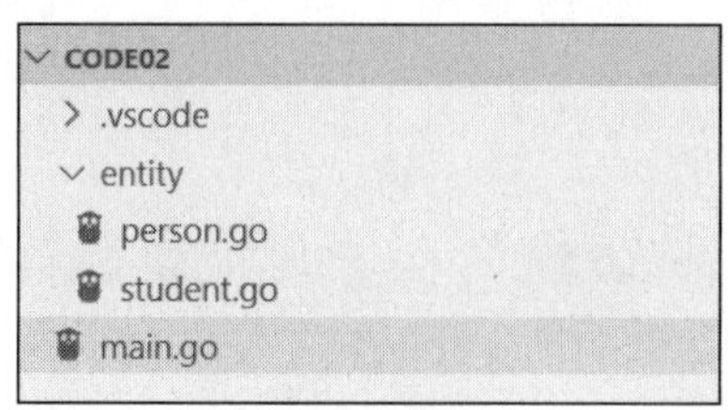

图 7.2　组合实现继承的示例项目之目录结构

从图 7.2 可以看到，在目录 entity 中有两个文件，其中一个 person.go 文件定义了结构体 Person，另外一个 student.go 文件定义了结构体 Student。按照面向对象的思路，Student 可以通过继承 Person 来获取一些基本的属性和方法。在 Go 语言中，组合的机制是用嵌入结构体的方式来实现的。person.go 文件即为示例程序 7-3。

示例程序 7-3　结构体 Person：chapter07\code02\entity\person.go

```
01    package entity
02    import "fmt"
03    type Person struct {
04      name string
05      age  int
06      sex  string
07    }
08    func (p *Person) Walk() {
09      fmt.Println("Person walk")
10    }
11    func (p *Person) Eat() {
12      fmt.Println("Person Eat")
13    }
```

在示例程序 7-3 中，定义了 Person 类型的结构体，这个结构体有 3 个私有的字段。第 08~13 行定义了该结构体的两个公有方法 Walk 和 Eat。student.go 文件即为示例程序 7-4。

示例程序 7-4　结构体 Student：chapter07\code02\entity\student.go

```
package entity
import "fmt"
//继承通过组合来实现的
type Student struct {
  //首字母小写则无法继承属性和方法
  //person Person
  Person //组合 Person
  school string
}
func (this *Student) GotoSchool() {
  fmt.Println(this.name, "go to ", this.school)
}
func (this *Student) Walk() {
  fmt.Println(this.name, " Walk")
}
func (this *Student) New(name string, age int, sex string, school string) {
  //继承的属性
  this.name = name
  this.age = age
  this.sex = sex
  //自己的属性
  this.school = school
}
```

在示例程序 7-4 中，在定义 Student 类型的结构体时，注意有一个匿名的字段 Person，这个字段名和类型都是 Person，只需要将结构体 Person 嵌入到 Student 中即可实现组合。另外还定义了一个 school 字段。

第 10 行在*Student 类型上定义了一个 GotoSchool 公有方法，该方法内部调用了 this.name，这个 name 实际上就是继承自结构体 Person。第 13~15 行定义了一个和结构体 Person 同名的方法 Walk，它会覆盖结构体 Person 中定义的方法 Walk。用组合来实现继承的示例程序 7-5 如下所示。

示例程序 7-5　用组合来实现继承：chapter07\code02\main.go

```
01    package main
02    import (
03       "fmt"
04       "go.introduce/chapter07/code02/entity"
05    )
06    func main() {
07       stu := entity.Student{}
08       stu.New("jack", 33, "男", "CUMT")
09       //stu.name
10       fmt.Println(stu)
11       stu.GotoSchool()
12       //覆盖了 Person 的 Walk 方法
13       stu.Walk()
14       //继承 Person 的 Eat 方法
15       stu.Eat()
16    }
```

在示例程序 7-5 中，一旦定义并初始化好结构体实例 stu 后，就可以访问它的公有方法和字段。第 13 行 stu.Walk()会显示 Jack Walk 而不是 Person walk，这说明同名的方法确实覆盖了组合类型 Person 中的方法。

第 15 行 stu.Eat()是继承了 Person 的 Eat 方法，因为结构体 Student 中并未定义该方法。在命令行中执行 go run main.go 运行该示例程序，输出结果如下：

```
{{jack 33 男} CUMT}
jack go to  CUMT
jack  Walk
Person Eat
```

注　意

此处的结构体 Student 和结构体 Person 属于同一个包 entity，因此在 student.go 中才可以直接访问 Person 结构体中的私有属性和方法，如果不在同一个包就会报错。

7.3　接口实现

接口（interface）是一种对约定（标准）进行定义的引用类型。如果一个结构体嵌入了接口类型，那么任何其他类型实现了该接口，都可以与之进行组合调用。

接口实现最明显的优点就是实现了类和接口的分离，在切换实现类的时候，不用更换接口功能。很多框架在实现通用的功能时，都需要面向接口来编程，比如数据库操作，由于数据库有多种，在实现数据库的通用访问库时并不知道具体的数据库类型是什么，因此只能面向接口来设计，这样只要此数据库操作实现了该接口，就可以在这个框架中运行。

在 Go 语言中，定义一个接口非常简单，基本语法如下：

```
type 接口名 interface {
    方法签名
}
```

在 Go 语言中，对接口进行实现也是非常简单的，不需要像 Java 那样需要显式地用 implements 来实现。只要某个类型 T 实现了接口 A 定义的方法签名，就说明这个类型 T 实现了 A 接口。

下面给出一个 Go 语言的接口实现示例项目，这个示例项目的目录结构如图 7.3 所示。

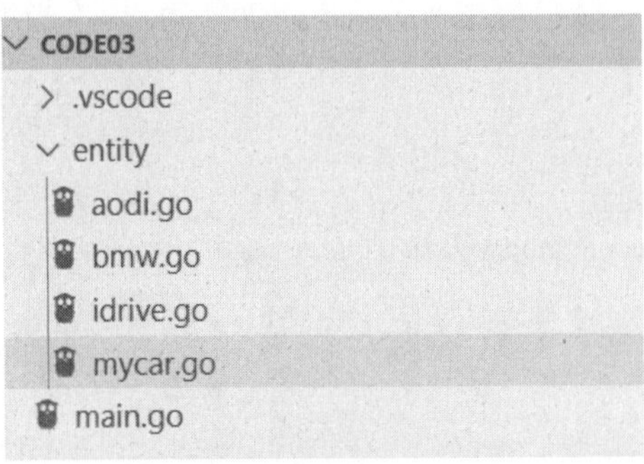

图 7.3　接口实现示例项目的目录结构

从图 7.3 可知，此示例程序包含 5 个文件，其中 4 个文件都在目录 entity 中，首先来看一下接口 IDrive 的示例程序 7-6。

示例程序 7-6　接口 IDrive：chapter07\code03\entity\idrive.go

```
01    package entity
02    //IDrive 接口
03    //只要实现了 Drive(name string)方法即实现了 IDrive 接口
04    type IDrive interface {
05        Drive(name string)
06    }
```

示例程序 7-6 中的代码非常简单，第 04 行用 type IDrive interface 定义了一个接口类型 IDrive，其中定义了一个方法签名 Drive(name string)。只要其他对象中实现了该签名的方法，就说明实现了 IDrive 接口。

有了接口定义后，接下来就可以定义一个类型来实现这个接口。下面定义一个 AoDi 类型的结构体，在这个结构体中没有任何字段，但是它定义了一个 Drive(name string)方法，这个签名和接口 IDrive 中的方法签名一致，因此就实现了接口 IDrive。AoDi 类型结构体的示例程序 7-7 如下所示。

示例程序 7-7　AoDi 类型实现接口 IDrive：chapter07\code03\entity\aodi.go

```
package entity
import "fmt"
```

```
03    //AoDi 结构体实现了 Drive 方法
04    type AoDi struct {
05    }
06    //Drive 实现了 IDrive 接口方法
07    func (*AoDi) Drive(name string) {
08       fmt.Println("Drive AoDi " + name + " Car")
09    }
```

在示例程序 7-7 中，第 04 行用 type AoDi struct 定义一个 AoDi 类型的结构体，第 07 行在这个结构体上定义了一个 Drive(name string)方法，这个签名和接口 IDrive 中的方法签名一致。

同样的，我们可以再定义一个 BMW 类型的结构体，这个结构体中也没有任何字段，但是它定义了一个 Drive(name string)方法，这个签名和接口 IDrive 中的方法签名一致，因此它也实现了接口 IDrive。BMW 类型结构体的示例程序 7-8 如下所示。

示例程序 7-8　BMW 类型实现接口 IDrive：chapter07\code03\entity\bwm.go

```
01    package entity
02    import "fmt"
03    //BMW 结构体实现了 Drive 方法
04    type BMW struct {
05    }
06    //Drive 实现了 IDrive 接口方法
07    func (*BMW) Drive(name string) {
08       fmt.Println("Drive BMW " + name + " Car")
09    }
```

在示例程序 7-8 中，第 04 行用 type BMW struct 定义了一个 BMW 类型的结构体，第 07 行在这个结构体上定义了一个 Drive(name string)方法，这个签名和接口 IDrive 中的方法签名一致。

上面的 aodi.go 和 bmw.go 可以看作是发动机引擎，具有驾驶的能力。下面定义一个代表汽车的 MyCar 结构体，嵌入一个接口 IDrive 类型，这样也就继承了 Drive(name string)方法。MyCar 结构体的示例程序 7-9 如下所示。

示例程序 7-9　MyCar 结构体：chapter07\code03\entity\mycar.go

```
package entity
//MyCar 结构体组合 IDrive 接口
type MyCar struct {
   IDrive //具备 Drive 的能力
}
```

为了验证嵌入接口类型是否可以完成继承，以及了解 Go 语言面向接口的编程方式，下面给出调用上述结构体的启动程序，如示例程序 7-10 所示。

示例程序 7-10　接口实现启动程序：chapter07\code03\main.go

```
package main
import "go.introduce/chapter07/code03/entity"
func main() {
   name := "A6L"
   aoDi := entity.AoDi{}
   aoDi.Drive(name)                  //Drive AoDi A6L Car
```

```
07      mycar := entity.MyCar{&aoDi}
08      mycar.Drive(name)              //Drive AoDi A6L Car
09      name = "X6"
10      mycar = entity.MyCar{&entity.BMW{}}
11      mycar.Drive(name) //Drive BMW X6 Car
12      mycar.IDrive.Drive(name)       //Drive BMW X6 Car
13  }
```

在示例程序 7-10 中，第 05 行 aoDi := entity.AoDi{}语句定义了一个 AoDi 类型的实例对象 aoDi，由于结构体 AoDi 自定义了 Drive(name string)方法，因此可以直接调用。第 07 行用 mycar := entity.MyCar{&aoDi}语句定义了一个 MyCar 类型的实例对象 mycar。注意，初始化传入的参数是&aoDi，说明&aoDi 实现了接口 IDrive，否则将无法赋值。

此时 mycar 通过接口组合了 aoDi ，因此第 08 行 mycar.Drive(name)实际上调用了 aoDi 对象的 Drive 方法。第 10 行 mycar = entity.MyCar{&entity.BMW{}}语句可以将 mycar 重新组合到 BMW 类型的实例上，此时第 11 行 mycar.Drive(name)调用的是 BWM 类型中定义的 Drive 方法。

从这个示例程序可以看出，只要类型中定义的方法和接口方法签名一致，就说明它实现了接口。另外，面向接口编程，不管实现接口是什么类型，都可以通过调用接口方法来调用实现类中的方法。运行该示例程序，输出结果如下所示。

```
Drive AoDi A6L Car
Drive AoDi A6L Car
Drive BMW X6 Car
Drive BMW X6 Car
```

注 意

实现某个接口的方法如果是指针接收者，那么接口类型的值需要传入实例的地址，而不是实例本身。例如，entity.MyCar{&aoDi}中是&aoDi，而不是 aoDi。如果实现某个接口的方法是值接收者，则接口类型的值既可以是传入实例的指针也可以是实例本身。

7.4 类型判断与断言

空接口 interface{}类似于 Java 中的 Object 对象，可以将其他的类型赋值给空接口类型的变量。例如，可以将一个 int 类型的数赋值给 interface{}类型的变量，再将一个 string 类型甚至结构体等复合类型的值赋值给 interface{}类型的变量。这种特征类似于动态数据类型，在某些应用场景下非常有用。

空接口虽然可以接受不同类型的数据，但是在使用的时候需要确定具体的数据类型，从而进行有针对性的操作。空接口经常需要和类型断言配合使用，类型断言用于提取接口的基础值，语法如下：

```
i.(T)
```

其中，i 表示一个空接口类型的变量，而 T 表示需要断言的类型，比如 int 或者 string 等。对空接口变量进行类型断言的示例程序 7-11 如下所示。

示例程序 7-11　接口型断言：chapter07\code04\main.go

```
01   package main
02   import (
03     "fmt"
04   )
05   type data interface{}
06   type Car struct {
07     Color string
08     Brand string
09   }
10   func main() {
11     slice := make([]data, 3)
12     slice[0] = 1                        // an int
13     slice[1] = "Hello"                  // a string
14     slice[2] = Car{"Red", "BMW"}        //a struct
15     for i, v := range slice {
16         if value, ok := v.(int); ok {
17             fmt.Printf("slice[%d] type is int[%d]\n", i, value)
18         } else if value, ok := v.(string); ok {
19             fmt.Printf("slice[%d] type is string [%s]\n", i, value)
20         } else if value, ok := v.(Car); ok {
21             fmt.Printf("slice[%d] type is Car [%s]\n", i, value)
22         } else {
23         }
24     }
25   }
```

在示例程序 7-11 中，第 05 行 type data interface{}定义了一个空接口类型 data，前面提到，Go 语言中的空接口类似于 Java 中的 Object，可以看作是一切类型的基础类型。因此可以把任何类型的值赋值给空接口类型的变量。

第 11 行用 slice := make([]data, 3)语句定义了一个 data 类型的切片，第 12~14 行分别赋值了数值类型的 1、字符串类型的"Hello"和结构体类型的 Car{"Red", "BMW"}。第 16 行 if value, ok := v.(int); ok 语句就是对 v 进行类型断言，如果 v 的值是 int 类型，那么 value 就是 v 对应的值，ok 就是 true，否则 ok 为 false。运行此示例程序，输出结果如下所示。

```
slice[0] type is int[1]
slice[1] type is string [Hello]
slice[2] type is Car [{Red BMW}]
```

注　意

类型断言建议用 value, ok := v.(int)这种形式，因为采用这种形式即使类型断言失败，也不会触发 panic 错误，如果直接用 v.(int)，断言失败就会触发 panic 错误。

类型判断的语法和类型断言相似。类型判断语法为 i.(type)，其中 type 是关键字，不是具体的类型，比如 int 等。下面对示例程序 7-11 做一点修改，即可改成类型判断的示例程序 7-12。

示例程序 7-12 接口类型判断：chapter07\code05\main.go

```
package main
import (
    "fmt"
)
type data interface{}
type Car struct {
    Color string
    Brand string
}
func main() {
    slice := make([]data, 3)
    slice[0] = 1                        // an int
    slice[1] = "Hello"                  // a string
    slice[2] = Car{"Red", "BMW"}        // a struct
    for i, v := range slice {
        //v.(type)不能在 switch 外的任何程序逻辑中使用
        switch value := v.(type) {
        case int:
            {
                fmt.Printf("slice[%d] type is int[%d]\n", i, value)
            }
        case string:
            {
                fmt.Printf("slice[%d] type is string [%s]\n", i, value)
            }
        case Car:
            {
                fmt.Printf("slice[%d] type is Car [%s]\n", i, value)
            }
        default:
            {
            }
        }
    }
}
```

在示例程序 7-12 中，类型判断 v.(type)和 switch 是一个固定的搭配，我们可以在 switch 的分支中对接口的基础类型进行判断，并采取针对性的操作。运行上述示例程序，输出结果如下所示。

```
slice[0] type is int[1]
slice[1] type is string [Hello]
slice[2] type is Car [{Red BMW}]
```

注 意

类型判断 v.(type)不能在 switch 外的任何程序逻辑中使用。

7.5　接口实现多态

面向对象还有一大特性，即多态（Polymorphism）。多态是面向对象编程中最不容易理解的概念，按字面意思就是“多种状态”。在面向对象的语言中，接口的多种不同实现方式即为多态。

封装可以隐藏类的实现细节，并使代码具备模块化，实现高内聚的效果；而继承可以扩展已存在的组件（模块）。多态的作用除了复用性外，还可以解决模块之间高耦合的问题。只有将面向对象中的三大特性进行有机整合、融会贯通，才可能写出高内聚、低耦合的程序，模块和模块之间尽量使用接口进行交互，这样对于程序的可扩展性非常有益。

下面给出一个接口实现多态的示例项目。该示例项目的目录结构如图 7.4 所示。

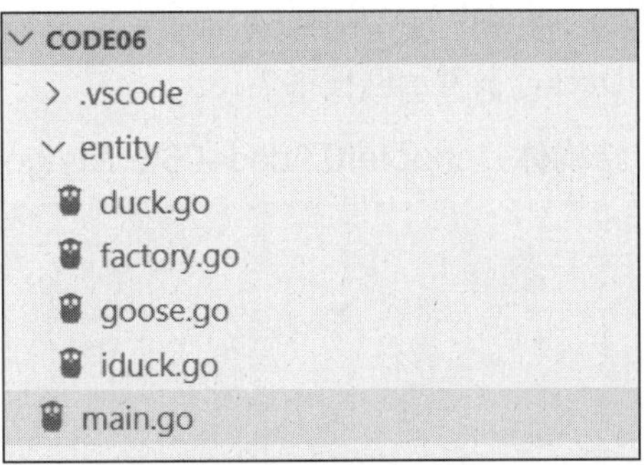

图 7.4　通过接口实现多态的示例项目之目录结构

首先定义一个 IDuck 的接口类型，其中给出 4 个方法签名，分别是 Sleep()、Eat()、SingGua()和 Type() string，具体的代码可参考示例程序 7-13。

示例程序 7-13　IDuck 接口：chapter07\code06\entity\iduck.go

```
package entity
//IDuck 鸭子类型接口
type IDuck interface {
  Sleep()
  Eat()
  SingGua()
  Type() string
}
```

后续只要实现 Sleep()、Eat()、SingGua()和 Type() string 方法签名的类型，即实现了接口 IDuck。下面定义一个 Duck 类型的结构体，并分别实现这 4 个方法，具体代码参考示例程序 7-14。

示例程序 7-14　Duck 结构体：chapter07\code06\entity\duck.go

```
package entity
import (
  "fmt"
)
type Duck struct {
  Color string
```

```
    Age   int
}
func (this *Duck) Sleep() {
    fmt.Println("Duck Sleep")
}
func (this *Duck) Eat() {
    fmt.Println("Duck Eat")
}
func (this *Duck) SingGua() {
    fmt.Println("Duck SingGua")
}
func (this *Duck) Type() string {
    return "Duck"
}
```

同样的，我们再定义一个 Goose 类型的结构体，并分别实现 Sleep()、Eat()、SingGua()和 Type() string 的方法，即实现了接口 IDuck，参考示例程序 7-15。

示例程序 7-15　Goose 结构体：chapter07\code06\entity\goose.go

```
package entity
import (
    "fmt"
)
type Goose struct {
    Color string
}
func (this *Goose) Sleep() {
    fmt.Println("Goose Sleep")
}
func (this *Goose) Eat() {
    fmt.Println("Goose Eat")
}
func (this *Goose) SingGua() {
    fmt.Println("Goose SingGua")
}
func (this *Goose) Type() string {
    return "Goose,Like Duck"
}
```

基于上面的 3 个文件，这里再定义一个工厂模式的函数 Factory(name string) IDuck。该函数根据传入的名称来动态返回不同的类型（Duck 或 Goose），由于 Duck 和 Goose 都实现了接口 IDuck，因此对于不同的外部输入，同一个函数有不同的响应，参考示例程序 7-16。

示例程序 7-16　工厂函数：chapter07\code06\entity\factory.go

```
package entity
func Factory(name string) IDuck {
    switch name {
    case "duck":
        return &Duck{Color: "White", Age: 3}
    case "goose":
```

```
            return &Goose{Color: "Black"}
        default:
            panic("No such animal")
        }
    }
```

为了验证接口实现的多态特性，下面给出一个启动文件 main.go，具体代码参考示例程序 7-17。

示例程序 7-17　多态：chapter07\code06\main.go

```
01  package main
02  import (
03      "fmt"
04      "go.introduce/chapter07/code06/entity"
05  )
06  func main() {
07      animal := entity.Factory("duck")
08      animal.SingGua()
09      fmt.Printf("animal is %s ", animal.Type())
10      animal = entity.Factory("goose")
11      fmt.Println()
12      animal.SingGua()
13      fmt.Printf("animal is %s ", animal.Type())
14  }
```

在示例程序 7-17 中，第 07 行 animal := entity.Factory("duck")语句用工厂函数返回了一个 IDuck 接口类型的变量 animal，这个 animal 的基础类型是 Duck，打印 animal.Type()会输出“animal is Duck”。同样的，第 10 行 animal = entity.Factory("goose")语句可以重新对 animal 赋值，此时 animal.Type()打印会输出“animal is Goose,Like Duck”。运行该示例程序，输出的结果如下所示。

```
Duck SingGua
animal is Duck
Goose SingGua
animal is Goose,Like Duck
```

7.6　演练：SQL 生成器的实现

如果读者学过 Java，那么应该会知道一个 ORM 框架 Hibernate，它就是根据类的结构和数据库类型来自动生成对应的 SQL 程序语句。实现一个 ORM 框架非常复杂，这里将 SQL 生成器简化，只是通过结构体将 SQL 组成的各部分进行类型化，然后根据数据库的类型来生成对应的 SQL 程序语句，本节只实现一个 SQL 分页程序和一个 SQL 查询程序的生成器。

首先看一下本演练项目对应的目录结构，如图 7.5 所示。

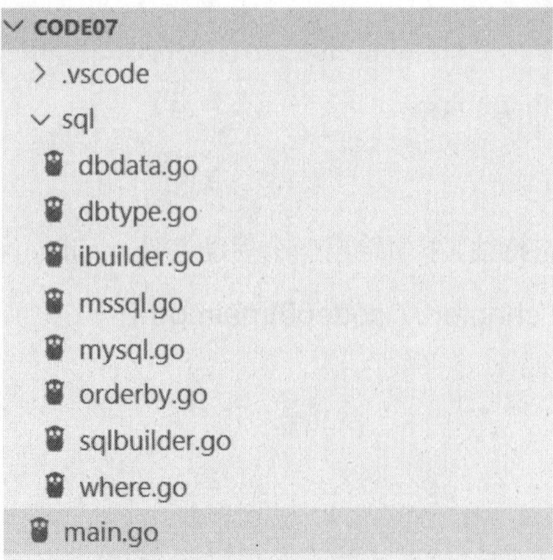

图 7.5　SQL 生成器示例项目的目录结构

SQL 生成器的核心程序代码都在 sql 目录中，因此都属于 sql 包。目前支持的是 MySQL 和 Microsoft SQL Server 两种数据库。首先我们给出一个接口 IBuilder 的定义，具体代码如示例程序 7-18 所示。

示例程序 7-18　ibuilder 接口：chapter07\code07\sql\ibuilder.go

```
package sql
//IBuilder 接口
type IBuilder interface {
  GenSelect(*DbData) string
  GenPage(*DbData) string
}
```

在示例程序 7-18 中，有两个约定的方法 GenSelect(*DbData) string 和 GenPage(*DbData) string，分别对应于生成数据库方言的 SQL 查询语句和 SQL 分页语句。两个方法都有一个指针参数（指针接收者），它的类型为*DbData，其中 DbData 是动态构建 SQL 语句的一种数据结构，该数据结构的定义如示例程序 7-19 所示。

示例程序 7-19　DbData 结构体：chapter07\code07\sql\dbdata.go

```
package sql
//DbData 构建 SQL 语句的对象
type DbData struct {
  Table     string
  Fields    string
  Where     []WhereItem
  OrderBy   []OrderByItem
  PageIndex int
  PageSize  int
  DbType
}
```

从示例程序 7-19 可知，DbData 是一个结构体类型，SQL 的组成可以拆分成表名 Table、字段列表 Fields、查询条件 Where、排序 OrderBy、分页索引 PageIndex、每页大小 PageSize，以及一个和数据库方言相关的 DbType。DbType 可以看作是一个枚举类型，这里用一个单独的文件进行定义，如示例程序 7-20 所示。

示例程序 7-20　DbType 定义：chapter07\code07\sql\dbtype.go

```
01   package sql
02   //DbType 以枚举类型的值来表示数据库类型
03   type DbType int32
04   const (
05     MYSQL DbType = 1
06     MSSQL DbType = 2
07   )
08   var DbMapLeft map[DbType]string
09   var DbMapRight map[DbType]string
10   func init() {
11     DbMapLeft = make(map[DbType]string)
12     DbMapLeft[MYSQL] = "`"
13     DbMapLeft[MSSQL] = "["
14     DbMapRight = make(map[DbType]string)
15     DbMapRight[MYSQL] = "`"
16     DbMapRight[MSSQL] = "]"
17   }
```

在示例程序 7-20 中，第 03 行用 type DbType int32 定义了一个新的 DbType 类型，并在第 04~07 行用关键字 const 定义了两种数据库方言类型 MYSQL 和 MSSQL。第 08 行 DbMapLeft map[DbType]string 定义了一个映射，用来描述数据库方言的字段转义字符，这样就可以支持字段名中的特殊字符。例如，MySQL 数据库的字段转义字符为``，而 SQL Server 为[]。

由于映射需要用 make 函数进行初始化才能使用，因此在此文件中用 init 函数来初始化映射 DbMapLeft 和 DbMapRight。

另外，类型 DbType、MYSQL 和 MSSQL 常量以及 DbMapLeft 和 DbMapRight 这些标识符的首字母都是大写的，因此是公有的，在包外可以进行访问。

下面给出 Where 类型[]WhereItem 的定义。为了降低 SQL 注入的风险，这里的 Where 并不是 string 类型，而是将它结构化。关于 WhereItem 的定义可参考示例程序 7-21。

示例程序 7-21　WhereItem 结构体：chapter07\code07\sql\where.go

```
package sql
import (
  "strings"
)
//SqlOp Where 字段比较，以枚举方式来表示
type SqlOp string
const (
  GE SqlOp = ">="
  GR SqlOp = ">"
  EQ SqlOp = "="
  LQ SqlOp = "<="
  LR SqlOp = "<"
)
```

```
14    type OrAnd string
15    const (
16      OR   OrAnd = " OR "
17      AND  OrAnd = " AND "
18      NONE OrAnd = ""
19    )
20    type WhereItem struct {
21      Field string
22      Value string
23      SqlOp
24      OrAnd
25    }
26    func (da *DbData) GenWhere() string {
27      s := make([]string, 0)
28      for _, v := range da.Where {
29          s = append(s, DbMapLeft[da.DbType])
30          s = append(s, v.Field)
31          s = append(s, DbMapRight[da.DbType])
32          s = append(s, string(v.SqlOp)) //强制转换为string
33          s = append(s, v.Value)
34          //s = append(s, " ")
35          s = append(s, string(v.OrAnd)) //强制转换为string
36      }
37      return strings.Join(s, "")
38    }
```

在示例程序 7-21 中，考虑到 SQL 语句中的 where 语句一般可以拆分为字段 Field、值 Value、字段和值之间的关系 SqlOp，以及不同字段组合关系 OrAnd，第 20 行用 type WhereItem struct 定义了一个结构体类型 WhereItem。

生产环境下的 SQL 非常复杂，这里的 where 做了简化处理，只考虑一些简单的 where 场景，比如 XH='0906' and Name='Jack'。第 26~38 行定义了一个 GenWhere 的方法，用于动态生成 where 后面的 SQL 语句。同样的，用于排序的 OrderByItem 也是一个自定义的结构体，如示例程序 7-22 所示。

示例程序 7-22　OrderByItem 结构体：chapter07\code07\sql\orderby.go

```
package sql
import (
  "strings"
)
type Order string
const (
  ASC  Order = " ASC "
  DESC Order = " DESC "
)
type OrderByItem struct {
  Field string
  Order
}
func (da *DbData) GenOrderBy() string {
```

```
    s := make([]string, 0)
    for _, v := range da.OrderBy {
        s = append(s, DbMapLeft[da.DbType])
        s = append(s, v.Field)
        s = append(s, DbMapRight[da.DbType])
        s = append(s, string(v.Order)) //强制转换为 string
        s = append(s, ",")
    }
    s = s[0 : len(s)-1]
    return strings.Join(s, "")
}
```

下面给出数据库方言 MSSQL 的结构体 MsSQL 类型，用以实现接口 IBuilder。如前文所述，Go 语言的接口使用的是鸭子类型，只要某个类型实现了接口声明的一组方法，就可以说它实现了该接口。MsSQL 类型对接口 IBuilder 的实现可参考示例程序 7-23。

示例程序 7-23　MsSQL 结构体：chapter07\code07\sql\mssql.go

```
package sql
import (
    "strconv"
    "strings"
)
//MsSQL 对象
type MsSQL struct {
}
func (*MsSQL) GenSelect(da *DbData) string {
    if da == nil {
        return ""
    }
    s := make([]string, 0)
    s = append(s, "SELECT ")
    fields := strings.Split(da.Fields, ",")
    for _, f := range fields {
        s = append(s, DbMapLeft[da.DbType])
        s = append(s, f)
        s = append(s, DbMapRight[da.DbType])
        s = append(s, ",")
    }
    s = s[0 : len(s)-1]
    s = append(s, " FROM ")
    s = append(s, DbMapLeft[da.DbType])
    s = append(s, da.Table)
    s = append(s, DbMapRight[da.DbType])
    s = append(s, " WHERE ")
    if da.Where == nil {
        s = append(s, "1=1")
    } else {
        s = append(s, da.GenWhere())
    }
    if da.OrderBy != nil {
```

```
34          s = append(s, " ORDER BY ")
35          s = append(s, da.GenOrderBy())
36      }
37      return strings.Join(s, "")
38  }
39  //2012 版本+
40  func (this *MsSQL) GenPage(da *DbData) string {
41      if da == nil {
42          return ""
43      }
44      s := make([]string, 0)
45      str := this.GenSelect(da)
46      //limit (curPage-1)*pageSize,pageSize
47      s = append(s, str)
48      s = append(s, " offset ")
49      i := (da.PageIndex - 1) * da.PageSize
50      s = append(s, strconv.Itoa(i))
51      s = append(s, " rows fetch next ")
52      s = append(s, strconv.Itoa(da.PageSize))
53      s = append(s, " rows only ")
54      return strings.Join(s, "")
55  }
```

在示例程序7-23中，第07行用type MsSQL struct定义了一个名为MsSQL的结构体，在第09~38行实现了接口IBuilder中的方法GenSelect(da *DbData) string，在第40~55行实现了接口IBuilder中的方法GenPage(da *DbData) string。因此，MsSQL类型实现了接口IBuilder。同样的，再定义一个MySQL类型，其中的代码就不再赘述了。

我们还需要一个SqlBuilder对象用于动态生成SQL，它会根据DbData实例的值先获取到对应的数据库方言，然后生成特定的SQL语句。具体的代码可参考示例程序7-24。

示例程序 7-24　SqlBuilder 结构体：chapter07\code07\sql\sqlbuilder.go

```
package sql
type SqlBuilder struct {
}
type _sqlBuilder struct {
    IBuilder
}
func (*SqlBuilder) GenSelectSQL(da *DbData) string {
    if da == nil {
        return ""
    }
    switch da.DbType {
    case MYSQL:
        {
            mysql := MySQL{}
            sqlBuilder := _sqlBuilder{&mysql}
            sql := sqlBuilder.GenSelect(da)
            return sql
        }
```

```
19      case MSSQL:
20          {
21              mssql := MsSQL{}
22              sqlBuilder := _sqlBuilder{&mssql}
23              sql := sqlBuilder.GenSelect(da)
24              return sql
25          }
26      default:
27          {
28              return ""
29          }
30      }
31  }
32  func (*SqlBuilder) GenPageSQL(da *DbData) string {
33      if da == nil {
34          return ""
35      }
36      switch da.DbType {
37      case MYSQL:
38          {
39              mysql := MySQL{}
40              sqlBuilder := _sqlBuilder{&mysql}
41              sql := sqlBuilder.GenPage(da)
42              return sql
43          }
44      case MSSQL:
45          {
46              mssql := MsSQL{}
47              sqlBuilder := _sqlBuilder{&mssql}
48              sql := sqlBuilder.GenPage(da)
49              return sql
50          }
51      default:
52          {
53              return ""
54          }
55      }
56  }
```

在示例程序 7-24 中，我们注意到第 04 行用 type _sqlBuilder struct 定义了一个私有的结构体，而第 02 行用 type SqlBuilder struct 定义了一个公有的结构体。这里用两个定义主要是想对外隐藏一下内部实现的接口 IBuilder。对外的结构体中 SqlBuilder 并不显式包含接口 IBuilder。

最后，用一个启动文件 main.go 来调用 sql 目录中定义的对象。下面给出 main.go 的示例程序 7-25。

示例程序 7-25　sql 生成器的启动：chapter07\code07\main.go

```
package main
import (
    "fmt"
```

```
    "go.introduce/chapter07/code07/sql"
)
func main() {
    db := sql.DbData{}
    db.Table = "Student"
    db.Fields = "ID,NAME,AGE"
    where := make([]sql.WhereItem, 0)
    where = append(where, sql.WhereItem{
        Field: "XH",
        Value: "'0906'",
        SqlOp: sql.EQ,
        OrAnd: sql.AND,
    })
    db.Where = where
    orderby := make([]sql.OrderByItem, 0)
    orderby = append(orderby, sql.OrderByItem{
        Field: "XH",
        Order: sql.ASC,
    })
    db.Where = where
    db.OrderBy = orderby
    db.DbType = sql.MYSQL
    sqlBuilder := sql.SqlBuilder{}
    sql0 := sqlBuilder.GenSelectSQL(&db)
    fmt.Println(sql0)
    db.PageIndex = 1
    db.PageSize = 20
    sql0 = sqlBuilder.GenPageSQL(&db)
    fmt.Println(sql0)
    db.DbType = sql.MSSQL
    sql0 = sqlBuilder.GenSelectSQL(&db)
    fmt.Println(sql0)
    sql0 = sqlBuilder.GenPageSQL(&db)
    fmt.Println(sql0)
}
```

在目录 code07 中运行命令 go run main.go，可得到如下输出结果：

```
SELECT `ID`,`NAME`,`AGE` FROM `Student`
WHERE `XH`='0906' ORDER BY `XH` ASC

SELECT `ID`,`NAME`,`AGE` FROM `Student`
WHERE `XH`='0906' ORDER BY `XH` ASC
limit 0,20

SELECT [ID],[NAME],[AGE] FROM [Student]
WHERE [XH]='0906' ORDER BY [XH] ASC

SELECT [ID],[NAME],[AGE] FROM [Student]
WHERE [XH]='0906' ORDER BY [XH] ASC
offset 0 rows fetch next 20 rows only
```

注　意

在 Go 语言中，包名为 sql，如果再定义一个 sql 变量，就会覆盖包 sql，报出 sql 包下的类型或者方法未定义的错误。

7.7　小　结

面向对象编程是一种重要的编程方法学，面向对象中的封装、继承和多态可以复用程序代码，并让程序代码高内聚、低耦合。在 Go 语言中，用轻量级的结构体来实现封装，用组合而非继承来实现继承，这样更加灵活。在很多情况下，我们将接口中的行为定义得足够简单，简单到一个方法，这样就可以将这个方法通过其他类型实现到极致。

每个接口的实现都很单一，并做到极致，这样就可以通过组合来构成一个功能强大的复合类型，完成很多不可思议的功能。通过接口来实现多态，以根据外部的不同条件有针对性地进行处理。

第 8 章

文件读写

对于 UNIX 和 Linux 操作系统来说，很重要的一个特征是一切皆为文件。这个特征让 UNIX 和 Linux 操作系统可以通过字节流来进行多个程序之间的数据传递，并且 UNIX 和 Linux 还提供了一个统一的输入/输出资源（包括文件、文件夹、硬盘、键盘、跨进程和网络等）访问机制。

Go 语言借鉴了 UNIX 一切皆为文件的设计理念，对输入/输出资源进行抽象，抽象的对象即为文件，而每个文件都有相同的 API 接口，因此可以用同一种范式来读写磁盘、键盘、文件或网络等。

在 Go 语言中，一切均可视为文件，一切均可视为字节流。本章涉及的主要知识点有：

- 文件读取：掌握文件读取的几种方法。
- 文件写入：掌握文件写入的几种方法。
- 文件读写接口：实现自己的 IO 包下的读写接口。
- 目录操作：掌握基本的目录操作。
- 实战演练：property 配置文件的操作。

8.1 文件读取

文件读取是所有编程语言中最常见的操作之一。在实际项目的开发中，需要将大量的配置信息放在配置文件中，而不是硬编码到程序中，这样就可以根据实际情况灵活地进行调整，方便项目的部署。因此，程序需要在运行时动态地读取文件的内容，并实例化相关对象。

在 Go 语言中，读取文件的常用方法有：整块读取文件、分字节读取文件和分行读取文件。

8.1.1 整块读取

将整个文件读取到内存是最基本的文件操作之一。在 Go 语言中，我们可以导入 ioutil 包，并使用包中的 ReadFile 函数进行整块文件的读取操作。

首先，我们在 Go 程序所在的目录 code01 中创建一个文本文件 hello.txt，并在同一个目录中创建一个 main.go 程序来读取 hello.txt 文件的内容。项目文件的目录结构如图 8.1 所示。

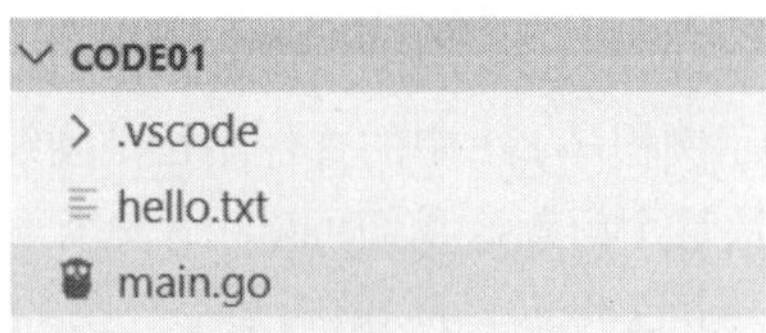

图 8.1　整块读取文件的示例项目之目录结构

从图 8.1 可以看出，hello.txt 和 main.go 在同一个目录中，这里可以使用相对路径来读取 hello.txt。我们在 hello.txt 文件中写入如下内容：

```
你好,Go 语言!
Hello Go
```

用相对路径把整块文件内容读取到内存中，可以使用 ioutil.ReadFile 函数，这种文件读取方法一般适用于文件不是很大的情况。如果文件过大，一次读取全部内容可能会导致内存占用过高，甚至内存溢出的情况。main.go 对应示例程序 8-1。

示例程序 8-1　整块读取文件：chapter08\code01\main.go

```
01  package main
02  import (
03      "fmt"
04      "io/ioutil"
05  )
06  func main() {
07      //把文件读取到内存中，一般为小文件
08      content, err := ioutil.ReadFile("hello.txt")
09      if err != nil {
10          fmt.Println("文件读取失败:", err)
11          return
12      } else {
13          //[]byte 转 string
14          fmt.Println("文件内容为:", string(content))
15      }
16  }
```

在示例程序 8-1 中，第 04 行用 import 导入文件读取的包 io/ioutil，第 08 行用“content, err := ioutil.ReadFile("hello.txt")”语句在当前目录下搜索文件 hello.txt。

ioutil.ReadFile 函数有两个返回值：第 1 个是读取文件的内容，格式是[]byte，第 2 个是 error 信息。如果读取文件正常，则 error 信息为 nil。因此，我们首先需要判断一下文件的读取是否正确，如果 error 对象 err（09 行）不为 nil，则说明文件读取错误，这时可以在控制台打印具体的错误信息，并用 return 结束程序的运行；否则说明文件读取正常，content 变量即为读取的文件字节切片（[]byte），打印内容的时候需要手动进行类型转换，将其转换成字符串，如第 14 行 string(content) 所示。

在目录 code01 中，在命令行窗口执行命令 go run main.go，则输出如下信息：

```
文件内容为：你好,Go 语言!
Hello Go
```

Go 语言是一门编译型语言，可以将上述示例程序编译成一个可执行的二进制文件。二进制文件(.exe)可以在任何位置运行，而示例程序 8-1 中的文件路径是硬编码，如果同目录下没有 hello.txt，那么程序运行就会报错。为了解决这个问题，我们可以用命令行参数来传递文件路径。

在 Go 语言标准库中提供了一个包 flag，可以解析命令行参数。借助这个 flag 包，我们可以从命令行获取到文件路径，从而读取文件内容。下面给出用 flag 包来获取命令行文件路径并读取文件的示例程序，该示例项目的目录结构如图 8.2 所示。

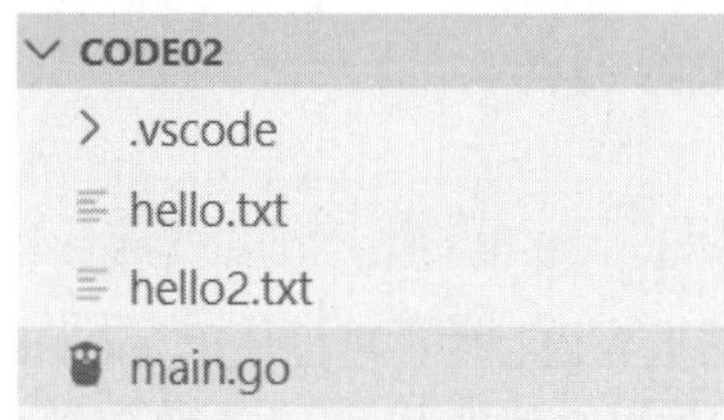

图 8.2　整块读取文件的示例项目 2 之目录结构

在 code02 目录中，有两个文本文件 hello.txt 和 hello2.txt。这里给出两个文件就是为了验证 flag 包从命令行动态获取文件路径是否可行。下面给出 main.go 示例程序，具体的代码参考示例程序 8-2。

示例程序 8-2　命令行参数整块读取文件：chapter08\code02\main.go

```
01  package main
02  import (
03      "flag"
04      "fmt"
05      "io/ioutil"
06  )
07  func main() {
08      //根据参数进行提取
09      //go run .\main.go -fpath hello.txt
10      fptr := flag.String("fpath", "hello.txt", "-fpath 指定文件路径读取")
11      flag.Parse()
12      //把文件读取到内存中，一般为小文件
13      content, err := ioutil.ReadFile(*fptr)
14      if err != nil {
15          fmt.Println("文件读取失败:", err)
16          return
17      } else {
18          //[]byte 转 string
19          fmt.Println("文件内容为:", string(content))
20      }
21  }
```

在示例程序 8-2 中，首先用 import 导入 flag 和 io/ioutil 包，第 10 行用 fptr := flag.String("fpath", "hello.txt", "-fpath 指定文件路径读取")语句来读取命令行参数，由于文件路径由字符串指定，因此

调用了 flag.String（这个包还有 flag.Int 和 flat.Bool)。该函数有 3 个参数：

- 第 1 个参数：命令行参数标识符 fpath，使用时用 –fpath。
- 第 2 个参数：命令行参数标识符 fpath 默认值 hello.txt。
- 第 3 个参数：命令行参数标识符 fpath 的提示信息。

flag.String 函数返回 flag 中对应字符串变量的地址，因此第 13 行需要用解引用，即用 ioutil.ReadFile(*fptr)来读取文件内容。此时在目录 code02 中执行不同的命令，可以读取不同文件的内容，如下所示。

```
> go run main.go
文件内容为：Hello Go
> go run main.go -fpath hello2.txt
文件内容为：你好,Go 语言!
```

注　意
程序访问 flag 之前，必须先调用 flag.Parse()进行解析。

8.1.2　分字节读取

ioutil.ReadFile 函数可以将指定路径的文件整个读取到内存中。由于内存容量是有限的，因此当这个文件非常大时，尤其是在可用内存不足的情况下，把整个文件都读入内存可能导致程序崩溃。

此时更好的一种方法是分字节读取文件，分字节读取可以一次读取指定数量的字节，然后进行相应的处理，再继续读取后续的文件内容，这样占用的内存将大大降低。分字节读取文件可以使用标准库中的 bufio 包来完成。

bufio 包实现了带缓存的 I/O 操作，它封装了一个 io.Reader 或 io.Writer 对象，使其具有缓存和一些文本读写功能。把文件读取进缓冲之后再读取的时候就可以避免文件系统的 I/O 读写，从而提高速度。

下面给出一个分字节读取文件的示例，整个项目在目录 code03 下，这个示例的目录结构如图 8.3 所示。

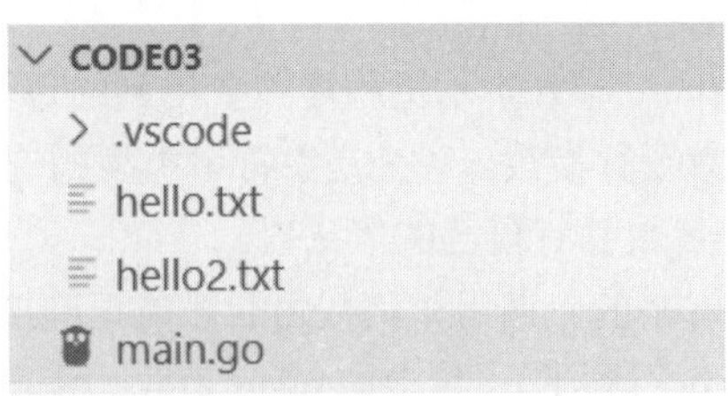

图 8.3　分字节读取的示例项目之目录结构

在 code03 目录中，有两个文本文件 hello.txt 和 hello2.txt。分字节读取示例程序为 main.go，具体的代码可参考示例程序 8-3。

示例程序 8-3　分字节读取文件：chapter08\code03\main.go

```
package main
```

```
02  import (
03      "bufio"
04      "flag"
05      "fmt"
06      "log"
07      "os"
08  )
09  func main() {
10      //根据参数进行提取
11      //go run .\main.go -fpath hello.txt -flen 3
12      fptr := flag.String("fpath", "hello.txt", "-fpath 指定文件路径读取")
13      byteLen := flag.Int("flen", 6, "-flen 指定读取的字节数")
14      flag.Parse()
15      file, err := os.Open(*fptr)
16      if err != nil {
17          log.Fatal(err)
18      }
19      //关闭文件，释放资源
20      defer func() {
21          if err = file.Close(); err != nil {
22              fmt.Println("文件操作失败:", err)
23          }
24      }()
25      //文件分片读取到内存中，可以处理大文件
26      r := bufio.NewReader(file)
27      buffer := make([]byte, *byteLen)
28      fmt.Println("文件内容为:")
29      for {
30          n, err := r.Read(buffer)
31          if err != nil {
32              //fmt.Println("文件读取完毕:", err)
33              break
34          }
35          fmt.Print(string(buffer[:n]))
36      }
37  }
```

在示例程序 8-3 中，第 02~08 行导入本示例程序需要用到的包，其中主要涉及 bufio、flag、os 和 log。第 12~13 行设置了两个命令行参数，一个是字符串类型的 fpath，另一个是指定每次读取的字节数参数 flen。这两个命令行参数都有自己的默认值。

第 14 行 flag.Parse()是不能省略的，调用该函数之后才能正确接收写到命令行参数中的值。第 15 行 file, err := os.Open(*fptr)语句用到了 os 包中的 open 函数，用于打开一个文件，它返回两个值：第 1 个返回值类型是*File，第 2 个返回值类型是 error。error 如果为 nil，则表示打开文件成功，可以进行读取操作。

第 17 行 log.Fatal 是标准库 log 包下的函数，log 包可以用于记录日志。该函数相当于执行了两个函数：Print()和 os.Exit(1)。

第 20~24 行用 defer 定义了一个匿名函数，用于文件读取后的善后工作，主要是关闭打开的文

件，调用 file.Close()可以释放资源。

第 26 行 r := bufio.NewReader(file)语句用 bufio 包下的 NewReader 读取打开的文件 file 对象（实现接口 io.Reader），NewReader 函数返回一个新的具有默认缓冲大小（4096）的 Reader 对象，它是一个缓冲读取器（Buffered Reader）。

第 27 行 buffer := make([]byte, *byteLen)语句创建了长度和容量为*byteLen 的字节切片，程序会把文件按照字节读取到切片中。

第 29~36 行通过 for 循环分字节读取文件，第 30 行 r.Read(buffer)语句中的 Read 方法会读取 len(buffer)个字节，并返回所读取的字节数。当到达文件末尾时，它会返回一个 EOF 错误。如果读取文件没有错误，则用 fmt.Print(string(buffer[:n]))打印输出读取到的文件内容。

在目录 code03 中，执行不同命令的结果如下：

```
> go run main.go -fpath hello2.txt -flen 6
文件内容为:
你好,Go 语言!
Hello,GoLang!
> go run main.go  -flen 6
文件内容为:
Hello Go
Hello Golang
> go run main.go
文件内容为:
Hello Go
Hello Golang
```

注　意

分字节读取文件时，最后打印的时候应该调用 string(buffer[:n])而不是调用 string(buffer)来获取读取到的值，否则可能会打印出额外的字节。

bufio 包封装了 io.Reader 或 io.Writer 接口对象，实现了有缓冲的 I/O，它的读取原理示意图如图 8.4 所示。

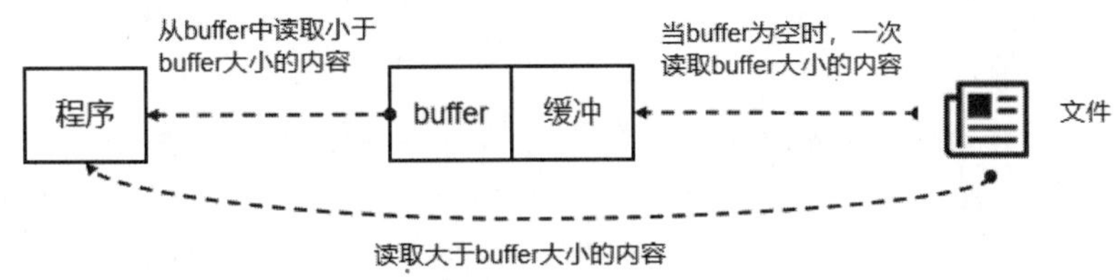

图 8.4　bufio 缓冲读取文件原理示意图

8.1.3　分行读取

上一小节用 bufio 包中的函数实现了分字节读取文件，这种读取方式可以用来读取大文件。在本小节中，我们继续深入 bufio 包，用该包来实现逐行读取文件。逐行读取文件的主要步骤如下：

- 打开文件。
- 在文件上新建一个 Scanner。
- 扫描文件并且逐行读取。

下面给出一个分行读取文件的示例项目，整个项目在目录 code04 下，这个示例项目的目录结构如图 8.5 所示。

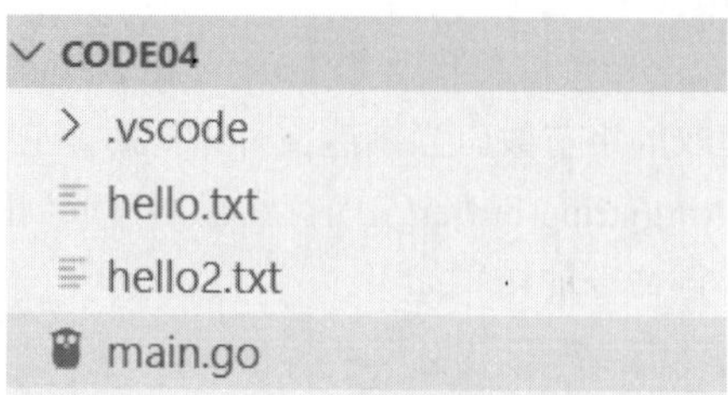

图 8.5　bufio 分行读取文件的示例项目之目录结构

在 code04 目录中，有两个文本文件 hello.txt 和 hello2.txt。分行读取示例程序为 main.go，具体的代码可参考示例程序 8-4。

示例程序 8-4　分行读取文件：chapter08\code04\main.go

```
package main
import (
  "bufio"
  "flag"
  "fmt"
  "log"
  "os"
)
func main() {
  //根据参数进行提取
  //go run .\main.go -fpath hello.txt
  fptr := flag.String("fpath", "hello.txt", "-fpath 指定文件路径读取")
  flag.Parse()
  file, err := os.Open(*fptr)
  if err != nil {
      log.Fatal(err)
  }
  //关闭文件，释放资源
  defer func() {
      if err = file.Close(); err != nil {
          fmt.Println("文件操作失败:", err)
      }
  }()
  //分行读取到内存中，可以处理大文件
  fmt.Println("文件内容为:")
  sc := bufio.NewScanner(file)
  for sc.Scan() {
      fmt.Println(sc.Text())
  }
```

```
30      if err = sc.Err(); err != nil {
31          fmt.Println("文件操作失败:", err)
32      }
33  }
```

在示例程序 8-4 中，第 02~08 行导入本示例程序需要用到的包，其中主要涉及 bufio、flag 和 os 包。第 12 行用 flag.String 设置一个字符串类型的 fpath 命令行参数，第 14 行 file, err := os.Open(*fptr) 语句打开在命令行中用文件路径参数指定的文件，第 26 行 sc := bufio.NewScanner(file)语句在文件 file 上新建一个 Scanner 对象，默认的分隔符是换行符。

第 27 行调用 sc.Scan()方法读取文件的下一行，如果可以读取，就可以调用 Text()方法来获取读到的内容。当 Scan()方法返回 false 时，一种情况是已经到达文件末尾了，此时 sc.Err()返回 nil；另一种情况是返回扫描过程中出现了错误。

在目录 code04 中，执行不同命令的结果如下：

```
> go run main.go
文件内容为:
Hello Go
Hello Java
Hello C#
> go run main.go -fpath hello2.txt
文件内容为:
你好,Go 语言!
Hello Java
Hello C#
```

注　意
对于打开的文件对象，在最后需要调用 file.Close()释放资源。

8.2　文件写入

在实际的项目中，除了从文件中读取内容之外，还有一种常见的操作就是对文件执行的写入操作，比如一种常见的情景是将查询的数据导出到 Excel 文件中。和文件读取操作类似，Go 语言中文件的写入方法也有如下几种：

- 将字符串整体写入文件。
- 将内容按字节写入文件。
- 将内容分行写入文件。

8.2.1　整块写入

写入的内容不是很大时，最常见的写入文件的方法就是将字符串整块写入到文件中，这个方法也是非常简单的。写入文件主要分为两步：

- 创建文件对象。
- 将字符串写入到文件中。

关于文件的创建，在 Go 语言中可以调用 os 包下的 Create()方法，它返回一个*File 类型的文件对象，然后可以调用文件对象的 WriteString()方法将字符串整体写入文件。可参考整块写入文件的示例程序 8-5。

示例程序 8-5　整块写入文件：chapter08\code05\main.go

```
01  package main
02  import (
03     "flag"
04     "fmt"
05     "os"
06  )
07  func main() {
08     //根据参数进行提取，参数值有空格时需要用""
09     //go run .\main.go -fcontent "Hello Go!"
10     content := flag.String("fcontent", "", "-fcontent 指定写入文件的内容")
11     flag.Parse()
12     //创建文件
13     f, err := os.Create("hello.txt")
14     if err != nil {
15         fmt.Println(err)
16         return
17     }
18     n, err := f.WriteString(*content)
19     if err != nil {
20         fmt.Println(err)
21         f.Close()
22         return
23     }
24     if n > 0 {
25         fmt.Println("写入完成")
26     }
27     err = f.Close()
28     if err != nil {
29         fmt.Println(err)
30         return
31     }
32  }
```

在示例程序 8-5 中，第 02~06 行导入本示例程序需要用到的包，其中主要涉及 flag 和 os 包。第 10 行用 flag.String 设置一个是字符串类型的 fcontent 命令行参数，用于从控制台获取要写入的文件内容。

第 13 行用 f, err := os.Create("hello.txt")语句创建一个新的文件对象 f，该方法的返回值是一个文件描述符，并在当前目录下创建一个 hello.txt 文件。第 18 行用 n, err := f.WriteString(*content)语句往文件 f 中写入字符串*content，这个方法将返回写入的字节数，如果有错误就返回错误。第 27 行不要忘记关闭文件对象 f。

注 意

如果将 os.Create 方法用于已存在的文件，则会把该文件的内容清空，也就是说这个方法不是以追加模式来打开文件。

在目录 code05 中，依次执行不同命令的结果如下：

```
> go run main.go -fcontent "Hello Go!"
写入完成
> go run main.go -fcontent "Hello Go2!"
写入完成
```

此时，如果用文本编辑器打开文件 hello.txt，那么其内容为“Hello Go2!”，之前写入的内容会覆盖掉。

8.2.2 分字节写入

将字符串整体写入文件虽然非常简单，但是如果要写入的内容非常大，那么可能会出现内存不足的问题。同样的，我们可以分字节写入文件，这样就相当于把大文件分批写入到文件中。分字节写入文件的过程和整块写入的过程基本一致，首先新建一个文件对象，然后分字节写入文件。

分字节写入文件可以调用文件对象的 Write()方法，该方法接受一个字节切片类型的值，因此将字符串写入的时候需要强制转换成[]byte 类型。下面给出一个分字节写入文件的示例程序 8-6。

示例程序 8-6 分字节写入文件：chapter08\code06\main.go

```
package main
import (
   "flag"
   "fmt"
   "os"
)
func main() {
   //根据参数进行提取，参数值有空格时需要用""
   //go run .\main.go -fcontent "Hello Go!"
   content := flag.String("fcontent", "", "-fcontent 指定写入文件的内容")
   byteLen := flag.Int("flen", 3, "-flen 指定读取的字节数")
   flag.Parse()
   //创建文件
   f, err := os.Create("hello.txt")
   defer func() {
       if err = f.Close(); err != nil {
           fmt.Println("文件操作失败:", err)
       }
   }()
   if err != nil {
       fmt.Println(err)
       return
   }
   //字符串类型转[]byte 类型
```

```
25      b := ([]byte)(*content)
26      pl := *byteLen
27      i := 0
28      for {
29          if i*pl > len(b) {
30              break
31          }
32          if (i+1)*pl > len(b) {
33              n, err := f.Write(b[i*pl : len(b)])
34              if err != nil {
35                  fmt.Println(err)
36                  break
37              }
38              if n > 0 {
39                  fmt.Println("写入字节:", n)
40              }
41          } else {
42              n, err := f.Write(b[i*pl : (i+1)*pl])
43              if err != nil {
44                  fmt.Println(err)
45                  break
46              }
47              if n > 0 {
48                  fmt.Println("写入字节:", n)
49              }
50          }
51          i++
52      }
53      fmt.Println("写入完毕")
54  }
```

在示例程序 8-6 中，第 02~06 行导入本示例需要用到的包，其中主要涉及 flag 和 os 包。第 10 行用 flag.String 设置一个字符串类型的 fcontent 命令行参数，用于从控制台获取要写入的文件内容。第 11 行用 flag.Int 设置一个 int 类型的 flen 命令行参数，用于从控制台获取每次分字节写入文件的长度（即字节数）。

第 14 行 f, err := os.Create("hello.txt")语句创建一个新的文件对象 f，该方法的返回值是一个文件描述符并在当前目录下创建一个 hello.txt 文件。第 25 行 b := ([]byte)(*content)语句将从命令行获取的文本内容进行格式转换。第 28~52 行用 for 循环来分批写入字节（f.Write 方法）。

注　意

调用文件的 Write 方法分字节数写入时，由于内容的长度不一定就是每批字节数的整数倍，因此最后一个字节切片需要进行特殊处理，否则写入的内容可能有额外的字节。

在目录 code06 中，执行命令的结果如下：

```
> go run main.go -fcontent "Hello Go2!"
写入字节: 3
写入字节: 3
```

```
写入字节：3
写入字节：1
写入完毕
```

8.2.3　分行写入

分字节写入文件这种方式可以写入大量的内容，但是稍显复杂。另外，也可以分行将内容写入文件，下面给出一个分行写入文件的示例程序 8-7。

示例程序 8-7　分行写入文件：chapter08\code07\main.go

```
01  package main
02  import (
03      "flag"
04      "fmt"
05      "os"
06      "strings"
07  )
08  func main() {
09      //根据参数进行提取，参数值有空格时需要用""
10      //go run .\main.go -fcontent "Hello Go!;你好,TypeScript!"
11      content := flag.String("fcontent", "", "-fcontent 指定写入文件的内容")
12      flag.Parse()
13      //创建文件
14      f, err := os.Create("hello.txt")
15      if err != nil {
16          fmt.Println(err)
17          return
18      }
19      //字符串乐行转[]byte 类型
20      slice := strings.Split(*content, ";")
21      for _, line := range slice {
22          //写入行
23          _, err := fmt.Fprintln(f, line)
24          if err != nil {
25              fmt.Println(err)
26              break
27          }
28      }
29      fmt.Println("写入成功")
30      err = f.Close()
31      if err != nil {
32          fmt.Println(err)
33          return
34      }
35  }
```

在示例程序 8-7 中，第 02~07 行分别导入本示例程序需要用到的包，其中主要涉及 flag、strings 和 os 包。第 11 行用 flag.String 设置一个字符串类型的 fcontent 命令行参数，用于从控制台获取要写入的文件内容。

第 14 行 f, err := os.Create("hello.txt")语句创建一个新的文件对象 f，该方法的返回值是一个文件描述符，并在当前目录下创建一个 hello.txt 文件。第 20 行 slice := strings.Split(*content, ";")语句对控制台获取的文本进行分隔，分隔符是 ";"，返回的是一个[]string 类型的值。

第 21 行 for _, line := range slice 语句对切片进行循环，并调用 fmt.Fprintln 函数将新行的内容添加到文件对象 f 中。

在目录 code07 中，执行命令的结果如下：

```
> go run .\main.go -fcontent "Hello Go!;你好,TypeScript!"
写入成功
```

> **注 意**
>
> 追加内容到文件中可以调用 os.OpenFile("hello.txt", os.O_APPEND|os.O_WRONLY|os.O_CREATE, 0644)。

8.3 自己开发 io 包下的读写接口

前面提到，UNIX 和 Linux 操作系统中有一切皆为文件的理念，而 Go 语言把这个理念进行了更好的贯彻。本质上，Go 语言将文件抽象为一个可读可写的对象，在其内部只要实现了 io.Reader 和 io.Writer 两个接口的对象，它们都可以被称为文件。

Go 语言中 io.Reader 和 io.Writer 两个接口的定义如下：

```
type Reader interface {
    Read(p []byte) (n int, err error)
}
type Writer interface {
    Write(p []byte) (n int, err error)
}
```

本节我们要自己开发 io 包下的读写接口实现对象，首先给出本节示例项目的目录结构，如图 8.6 所示。

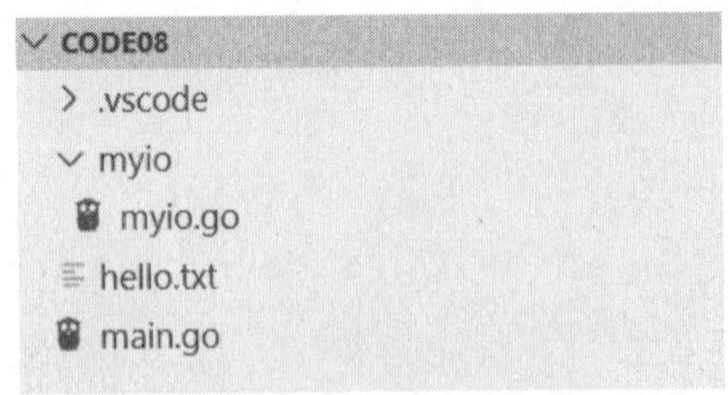

图 8.6 开发 io 包下读写接口的示例项目之目录结构

在图 8.6 中，可以看到有一个名为 myio 的子目录，其中包含一个 myio.go 文件，该文件主要用于实现 io.Reader 和 io.Writer 两个接口。myio.go 文件的具体代码可参考示例程序 8-8 所示。

示例程序 8-8　myio.go 文件：chapter08\code08\myio\myio.go

```
01  package myio
02  import "os"
03  type MyIO struct {
04     data  string
05     bytes []byte
06     file  *os.File
07  }
08  //io.Reader 接口
09  func (myio *MyIO) Read(p []byte) (n int, err error) {
10     if len(p) == 0 {
11         return 0, nil
12     }
13     myio.data = string(p)
14     return myio.file.Read(p)
15  }
16  //io.Writer 接口
17  func (myio *MyIO) Write(p []byte) (n int, err error) {
18     if len(p) == 0 {
19         return 0, nil
20     }
21     myio.bytes = p
22     return myio.file.Write(p)
23  }
24  func (myio *MyIO) Close() error {
25     if myio == nil {
26         return nil
27     }
28     return myio.file.Close()
29  }
30  func Create(name string) (*MyIO, error) {
31     f, err := os.Create(name)
32     if err != nil {
33         return nil, err
34     }
35     io1 := &MyIO{file: f}
36     return io1, nil
37  }
38  func Open(name string) (*MyIO, error) {
39     f, err := os.Open(name)
40     if err != nil {
41         return nil, err
42     }
43     io1 := &MyIO{file: f}
44     return io1, nil
45  }
```

在示例程序 8-8 中，第 03 行用 type MyIO struct 定义了一个名为 MyIO 的结构体作为自己的 IO 读写类型，由于可以利用 Go 标准库中的 io 功能，因此需要实现 io.Reader 和 io.Writer 两个接口，第 09~23 行即为 io.Reader 和 io.Writer 这两个接口的具体实现。

为了让自己创建的 MyIO 结构体能更简单地操作文件，在第 24~45 行定义了 3 个方法，用于对文件进行 Close、Create 和 Open 操作。

下面用一个 main.go 作为启动程序，利用自己构建的 MyIO 类型来对文件进行读写操作，具体的代码可参考示例程序 8-9。

示例程序 8-9　MyIO 对文件读写：chapter08\code08\main.go

```
package main
import (
    "bufio"
    "flag"
    "fmt"
    "strings"
    "go.introduce/chapter08/code08/myio"
)
func main() {
    //根据参数进行提取，参数值有空格时需要用""
    //go run .\main.go -fcontent "Hello Go!;你好,TypeScript!"
    content := flag.String("fcontent", "", "-fcontent 指定写入文件的内容")
    flag.Parse()
    //创建文件
    fio, err := myio.Create("hello.txt")
    if err != nil {
        fmt.Println(err)
        return
    }
    //字符串类型转[]byte 类型
    slice := strings.Split(*content, ";")
    for _, line := range slice {
        //写入行
        _, err := fmt.Fprintln(fio, line)
        if err != nil {
            fmt.Println(err)
            break
        }
    }
    fmt.Println("写入成功")
    ///////////////////////////////////
    fmt.Println("读取内容:")
    fio, err = myio.Open("hello.txt")
    if err != nil {
        fmt.Println(err)
        return
    }
    sc := bufio.NewScanner(fio)
    for sc.Scan() {
        fmt.Println(sc.Text())
    }
    err = fio.Close()
```

```
43      if err != nil {
44          fmt.Println(err)
45          return
46      }
47  }
```

在示例程序 8-9 中，第 02~08 行导入本示例程序需要用到的包，其中第 07 行导入了自己创建的 myio 包。第 12 行用 flag.String 设置一个字符串类型的 fcontent 命令行参数，用于从控制台获取要写入的文件内容。

第 15 行 fio, err := myio.Create("hello.txt")语句创建一个新的*MyIO 对象 fio，并在当前目录下创建一个 hello.txt 文件。第 21 行 slice := strings.Split(*content, ";")语句对控制台获取的文本进行分隔，分隔符是 ";"，返回的是一个[]string 类型的值。

第 22 行 for _, line := range slice 语句对切片进行循环，并调用 fmt.Fprintln 函数将新行的内容添加到文件对象 fio 中。第 33 行 fio, err = myio.Open("hello.txt")语句打开当前目录下的 hello.txt 文件，其中 fio 仍然是*MyIO 类型。第 38 行 sc := bufio.NewScanner(fio)语句为*MyIO 类型的实例创建一个 Scanner 并通过 Scan 方法进行扫描。

在目录 code08 中，执行命令的结果如下：

```
> go run .\main.go -fcontent "Hello Go!;你好,TypeScript!"
写入成功
读取内容:
Hello Go!
你好,TypeScript!
```

注　意

Go 语言的接口实现机制非常强大，只要实现了接口定义的一组方法，编译器即认为实现了该接口。因此，自己定义的类型只需实现 io.Reader 和 io.Writer 这两个接口，就可以利用标准库中强大的函数（例如 io.Reader 和 io.Writer 作为参数）来构建自己的业务逻辑组件。

8.4　目录操作

除了对实体文件进行操作以外，有的时候还需要对目录进行操作。比如在实际项目中，对于客户端上传的文件可能需要按照类别进行归类，这些类别需要按照客户端的文件格式来动态获取，并动态地创建指定的目录。

8.4.1　目录的基本操作

首先我们介绍一下 Go 语言中目录的基本操作，如创建一个新目录、删除一个目录等。下面给出 Go 语言目录基本操作的示例程序 8-10。

示例程序 8-10 目录的基本操作：chapter08\code09\main.go

```
01  package main
02  import (
03     "fmt"
04     "os"
05     "path/filepath"
06     "time"
07  )
08  //CreateDir 根据当前日期来创建文件夹
09  func createDir(Path string) string {
10     //Format 对数字是有要求的,2006/01/02 15:04:05
11     folderName := time.Now().Format("20060102")
12     folderPath := filepath.Join(Path, folderName)
13     if _, err := os.Stat(folderPath); os.IsNotExist(err) {
14         //先创建文件夹
15         os.MkdirAll(folderPath, os.ModePerm)
16         //修改权限
17         os.Chmod(folderPath, 0777)
18     }
19     return folderPath
20  }
21  func main() {
22     //获取当前绝对路径
23     path, err := os.Getwd()
24     if err != nil {
25         fmt.Println(err)
26         os.Exit(0)
27     }
28     path = createDir(path)
29     fmt.Println(path)
30     os.MkdirAll(filepath.Join(path, "新文件夹/dic"), os.ModePerm)
31     //重命名或者移动目录
32     os.Rename(filepath.Join(path, "新文件夹"), filepath.Join(path,
         "newfolder"))
33     //删除目录，如果有子目录则不删除
34     os.Remove(filepath.Join(path, "newfolder/dic"))
35     //os.RemoveAll(filepath.Join(path, "newfolder"))
36  }
```

在示例程序 8-10 中，第 05 行导入的 path/filepath 包主要用于目录操作。第 09 行 func createDir(Path string) 语句定义了一个根据当前日期来创建文件夹的函数。第 11 行 time.Now().Format("20060102")语句用到了标准库中的 time 包，该包提供 Format 函数，用来格式化输出时间。

对于 Go 语言中的日期和时间的格式化，需要特别注意格式化所约定的数字范围，在范围之外的数字无效。假如具体的约定如下：

```
月份 1,01,Jan,January
日   2,02,_2
时   3,03,15,PM,pm,AM,am
```

```
分   4,04
秒   5,05
年   06,2006
时区 -07,-0700,Z0700,Z07:00,-07:00,MST
周几 Mon,Monday
```

因此，time.Now().Format("20060102")中的 20060102 拆分为 2006（年）、01（月份）和 02（日），但是年份不能用 2009，因为不在年份约定的可用数字范围内（上述约定中只能是 06 或 2006）。

第 13 行的 os.Stat 方法用来获取特定路径的文件属性，它返回一个 FileInfo 对象和 error 对象。os.IsNotExist 可以判断一个文件或者目录是否存在。如果目录不存在，则可调用 os.MkdirAll 方法创建目录。另外，os.Chmod 方法可以修改文件的操作权限。

第 23 行 path, err := os.Getwd()语句获取当前的绝对路径，os.Rename 方法可以对目录重命名或者移动目录。os.Remove 方法可以删除目录，但是有子目录时则不删除。os.RemoveAll 方法会递归删除，因此比较危险，要慎用这个方法（因为删除后不会进入回收站，所有无法恢复）。

os.Mkdir("folder", os.ModePerm)可以用来创建目录，os.MkdirAll("dir1/dir2", os.ModePerm)可以用来创建多级目录。

> **注　意**
>
> os.Mkdir 初次创建目录后，如果再次创建同名目录则会报错，因为同名的目录已经存在。

在目录 code09 中，执行命令的结果如下：

```
> go run main.go
C:\GoWork\src\go.introduce\chapter08\code09\20200111
```

8.4.2　目录的遍历

在 Go 语言中，遍历目录的方法比较多，这里介绍一种比较简单的目录遍历法，可参考示例程序 8-11。

示例程序 8-11　目录的遍历：chapter08\code10\main.go

```
package main
import (
  "fmt"
  "os"
  "path/filepath"
)
//遍历目录和文件
func visit(path string, f os.FileInfo, err error) error {
  fmt.Printf("%s\n", path)
  return nil
}
func main() {
  //遍历当前目录
  if root, err := os.Getwd(); err == nil {
     err := filepath.Walk(root, visit)
```

```
16          if err != nil {
17              fmt.Printf("%v\n", err)
18          }
19      }
20  }
```

在示例程序 8-11 中，首先导入 path/filepath 包，该包下有一个 Walk 方法，它用于遍历指定目录，这个方法接收两个参数，一个是根目录 root，另一个是一个递归的回调函数 walkFn。在第 08~11 行定义了一个 visit 函数作为 walkFn 参数传入到 Walk 方法中。

在目录 code10 中，执行命令的结果如下：

```
> go run main.go
C:\GoWork\src\go.introduce\chapter08\code10
C:\GoWork\src\go.introduce\chapter08\code10\.vscode
C:\GoWork\src\go.introduce\chapter08\code10\.vscode\launch.json
C:\GoWork\src\go.introduce\chapter08\code10\.vscode\settings.json
C:\GoWork\src\go.introduce\chapter08\code10\dir01
C:\GoWork\src\go.introduce\chapter08\code10\dir01\dir0101
C:\GoWork\src\go.introduce\chapter08\code10\dir01\dir0101\hello.txt
C:\GoWork\src\go.introduce\chapter08\code10\dir02
C:\GoWork\src\go.introduce\chapter08\code10\dir02\hello2.txt
C:\GoWork\src\go.introduce\chapter08\code10\main.go
```

注 意

filepath.Walk 方法用于遍历大目录时效率低下。

8.5 演练：property 配置文件的操作

如果读者用过 Spring Boot 框架，那么一定比较熟悉 property 配置文件。Spring Boot 中很多配置信息都存放在 properties 配置文件中，默认读取的方式是 application.properties。可以通过配置文件对配置项设置特定的值，以适应具体的生产环境。本节给出一个读取 property 配置文件的示例项目，该示例项目的目录结构图如图 8.7 所示。

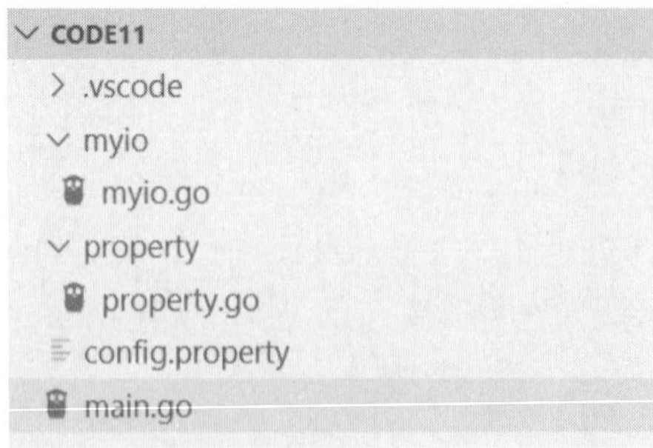

图 8.7 读取 property 配置文件的示例项目之目录结构

从图 8.7 可以看出，根目录 code11 中有两个子目录，分别是 myio 和 property，这两个子目录中分别定义了一个 myio.go 和 property.go，另外还有一个配置文件 config.property，其内容如下：

```
#配置文件
db.uname=root
db.pwd=123
db.url=127.0.0.1
```

首先给出 property.go 示例程序（具体的代码参考示例程序 8-12），它主要就是读取配置文件 config.property 中的配置值。关于示例程序 myio.go，之前介绍过，这里不再赘述。

示例程序 8-12 读取配置文件：chapter08\code11\property\property.go

```
01    package property
02    import (
03      "bufio"
04      "fmt"
05      "strings"
06      "go.introduce/chapter08/code11/myio"
07    )
08    //Read 读取 config.property，没有缓存
09    func Read(key string) string {
10      fio, err := myio.Open("config.property")
11      if err != nil {
12          fmt.Println(err)
13          return ""
14      }
15      sc := bufio.NewScanner(fio)
16      line := ""
17      slice := make([]string, 2)
18      for sc.Scan() {
19          line = sc.Text()
20          //注释
21          if strings.HasPrefix(line, "#") {
22              continue
23          }
24          slice = strings.Split(line, "=")
25          if len(slice) == 2 {
26              if strings.Trim(slice[0], " ") == key {
27                  return strings.Trim(slice[1], " ")
28              }
29          }
30      }
31      err = fio.Close()
32      if err != nil {
33          fmt.Println(err)
34      }
35      return ""
36    }
```

在示例程序 8-12 中，第 09 行 func Read(key string) string 语句定义了一个函数 Read，它根据传入的字符串 Key 从配置文件 config.property 中获取 Key 对应的值。第 15 行调用 bufio.NewScanner

函数来构建一个 Scanner，并逐行进行扫描，对于#开头的注释行，直接忽略。一旦匹配 Key 就将获取到的对应值返回。

下面给出一个启动程序来验证 property.go 是否可以正确地读取配置文件 config.property 中 Key 对应的值，main.go 示例程序的具体代码参考示例程序 8-13。

示例程序 8-13　读取配置文件的启动程序：chapter08\code11\main.go

```
package main
import (
   "flag"
   "fmt"
   "go.introduce/chapter08/code11/property"
)
func main() {
   //go run .\main.go -fkey db.uname
   content := flag.String("fkey", "db.uname", "-fkey 指定配置文件的 key")
   flag.Parse()
   fmt.Printf("key[%s]->%s", *content, property.Read(*content))
}
```

在目录 code11 中，执行命令的结果如下：

```
> go run main.go -fkey db.pwd
key[db.pwd]->123
> go run main.go -fkey db.url
key[db.url]->127.0.0.1
> go run main.go -fkey db.uname
key[db.uname]->root
```

8.6　小　结

Go 语言借鉴了 UNIX 和 Linux 一切皆为文件的设计理念，对输入/输出资源进行抽象，抽象的对象即为文件，而每个文件都有相同的 API 接口，因此可以用同一种范式来读写磁盘、键盘、文件或网络等。

第 9 章

图解并发编程

Go 语言最重要的一个特性就是原生支持并发，这对于开发高性能的 Web 应用是至关重要的。一般来说，由于并发的程序运行顺序具有随机性（不确定性），每次执行的结果都有可能不同，因此多并发的程序往往难以开发，且难以调试。有不少 Bug 在开发阶段都不会暴露，或者在上线运行一段时间后也不会暴露，只会在特定条件（比如并发量超过一定的阈值）才偶尔出现异常。

在并发状况下，为了保证共享数据（变量）的线程被安全访问，一般会通过加锁的方式（当然也可以通过无锁方式实现线程安全）来实现。在 Go 语言中，并发编程的语法非常简洁，而且可以通过信道（Channel）机制来实现不同的协程（Goroutine）之间的通信。

Go 语言被比作 21 世纪的 C 语言，首先是由于 Go 语言设计非常简单，其次是 21 世纪最重要的程序需求就是对并发特性的支持，而 Go 语言原生支持并发。Go 语言中的协程是非常轻量级的（相对于线程而言），普通的计算机上可以同时开启成千上万个协程。本章涉及的主要知识点有：

- 并发和并行的概念和区别：掌握 Go 语言如何实现并发和并行。
- Go 调度器原理：了解 Go 语言中的调度器工作原理。
- 协程的概念和基本用法：掌握 Go 语言协程的概念和用途。
- 协程间的数据通信：掌握 Go 语言多个协程间的数据通信用法。
- 信道的概念和用法：掌握 Go 语言信道的概念和用法，掌握无缓冲信道和有缓存信道的区别。
- 协程调试：了解协程的调试方法。
- 协程性能测试：掌握协程的性能测试方法。
- 实战演练：MapReduce 字母统计。

9.1 单核并发

首先介绍一下并发（Concurrency）的概念。一般来说，并发是指一个时间段中有多个程序都处于运行状态，且多个程序都在争用同一个 CPU 内核，也就是任意一个时刻（时间点）只有一个程序的指令在 CPU 内核中执行。

在使用单核 CPU 的情况下，如果在计算机上的操作系统中开启了多个程序（比如 QQ、WPS 等）并让它们同时处于运行状态，那么开启运行的程序数量一旦超过某个值，运行中的程序就会非常卡顿。这是由于计算机上只有一颗单核的 CPU，处于运行状态的各个程序都需要等待操作系统给自己分配 CPU 时间片才能运行，而操作系统中的调度器在不断调度程序进行运行时要不断切换不同程序的上下文，会比较消耗资源，换句话说就是程序运行得慢。

计算机领域的并发概念可以用现实中的例子来加深理解。比如公司里面有一台咖啡机，平时可以供职工在休息的时候饮用咖啡。如果同时有多个职工拿着杯子去咖啡机那接咖啡，就需要排队，同一个时刻（时间点）只有一个职工可以使用咖啡机，其他职工都需要排队等待。并发的示意图如图 9.1 所示。

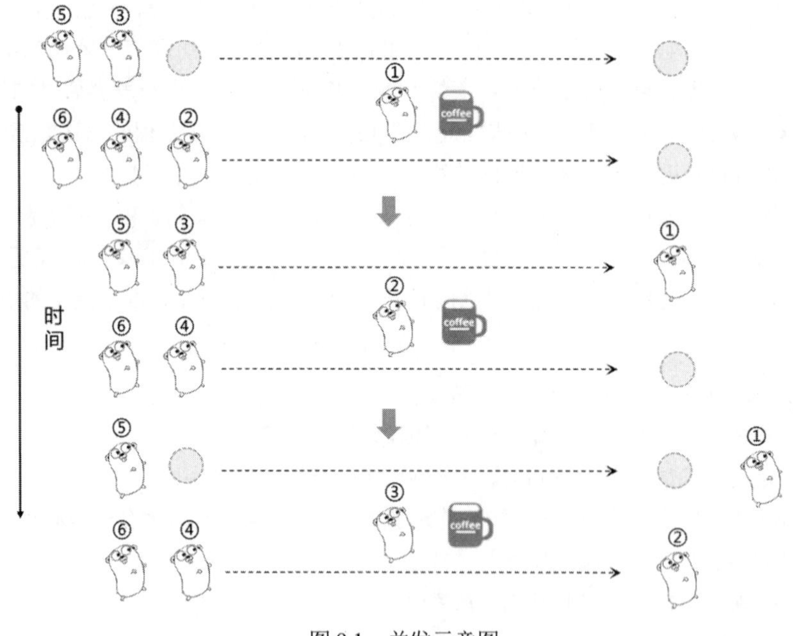

图 9.1　并发示意图

在图 9.1 中，职工用 Go 吉祥物（地鼠）来表示，图中共涉及 3 个时间点，每个时间点可以获取咖啡的职工只能有一个，两组排队等待的职工依次去获取咖啡机的使用权，一旦有一个职工获取到咖啡机的使用权，则其他职工必须进入等待状态。

在第一个时间点上，编号为①的职工获取到咖啡机的使用权，其他 5 个职工排队等待，只有等编号为①的职工接完咖啡，让出咖啡机使用权后，其他职工才能获取到咖啡机的使用权。

在第二个时间点上，编号为①的职工已让出咖啡机使用权，此时编号为②的职工获取到咖啡机的使用权，其他 4 个职工继续排队等待。

在第三个时间点上，编号为②的职工已让出咖啡机使用权，编号为③的职工获取到咖啡机的使用权，其他 3 个职工继续排队等待。

如果编号为①的职工后续还想喝咖啡，那么他就需重新排队，待有机会获取到咖啡机的使用权后才能接咖啡。这就是当使用咖啡机的职工数量非常多的时候，要让每个职工喝到咖啡，从整体上来看会比较费时的原因。

计算机 CPU 的计算速度非常快，因此会在极短的时间内进行线程切换。假设现在 2 个队伍排队去喝咖啡，但是规定每个职工在没有加锁权限的情况下独占咖啡机的时间非常短（例如 10 秒），而完成一次接咖啡会分成如下 3 步：

（1）拿咖啡豆（A、B、C 3 种）研磨咖啡（10 秒）。

（2）将研磨好的咖啡倒入杯中放糖搅拌（5 秒）。

（3）喝咖啡（5 秒）。

假如编号为①的职工在时间点为 0 秒的时候获取到咖啡机的使用权，拿了 A 类咖啡豆进行研磨，由于独占时间很短，就 10 秒（此时咖啡豆刚研磨好），因此还没有时间去将研磨好的咖啡倒入杯中放糖搅拌，就要临时离开（失去咖啡机的独占权）。此时编号为②的职工获取到咖啡机的使用权，发现已经有咖啡研磨好了，可以直接进行第 2 步操作，将研磨好的咖啡倒入杯中放糖搅拌（5 秒）并喝咖啡（5 秒），完成后正好 10 秒离开，此时编号为①的职工再次获取到咖啡机的使用权，发现之前研磨好的咖啡没有了，心中顿生疑窦。这个过程的示意图如图 9.2 所示。

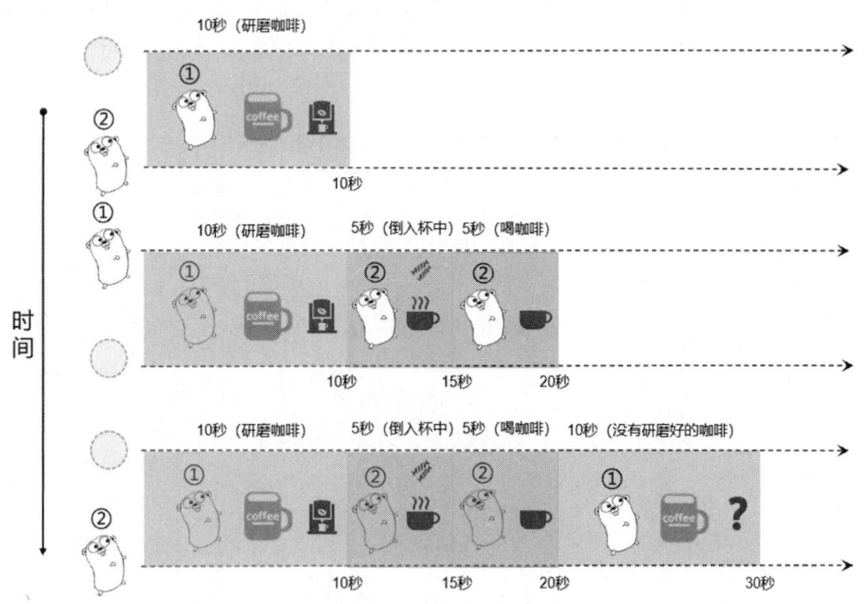

图 9.2 在单核 CPU 并发下接咖啡过程的示意图

在 Go 语言中，只需简单地在函数（方法）前使用 go 关键字来创建协程即可。协程可以看作是一种轻量级线程，它的调度由 Go 语言运行时（Runtime）进行管理。协程启动的语法如下：

```
go 函数名或方法名(参数列表) //创建一个新的协程
```

关于协程的具体介绍，会在本章后续的章节进行说明。下面给出 Go 语言中在单核情况下实现并发的示例项目，该示例项目的目录结构如图 9.3 所示。

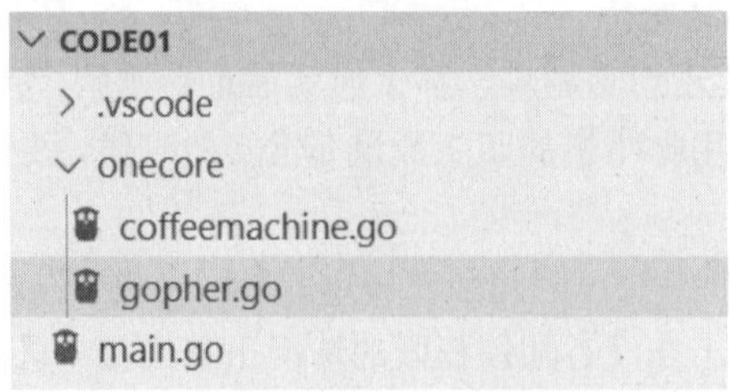

图 9.3　单核 CPU 并发的示例项目之目录结构

描述咖啡机实体的结构体如示例程序 9-1 所示。

示例程序 9-1　咖啡机结构体：chapter09\code01\onecore\coffeemachine.go

```
01    package onecore
02    //CoffeeMachine 咖啡机（共享 1 个）
03    type CoffeeMachine struct {
04       CoffeeName string
05       Gopher     //获取使用权的地鼠
06    }
```

在示例程序 9-1 中，第 03 行用 type CoffeeMachine struct 语句定义了一个名为 CoffeeMachine 的结构体，其中有 2 个字段：CoffeeName 表示咖啡机当前研磨的咖啡名称，是字符串类型；Gopher 是一个匿名字段，类型为 Gopher，代表使用咖啡机的职工（地鼠）。关于 Gopher 结构体的定义可参见示例程序 9-2。

示例程序 9-2　Gopher：chapter09\code01\onecore\gopher.go

```
package onecore
import (
   "fmt"
   "time"
)
//Gopher 职工
type Gopher struct {
   Name       string
   Id         int
   CoffeeName string
}
var coffeeMachine = CoffeeMachine{}
//MakeCoffee 制作咖啡
func (this *Gopher) MakeCoffee(coffeeName string) {
   //(1)研磨咖啡(没有才研磨)
   if coffeeMachine.CoffeeName == "" {
        coffeeMachine.CoffeeName = coffeeName
        coffeeMachine.Gopher = *this
        fmt.Println("Gopher", this.Id, "Make Coffee",
```

```
            coffeeMachine.CoffeeName)
20          time.Sleep(10 * time.Second)
21        }
22        //(2)倒咖啡
23        this.TakeCoffee()
24        //(3)喝咖啡
25        this.DrinkCoffee()
26      }
27      func (this *Gopher) TakeCoffee() {
28        if coffeeMachine.CoffeeName != "" {
29            fmt.Println("Gopher", this.Id, "Take Coffee",
            coffeeMachine.CoffeeName)
30            this.CoffeeName = coffeeMachine.CoffeeName
31            time.Sleep(5 * time.Second)
32            //倒完咖啡
33            coffeeMachine.CoffeeName = ""
34        } else {
35            fmt.Println("Gopher", this.Id, "Has No Coffee to Take")
36            this.CoffeeName = ""
37        }
38      }
39      func (this *Gopher) DrinkCoffee() {
40        if this.CoffeeName != "" {
41            fmt.Println("Gopher", this.Id, "Drink Coffee", this.CoffeeName)
42            time.Sleep(5 * time.Second)
43        } else {
44            fmt.Println("Gopher", this.Id, "Has No Coffee to Drink")
45        }
46      }
```

在示例程序 9-2 中，第 07 行用 type Gopher struct 定义了一个名为 Gopher 的结构体，其中有 3 个字段： Name 表示当前职工的名称；Id 表示当前职工的编号；CoffeeName 表示当前职工获取到咖啡机中咖啡的名称。如果 CoffeeName 不为空，就表示该 Gopher 获取到咖啡机使用权时已经有研磨好的咖啡，可以开始接咖啡，而无须再进行研磨。

第 14 行定义的 MakeCoffee 方法共涉及 3 个步骤：第 1 个步骤是研磨咖啡（第 16~21 行）；第 2 个步骤是 TakeCoffee 方法（第 23 行）；第 3 个步骤是 DrinkCoffee 方法（第 25 行）。每个步骤用 time.Sleep(N* time.Second)来模拟该步骤的耗时（虽然其他语句也占用时间，但是非常短，可以忽略）。

最后，我们给出一个 main 函数，用于启动该示例程序。本示例程序用来演示的是单核 CPU 场景下的并发，由于当前很多计算机上都配置的是多个 CPU 或者多核的 CPU，因此需要通过 runtime.GOMAXPROCS(1)来设置可用的最大逻辑 CPU 数，这里设置为 1，即模拟单核 CPU 的应用场景。具体的代码可参考示例程序 9-3。

示例程序 9-3　单核并发：chapter09\code01\main.go

```
package main
import (
  "fmt"
```

```
04        "runtime"
05        "time"
06        "go.introduce/chapter09/code01/onecore"
07    )
08    func main() {
09        //GOMAXPROCS 设置可同时执行的最大 CPU 数
10        //模拟单核 CPU
11        runtime.GOMAXPROCS(1)
12        gopher1 := onecore.Gopher{Name: "Gopher1", Id: 1}
13        gopher2 := onecore.Gopher{Name: "Gopher2", Id: 2}
14        //非并发
15        //gopher1.MakeCoffee("A")
16        //gopher2.MakeCoffee("B")
17        //gopher1 和 gopher2 并发执行
18        go gopher1.MakeCoffee("A")
19        go gopher2.MakeCoffee("B")
20        //等待，防止主协程退出，子协程也将退出
21        time.Sleep(20 * time.Second)
22        fmt.Println("============END===============")
23    }
```

在示例程序 9-3 中，第 11 行用 runtime.GOMAXPROCS(1)模拟单核 CPU，第 12 行和第 13 行分别创建了两个对象 gopher1 和 gopher2，用于模拟两个职工。第 18 行 go gopher1.MakeCoffee("A")语句用 go 关键字后面跟着 gopher1.MakeCoffee("A")来创建一个新的协程，用于模拟职工 Gopher1 去接咖啡，制作 A 类的咖啡。第 19 行 go gopher2.MakeCoffee("B")语句创建另一个新的协程，用于模拟职工 Gopher2 去接咖啡，制作 B 类的咖啡。

第 21 行 time.Sleep(20 * time.Second)语句用于阻塞主协程，防止两个子协程还未执行完成就退出。在目录 code01 中，执行 go run main.go 命令，输出如下结果：

```
Gopher1 Make Coffee A
Gopher2 Take Coffee A
Gopher2 Drink Coffee A
Gopher1 Has No Coffee to Take
Gopher1 Has No Coffee to Drink
============END===============
```

从上述输出结果来看，和之前分析的一致。这里会有一个并发安全的问题。实际上，上述示例程序不是一个线程安全的例子，Gopher2 一开始调用的时候是要制作 B 类的咖啡，但是却接到了 Gopher1 制作的 A 类咖啡。

注 意

main 函数本质上是一个独立的主协程，如果主协程退出，则其他的协程即使还未执行完，也将终止执行。

9.2　锁机制

为了解决并发程序下数据安全的问题，可以考虑用锁机制。继续探讨职工去咖啡机上接咖啡的场景，如果职工有加锁权限，那么可以通过锁机制来延长喝咖啡的时间，只有解锁后其他职工才能通过抢占获取咖啡机的使用权。

假如编号为①的职工在时间点为 0 秒时获取到咖啡机的使用权并立即加锁，拿了 A 类咖啡豆进行研磨，虽然独占时间很短，就 10 秒，但是此时由于有锁机制的保护，其他职工无法抢占咖啡机。因此，编号为①的职工还可以继续使用咖啡机，研磨好咖啡并倒入杯子中加糖搅拌（5 秒），最后喝完咖啡（5 秒）后解锁。

编号为①的职工通过锁机制总共独占咖啡机的使用权 20 秒（10+5+5），这个过程中锁机制阻止了其他职工获取咖啡机的使用权，从而保证了制作咖啡的过程中操作（数据）的安全性。此过程的示意图如图 9.4 所示。

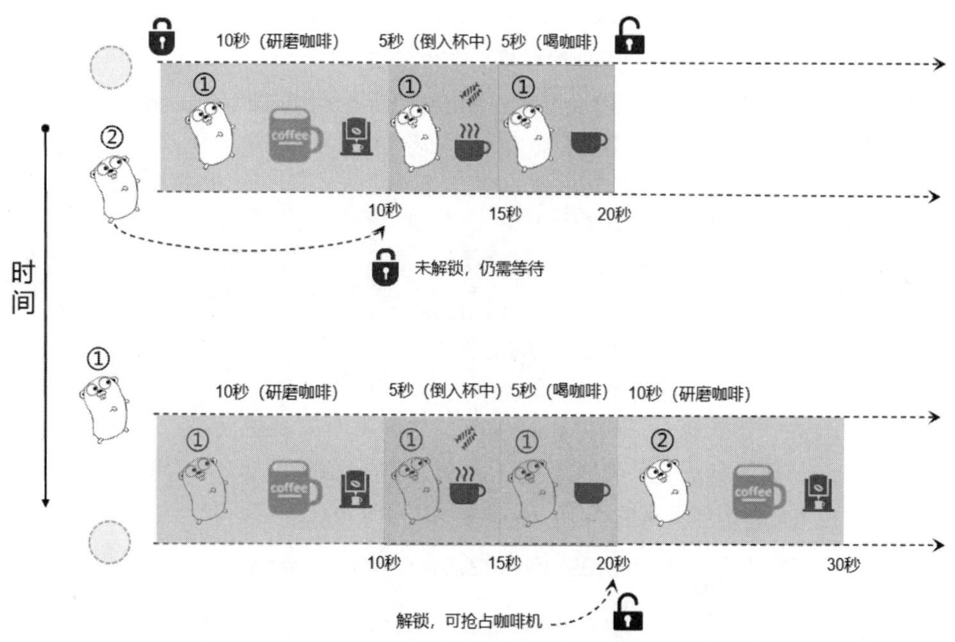

图 9.4　单核 CPU 并发下用加锁机制制作咖啡过程的示意图

在 Go 语言中，实现锁机制可以用 sync 包下的 Mutex 对象。sync 包提供了以下两种锁类型：

- *互斥锁* sync.Mutex

sync.Mutex 是最简单的一种锁类型，相对占用的资源多一点。当一个协程获得了 Mutex（调用 Lock()方法）后，其他协程只能等到这个协程释放该 Mutex（调用 Unlock()方法）后才可进行资源抢占。

- 读写锁 sync.RWMutex

sync.RWMutex 性能上相对 sync.Mutex 而言要高一点，适用于单写多读的应用场景。在读锁占用的情况下会阻止写，但不阻止读。也就是多个协程可同时获取读锁（调用 RLock()方法）。而写锁（调用 Lock()方法）会阻止其他任何协程（无论读和写）进来抢占资源，相当于由该协程独占着资源。

下面结合 Go 语言中的互斥锁 sync.Mutex，给出线程安全的单核并发示例项目。该示例项目的目录结构如图 9.5 所示。

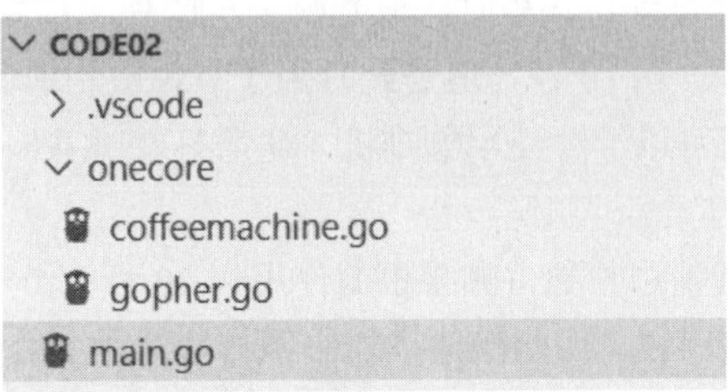

图 9.5　单核并发加锁的示例项目之目录结构

对于支持互斥锁的咖啡机实体的结构体，可以参考示例程序 9-4。

示例程序 9-4　咖啡机结构体：chapter09\code02\onecore\coffeemachine.go

```
01  package onecore
02  import "sync"
03  //CoffeeMachine 咖啡机（共享 1 个）
04  type CoffeeMachine struct {
05    CoffeeName string
06    Gopher                    //获取使用权职工
07    Mlock      sync.Mutex     //互斥锁
08  }
```

在示例程序 9-4 中，注意第 07 行的 Mlock 字段，它的类型是 sync.Mutex。要使用此对象，需要首先用 import "sync"导入 sync 包。其他部分的程序代码与示例程序 9-1 中的程序代码类似，这里不再赘述。关于 Gopher 结构体定义的代码，可参考示例程序 9-5。

示例程序 9-5　Gopher：chapter09\code02\onecore\gopher.go

```
package onecore
import (
  "fmt"
  "time"
)
//Gopher 职工
type Gopher struct {
  Name       string
  Id        int
  CoffeeName string
}
var coffeeMachine = CoffeeMachine{}
//MakeCoffee 制作咖啡
```

```
14  func (this *Gopher) MakeCoffee(coffeeName string) {
15    //coffeeMachine 加锁
16    coffeeMachine.Mlock.Lock()
17    //(1)研磨咖啡(没有才研磨)
18    if coffeeMachine.CoffeeName == "" {
19        coffeeMachine.CoffeeName = coffeeName
20        coffeeMachine.Gopher = *this
21        fmt.Println("Gopher", this.Id, "Make Coffee",
           coffeeMachine.CoffeeName)
22        time.Sleep(10 * time.Second)
23    }
24    //(2)倒咖啡
25    this.TakeCoffee()
26    //(3)喝咖啡
27    this.DrinkCoffee()
28    //释放 coffeeMachine 锁
29    coffeeMachine.Mlock.Unlock()
30  }
31  func (this *Gopher) TakeCoffee() {
32    if coffeeMachine.CoffeeName != "" {
33        fmt.Println("Gopher", this.Id, "Take Coffee",
          coffeeMachine.CoffeeName)
34        this.CoffeeName = coffeeMachine.CoffeeName
35        time.Sleep(5 * time.Second)
36        //倒完咖啡
37        coffeeMachine.CoffeeName = ""
38    } else {
39        fmt.Println("Gopher", this.Id, "Has No Coffee to Take")
40        this.CoffeeName = ""
41    }
42  }
43  func (this *Gopher) DrinkCoffee() {
44    if this.CoffeeName != "" {
45        fmt.Println("Gopher", this.Id, "Drink Coffee", this.CoffeeName)
46        time.Sleep(5 * time.Second)
47    } else {
48        fmt.Println("Gopher", this.Id, "Has No Coffee to Drink")
49    }
50  }
```

在示例程序 9-5 中的很多代码含义和示例程序 9-2 中的代码一致，但是这里需要注意一下第 16 行的 coffeeMachine.Mlock.Lock()语句实现的加锁操作，此时其他的 Gopher 无法获取到该咖啡机的使用权，直到第 29 行 coffeeMachine.Mlock.Unlock()语句解锁之后，才可能获取到咖啡机的使用权。

最后，给出一个单核并发安全示例程序，具体的代码可参考示例程序 9-5。这里需要注意一下第 16 行的 coffeeMachine.Mlock.Lock()语句实现的加锁操作，此时其他的 Gopher 无法获取到该咖啡机的使用权，直到第 29 行 coffeeMachine.Mlock.Unlock()语句解锁之后才可能获取到咖啡机的使用权。

最后，我们给出一个 main 函数用于启动该示例程序，本示例程序用来演示单核 CPU 应用场景下的并发安全，同样的，需要通过 runtime.GOMAXPROCS(1)来设置一下可用的最大逻辑 CPU 数，这里设置为 1，用于模拟单核 CPU 的应用场景。示例程序 9-6 的具体代码如下。

示例程序 9-6　单核并发安全：chapter09\code02\main.go

```
01  package main
02  import (
03      "fmt"
04      "runtime"
05      "time"
06      "go.introduce/chapter09/code02/onecore"
07  )
08  func main() {
09      //GOMAXPROCS 设置可同时执行的最大 CPU 数
10      //模拟单核 CPU
11      runtime.GOMAXPROCS(1)
12      gopher1 := onecore.Gopher{Name: "Gopher1", Id: 1}
13      gopher2 := onecore.Gopher{Name: "Gopher2", Id: 2}
14      //gopher1 和 gopher2 并发执行
15      go gopher1.MakeCoffee("A")
16      go gopher2.MakeCoffee("B")
17      //等待，防止主协程退出，子协程也将退出
18      time.Sleep(40 * time.Second)
19      fmt.Println("============END===============")
20  }
```

在示例程序 9-6 中，示例程序 9-6 与示例程序 9-3 中程序代码基本一致，在设置 1 个逻辑 CPU 后，用 go 关键词模拟出两个职工（Gopher）去接咖啡。

第 18 行 time.Sleep(40 * time.Second)语句用于阻塞主协程，防止两个子协程还未执行完就退出了。在目录 code02 中，执行 go run main.go 命令，则输出如下结果：

```
Gopher1 Make Coffee A
Gopher1 Take Coffee A
Gopher1 Drink Coffee A
Gopher2 Make Coffee B
Gopher2 Take Coffee B
Gopher2 Drink Coffee B
============END===============
```

从上述执行结果来看，Gopher1 和 Gopher2 在并发制作咖啡时，并未发生数据不安全的情况，Gopher1 制作 A 类咖啡（Make Coffee A），并依次接咖啡（Take Coffee A）和喝咖啡（Drink Coffee A）。Gopher2 制作 B 类咖啡（Make Coffee B），并依次接咖啡（Take Coffee B）和喝咖啡（Drink Coffee B）。

注　意

一般来说，锁机制会影响程序的执行效率，但是和数据安全性相比，数据的安全性则排在首位。

Go 语言为并发编程而内置的上层 API 是基于 CSP（Communication Sequential Process，通信顺

序进程）模型的。这就意味着显式锁都是可以避免的，因为 Go 语言通过安全的信道发送和接收数据来实现同步，大大地简化了并发程序的编写。

9.3　并行——多核并行

在计算机领域，除了并发的概念外，还有一个容易和它混淆的概念，那就是并行。一般来说，并发程序可能是并行的，也可能不是并行的。并行是一种通过使用多个 CPU 或多核 CPU 来提高运行速度的技术。

并发编程如此重要的原因就是在多核情况下，并发程序能以并行方式运行，从而提高程序的运行性能；否则即使是多个 CPU，程序也只能同时在一个 CPU 上运行，而不能同时在多个不同的 CPU 上执行。

在 Go 语言中，为了实现并发程序在多个 CPU 上并行，必须通过 runtime.GOMAXPROCS(N) 设置为可以使用多个 CPU，一般来说是指物理 CPU 的数量。我们同样以职工去咖啡机上接咖啡为例来说明并行。在前面介绍的单核并发示例程序中，只有一台咖啡机，相当于只有一个单核 CPU。这里我们假设有 2 台咖啡机，也就相当于 2 个 CPU。此时，仍然有 2 个队伍排队来制作咖啡，此时效率比较高，可以有 2 个职工同时制作咖啡，而无须等待。这个并行过程示意图如图 9.6 所示。

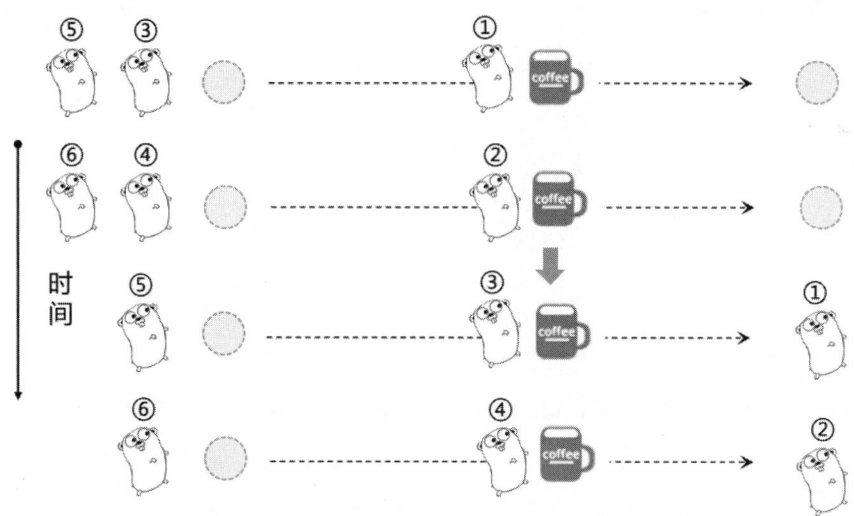

图 9.6　在 2 个 CPU 并行下接咖啡过程的示意图

在图 9.6 中，共涉及 2 个时间点，每个时间点可以制作咖啡的职工有 2 个，两组排队等待的职工都可以依次去获取该组对应咖啡机的使用权。

在第一个时间点上，编号为①和②的职工同时获取到咖啡机的使用权，其他 4 个职工排队等待，只有等编号为①和②的职工制作完咖啡，让出咖啡机的使用权后，其他职工才能获取到咖啡机的使用权。

在第二个时间点上，编号为①和②的职工已让出咖啡机的使用权，此时编号为③和④的职工获取到咖啡机的使用权，其他 2 个职工继续排队等待。

> **注 意**
>
> 用并发实现的并行程序，其执行效率不一定就比非并发程序的执行效率高，因为在并发程序中进行协程上下文切换和数据同步需要消耗资源，这部分的耗时可能比执行程序中的逻辑业务代码本身还耗时。

并发程序的执行中间需要进行调度，在处理的任务非常简单的情况下，只有一个协程时可能处理起来最快。

举例来说，在一个比较大规模的公司中，如果要进行一场大型晚会的整体调度，那么需要多个不同的人来处理不同的任务，比如有负责晚会总体调度的，有负责晚会节目的，有负责经费的。为了有条不紊地进行调度，需要负责晚会总体调度的人在一开始就召开一个晚会启动会，统一总体的思路并进行分工，如果有冲突，就需要反馈到总调度人那里，并根据事情的轻重缓急来进行协调。

显然，这么复杂的晚会需要多个人并行来完成，但是对于一个班会而言，可能班长一个人来进行统筹最快（非并发最快），因为和其他人沟通并进行调度反而有相当大的时间成本。

下面依然用职工接咖啡的场景来说明如何用并发程序来实现多核并行。并发程序如果有共享变量，就可能会发生资源竞争，即出现线程不安全的情况。因此下面的并行示例程序仍然用锁机制来保证数据的安全性。

下面给出并行接咖啡的示例项目。该示例项目对应的目录结构如图 9.7 所示。

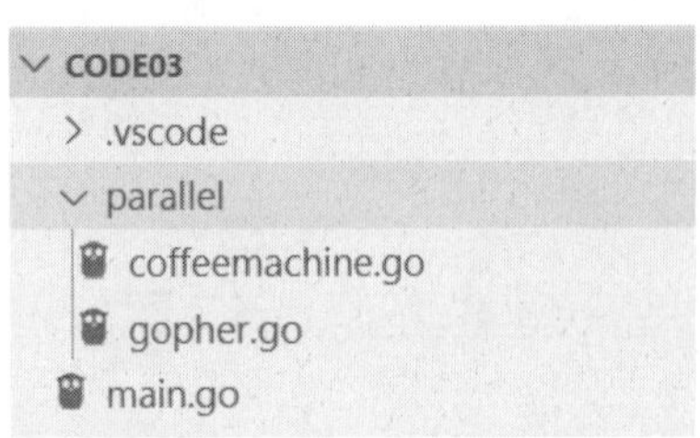

图 9.7　多核并行接咖啡的示例项目之目录结构

对于支持锁机制的咖啡机实体的结构体，可参考示例程序 9-7。

示例程序 9-7　咖啡机结构体：chapter09\code03\parallel\coffeemachine.go

```
01  package parallel
02  import "sync"
03  //CoffeeMachine 咖啡机
04  type CoffeeMachine struct {
05      Name       string
06      CoffeeName string
07      Gopher                     //获取使用权的职工
08      Mlock      sync.Mutex      //互斥锁
09  }
```

在示例程序 9-7 中，第 08 行的 Mlock 字段类型是 sync.Mutex。要使用此对象，首先要用 import "sync"导入 sync 包。CoffeeMachine 结构体中的 CoffeeName 字段表示咖啡机当前研磨咖啡的名称，是字符串类型；Gopher 是一个匿名字段，类型为 Gopher，代表使用咖啡机的职工；Name 字段表示咖啡机的名称。关于 Gopher 结构体的定义，可参考示例程序 9-8。

示例程序 9-8　Gopher：chapter09\code03\parallel\gopher.go

```
package parallel
import (
  "fmt"
  "sync"
  "time"
)
//Gopher 职工
type Gopher struct {
  Name       string
  Id         int
  CoffeeName string
}
//两台咖啡机
var coffeeMachineArr = [2]CoffeeMachine{}
func init() {
  var coffeeMachine = CoffeeMachine{Name: "CoffeeMachine1"}
  var coffeeMachine2 = CoffeeMachine{Name: "CoffeeMachine2"}
  coffeeMachineArr[0] = coffeeMachine
  coffeeMachineArr[1] = coffeeMachine2
}
//MakeCoffee 制作咖啡
func (this *Gopher) MakeCoffee(coffeeName string, wg *sync.WaitGroup) {
  //独有的咖啡机
  coffeeMachine := coffeeMachineArr[this.Id%2]
  //coffeeMachine 加锁
  coffeeMachine.Mlock.Lock()
  //(1)研磨咖啡(没有才研磨)
  if coffeeMachine.CoffeeName == "" {
      coffeeMachine.CoffeeName = coffeeName
      coffeeMachine.Gopher = *this
      fmt.Println("Gopher", this.Id, "Make Coffee", 、
     coffeeMachine.CoffeeName)
      time.Sleep(10 * time.Second)
  }
  //(2)倒咖啡
  this.TakeCoffee(coffeeMachine)
  //(3)喝咖啡
  this.DrinkCoffee(coffeeMachine)
  //释放 coffeeMachine 锁
  coffeeMachine.Mlock.Unlock()
  wg.Done()
}
func (this *Gopher) TakeCoffee(coffeeMachine CoffeeMachine) {
  if coffeeMachine.CoffeeName != "" {
      fmt.Println("Gopher", this.Id, "Take Coffee",
     coffeeMachine.CoffeeName)
      this.CoffeeName = coffeeMachine.CoffeeName
```

```
46          time.Sleep(5 * time.Second)
47          //倒完咖啡
48          coffeeMachine.CoffeeName = ""
49      } else {
50          fmt.Println("Gopher", this.Id, "Has No Coffee to Take")
51          this.CoffeeName = ""
52      }
53  }
54  func (this *Gopher) DrinkCoffee(coffeeMachine CoffeeMachine) {
55      if this.CoffeeName != "" {
56          fmt.Println("Gopher", this.Id, "Drink Coffee", this.CoffeeName)
57          time.Sleep(5 * time.Second)
58      } else {
59          fmt.Println("Gopher", this.Id, "Has No Coffee to Drink")
60      }
61  }
```

在示例程序 9-8 中，第 14 行 var coffeeMachineArr = [2]CoffeeMachine{}语句定义了一个咖啡机数组，其长度为 2，代表两台咖啡机。第 15 行的 init 函数用于初始化一些变量，其中实例化了两台咖啡机。

第 22 行定义的 MakeCoffee 方法中，同样共涉及 3 个步骤，第 1 个步骤就是研磨咖啡，第 2 个步骤就是 TakeCoffee 方法，第 3 个步骤就是 DrinkCoffee 方法。每个步骤用 time.Sleep(N* time.Second)来模拟该步骤的耗时。MakeCoffee 方法中的第 2 个参数 sync.WaitGroup 可以看作一个计数器，实现阻塞等待所有协程任务完成之后再继续执行某项操作。简单来说，在创建一个协程任务时用 wg.Add(1)对计数器的数量加 1，任务完成后用 wg.Done()对计数器的数量减 1。使用 wg.Wait()来阻塞以等待所有任务完成，也就是计数器减为 0 时代表都完成。

这里需要注意的是第 24 行，语句 coffeeMachine := coffeeMachineArr[this.Id%2]实现了选择咖啡机的逻辑。Id 为 1，1%2 为 1，就选择第 2 台咖啡机；Id 为 2 时，2%2 为 0，就选择第 1 台咖啡机。

最后，我们给出一个 main 函数用于启动该示例程序。本示例程序用来演示多核应用场景下的并行，这里需要通过 runtime.GOMAXPROCS(2)来设置可用的最大逻辑 CPU 数为 2，即用来模拟双核的应用场景，具体的代码可参考示例程序 9-9。

示例程序 9-9　双核并行：chapter09\code03\main.go

```
package main
import (
    "fmt"
    "runtime"
    "sync"
    "time"
    "go.introduce/chapter09/code03/parallel"
)
func main() {
    //模拟双核
    runtime.GOMAXPROCS(2)
    var wg sync.WaitGroup
    wg.Add(2) //等待 2 个协程运行完成
    gopher1 := parallel.Gopher{Name: "Gopher1", Id: 1}
```

```
15        gopher2 := parallel.Gopher{Name: "Gopher2", Id: 2}
16        t := time.Now()
17        //gopher1 和 gopher2 并发执行
18        go gopher1.MakeCoffee("A", &wg)
19        go gopher2.MakeCoffee("B", &wg)
20        wg.Wait()
21        elapsed := time.Since(t)
22        fmt.Println("app elapsed:", elapsed)
23        fmt.Println("============END===============")
24    }
```

在示例程序 9-9 中，第 11 行用 runtime.GOMAXPROCS(2)语句模拟双核（2 台咖啡机），第 12 行 var wg sync.WaitGroup 语句声明了一个 sync.WaitGroup 类型的变量 wg，第 13 行用 wg.Add(2)来阻塞以等待 2 个协程任务的结束。

第 14 行和第 15 行分别创建了两个职工对象 gopher1 和 gopher2。第 18 行 go gopher1.MakeCoffee("A", &wg)语句创建一个新的协程，用于模拟职工 Gopher1 去制作 A 类的咖啡。第 19 行 go gopher2.MakeCoffee("B", &wg)语句创建另一个新的协程，用于模拟职工 Gopher2 去制作 B 类的咖啡。在 MakeCoffee 方法末尾，执行了 wg.Done()，用于表示当前协程执行完毕。

第 20 行 wg.Wait()用于阻塞主协程，并等待 2 个子协程执行完。在目录 code03 中，执行 go run main.go 命令，则输出如下结果：

```
Gopher2 Make Coffee B
Gopher1 Make Coffee A
Gopher2 Take Coffee B
Gopher1 Take Coffee A
Gopher2 Drink Coffee B
Gopher1 Drink Coffee A
app elapsed: 20.0024419s
============END===============
```

从上述执行结果来看，Gopher1 和 Gopher2 在并行制作咖啡，共消耗约 20 秒。该示例程序并行接咖啡的示意图如图 9.8 所示。

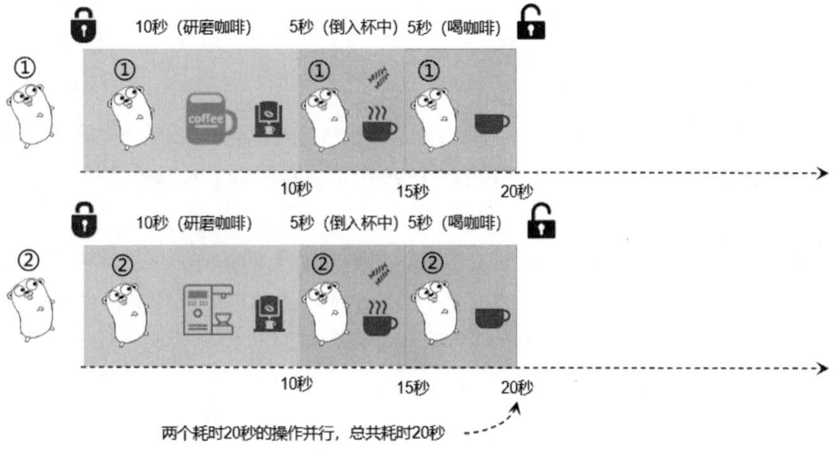

图 9.8　在双核并行下接咖啡过程的示意图

9.4 Go 调度器

在正式介绍 Go 调度器之前，先来介绍常见的 3 种线程实现模型：内核级线程模型、用户级线程模型和混合型线程模型。它们之间最大的区别在于线程与内核调度实体（Kernel Scheduling Entity，KSE）之间的对应关系上。内核调度实体是指可以被操作系统内核调度器调度的对象实体，有些地方也称之为内核级线程，是操作系统内核的最小调度单元。

内核级线程模型、用户级线程模型和混合型线程模型这 3 种模型各具优缺点。关于这些线程模型的详细说明可以参考其他资料，本书不再赘述。

Go 语言中的并发调度（Schedule）模型称为 G-P-M 模型，其内部实现可以用示意图 9.9 来描述。

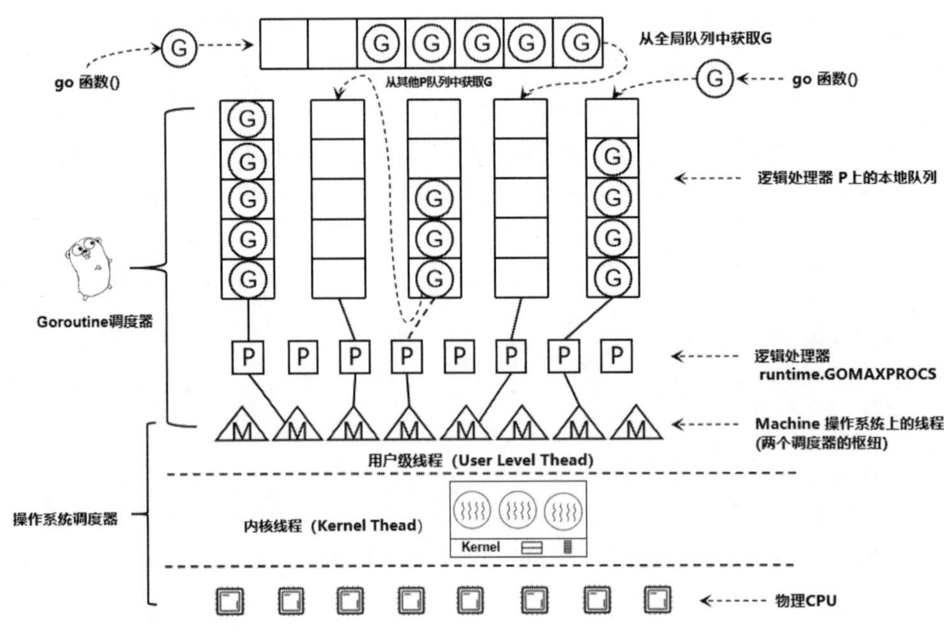

图 9.9 Go 语言 G-P-M 模型示意图

在图 9.9 中，涉及几个核心的概念：

- G：表示一个协程对象，用 go 关键字加函数调用即可创建一个 G 对象，它是对并发执行任务的封装，也可以看作是一种特殊的协程。G 属于用户级资源，对操作系统透明，非常轻量级，可以大量创建，且上下文切换成本比较低。
- M：Machine 的简称，可以看作是利用系统调用创建出来的操作系统上的线程（Thread）实体。M 的作用就是执行 G 中包装的并发任务。Go 运行时系统中的调度器的主要职责就是将 G 高效地绑定到 M 上去执行。M 属于操作系统资源，可创建的数量也受限于操作系统，一般来说 G 的数量都多于 M 的数量。
- P：Processor 的简称，表示逻辑处理器，每个 P 都有一个 G 队列，主要用于管理 G 对象，并为 G 在 M 上的运行提供本地化资源。Go 语言调度器在初始化时首先初始化线程 m0、栈、垃圾回收，以及创建和初始化由 runtime.GOMAXPROCS(N)设置的 N 个逻辑处理器 P 对象。

- 本地队列（Local Queue）：每个 P 维护一个本地队列，与 P 绑定的 M 中如果有新的 G 需要运行，一般情况下会放到 P 的本地队列中进行存储，除非本地队列已满，才会截取本地队列中特定数量的 G 放入全局队列中。
- 全局队列（Global Queue）：可存储本地队列存储不了的 G 对象。为了保证调度的公平性，调度过程中有特定的概率（如 1/61）优先从全局队列中获取 G。
- 窃取（Stealing）：为了提高资源的利用率，使得空闲的 M 有活干，调度器会随机从其他 P 的本地队列里窃取特定数量的 G 到空闲的 M 上运行。

首先启动线程 m0，将 m0 绑定到某一个逻辑处理器 P 上，并从 P 的本地队列获取需要运行的 G，最开始获取到的是 main 协程。G 拥有栈，M 会根据 G 中的栈信息和调度信息设置运行环境。

线程 M 运行 G，当运行的 G 退出时，M 会再次获取可运行的 G，这样一直重复，直到 main 协程退出。

G 只能运行在 M 上，一个 M 必须持有一个 P，M 与 P 是 1:1 的关系。M 会从 P 的本地队列中弹出一个可运行（Runnable）状态的 G 来执行。如果 P 的本地队列为空，就会执行窃取。

当 M 执行某一个 G 时，如果发生了 syscall 或其他阻塞操作，M 则会阻塞。如果当前 M 有一些 G 在执行，调度器会把这个线程 M 和 P 解除关联，然后创建一个新的操作系统的线程 M 来服务于 P。Go 运行时会在 G 执行如下操作（包含但不限于）被阻塞时运行另外一个 G：

- 系统调用 syscall。
- 网络阻塞操作。
- 信道（Channel）消息阻塞操作。
- 垃圾回收。
- 同步操作。

注　意

Go 语言运行时在 Go 1.1 之前版本的实现中并没有 P 的概念，那时 Go 调度器直接将 G 分配到合适的 M 上运行。另外，随着 Go 版本的迭代，具体的调度逻辑也可能会改变。

Go 语言中 G-P-M 模型具有一定的优点，它可以在 P 对象中预先申请一些系统资源(本地资源)，G 需要的时候先向自己的本地 P 申请（无须锁保护），如果不够用再向全局申请，以供后续高效使用，这个过程有点类似于多级缓存的概念。

P 解耦了 G 和 M 对象，即使 M 被正在运行的 G 阻塞，其余与该 M 关联的 G 也可以随着 P 一起迁移到其他活跃的 M 上继续运行，从而让 G 总能及时找到合适的 M 来运行，因此提高了系统的并发能力。这个过程的示意图如图 9.10 所示。

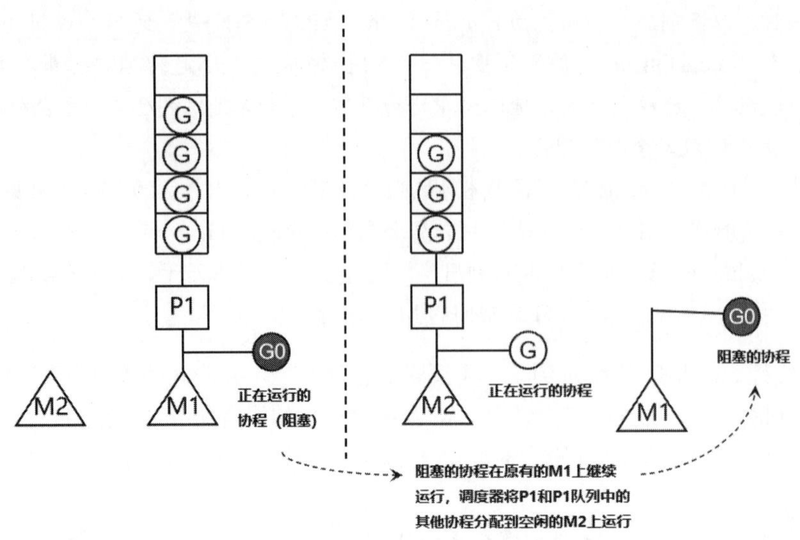

图 9.10 G 阻塞后 P 和 M 调度示意图

在图 9.10 中，左边的 M1 上正在运行 G0，由于 G0 运行了阻塞操作，因此 M1 被阻塞。此时 P1 将与 M1 解除关联，并在新的线程 M2 上继续调度 G 来运行，而阻塞的 G0 继续在 M1 上运行。Go 调度器保证有足够的线程 M 来运行所有的 P。Go 语言运行时默认限制每个程序最多可创建 10000 个线程，这个限制可以通过调用 runtime/debug 包的 SetMaxThreads 方法来更改。

9.5 协 程

在 Go 语言中，每一个并发执行的任务称为协程（Goroutine），是一种特殊的协程。在计算领域中，有进程、线程和协程等概念。协程可以认为是轻量级的线程，与创建线程相比，成本和开销都很小。

一般来说，在 Go 语言中，每个协程的堆栈只有几千字节，并且堆栈的容量可根据程序的需要增加和减少，所以从理论上来讲可以创建大量的协程而不会占用大量的内存。协程是 Go 语言中最基本的执行单元，由 Go 运行时（Runtime）进行管理。每一个 Go 程序至少有一个协程：主协程。当 Go 程序启动时，会自动创建主协程。

为了更好地理解协程，下面简要介绍一下进程、线程和协程的概念及其区别：

- 进程（Process）：计算机中的程序关于某数据集合上的一次运行活动，是系统进行资源分配和调度的基本单位，是操作系统结构的基础。每个进程都有自己的独立内存空间，不同进程通过进程间的通信机制来通信。进程间上下文的切换开销比较大，但相对比较稳定、安全。从理论上来看，进程是对正在运行的程序过程的抽象，比如运行的 QQ 即可看作是一个进程。
- 线程（Thread）：一个标准的线程由线程 ID、当前指令指针（PC）、寄存器集合和堆栈所组成。另外，线程是进程中的一个实体，拥有自己独立的栈和共享的堆，线程切换一般也是由操作系统调度。进程和线程是一对多的关系，一个进程是由多个线程构成的，而一个线程必属于一个进程。

- 协程（Goroutine）：又称微线程，可以看作是一种特殊的函数。和线程类似，共享堆，但不共享栈。协程是一种用户态的轻量级线程，调度完全由用户控制。协程拥有自己的寄存器上下文和栈，上下文的切换非常快。一个线程可以由多个协程组成。一个线程内的多个协程虽然可以切换，但是多个协程是串行执行的，只能在一个线程内运行，因此无法利用 CPU 多核的并行执行能力。

Go 语言的协程和其他语言的协程在使用方式上类似，但实际上二者存在差异。协程是一种协作任务的控制机制，不是并发的；Go 语言的协程是支持并发的，这是二者最大的区别。如果不特别说明，本书中说的协程指的都是 Go 语言的协程，Go 语言的协程是一种特殊的协程，虽然习惯上将 Goroutine 称为 Go 语言的协程，但是它绝不是一般的协程。

线程和协程的主要区别在于：线程的调度方式是抢占式的，如果一个线程的执行时间超过了分配给它的时间片，那么它就会被其他可执行的线程抢占；协程的调度是协同式的，在协同式调度中没有时间片的概念。为了并发执行协程，调度器会在以下几个时间点对其进行切换：

- 信道（Channel）接收或者发送会造成阻塞的消息。
- 当一个新的协程被创建时。
- 可以造成阻塞的系统调用，如文件和网络操作。
- 垃圾回收。

虽然前面的示例程序中已经使用了协程实现并发或者并行，但是并没有深入展开探讨，且业务逻辑过于复杂也不利于理解协程的相关特性。下面将业务逻辑尽量简化，从而重点突出协程的用法，先来看示例程序 9-10。

示例程序 9-10　通过调用函数来创建协程：chapter09\code04\main.go

```
01    package main
02    import (
03       "fmt"
04       "time"
05    )
06    func main() {
07       //go+空格+函数或者方法调用，即可创建协程
08       go printHello("Hello Goroutine")
09       time.Sleep(1 * time.Second)
10    }
11    func printHello(msg string) {
12       fmt.Println(msg)
13    }
```

在示例程序 9-10 中，第 08 行 go printHello("Hello Goroutine")语句可以新创建一个协程。printHello 函数在第 11 行处进行了定义，函数体中的逻辑很简单，只是打印一条 msg 消息。在这个示例程序中，实际上由 2 个协程组成：一个是 main 函数构成的主协程；一个是 printHello 函数构成的协程。

一般来说，go 关键字创建的新协程并不会等待这个协程执行完，而是直接返回，进而继续执

行后面的代码。如前文所述，当 main 函数退出时，所有的协程都将自动退出。

> **注 意**
>
> 在示例程序 9-10 中，第 11 行用 time.Sleep(1 * time.Second)语句让主协程等待 1 秒，否则 printHello 所在的协程不一定有时间执行，主协程就会退出，此时不会打印 Hello Goroutine。

除了可以用 go 后面直接跟一个已定义的函数来创建协程之外，还支持匿名函数的创建方式。下面是示例程序 9-11，它通过在 go 关键字后面跟匿名函数来创建一个新的协程。

示例程序 9-11　通过调用匿名函数来创建协程：chapter09\code04\main2.go

```
01  package main
02  import (
03     "fmt"
04     "time"
05  )
06  func main() {
07     //go 匿名函数
08     go func(msg string) {
09         fmt.Println(msg)
10     }("Hello Goroutine")
11     time.Sleep(1 * time.Second)
12  }
```

在示例程序 9-11 中，第 08 行在 go 关键字后面直接给出一个匿名函数，此时同样可以创建一个新的协程。执行此程序会输出 Hello Goroutine。

类似的，我们也可以将一个匿名函数赋值给一个变量，然后在 go 关键字后面跟着此变量对匿名函数进行调用，这种方式同样可以创建新的协程。具体的代码可参考示例程序 9-12。

示例程序 9-12　通过间接调用匿名函数来创建协程：chapter09\code04\main3.go

```
package main
import (
   "fmt"
   "time"
)
func main() {
   //匿名函数赋值给变量
   printHello := func(msg string) {
       fmt.Println(msg)
   }
   go printHello("Hello Goroutine")
   time.Sleep(1 * time.Second)
}
```

> **注 意**
>
> 通过 time.Sleep 方法让主协程阻塞以等待其他协程执行完往往并不可靠，对于实际业务，我们无法估计执行完成的时间，因此必须通过其他方式。

当然，我们可以通过循环同时创建多个协程，下面给出一个同时创建多个协程的示例程序，具体的代码参考示例程序 9-13。

示例程序 9-13　循环创建多个协程：chapter09\code04\main4.go

```
01    package main
02    import (
03       "fmt"
04       "runtime"
05    )
06    func main() {
07       runtime.GOMAXPROCS(4)
08       var counter = 0
09       func() {
10           for i := 0; i < 1000; i++ {
11               go func() {
12                   counter++
13               }()
14           }
15       }()
16       fmt.Println("执行完成,按任意键退出")
17       var input string
18       fmt.Scanln(&input)          //阻塞等待用户输入
19       fmt.Println(counter)        //一般不是 1000，每次不同
20    }
```

在示例程序 9-13 中，第 08 行 var counter = 0 语句定义了一个 int 类型的共享变量 counter，并初始值为 0。第 09~15 行调用一个匿名函数来创建多个协程，具体的逻辑是在匿名函数体内通过 for 循环动态创建 1000 个协程，在每个协程中对共享变量 counter 加 1。

一般来讲，我们预期此示例程序最终打印的 counter 为 1000，实际上我们每次执行此示例程序时，counter 都不确定（并发程序执行的不确定性），它可能输出 977、978 或者其他值。这实际上就是并发程序经常会碰到的数据同步问题。第 18 行 fmt.Scanln(&input)语句等待控制台输入，会阻塞主协程退出。

实际上，counter++并不是原子操作，而是由多个步骤构成：

（1）将内存中 counter 的值加载到 CPU 中。
（2）在 CPU 中对 counter 加 1。
（3）将 CPU 中的 counter 值存储到内存中。

因此，当在具有多个物理 CPU 的计算机上时，若没有显式通过 runtime.GOMAXPROCS 设置逻辑处理器个数为 1，则并发程序可能在多个 CPU 上同时执行。由于 CPU 执行指令的速度非常快，因此不同 CPU 看到的内存中的共享变量 counter 的值可能是不一样的。为了更清晰地说明这个问题，下面给出在 2 个 CPU 的情况下并发访问共享变量 counter 的流程示意图，如图 9.11 所示。

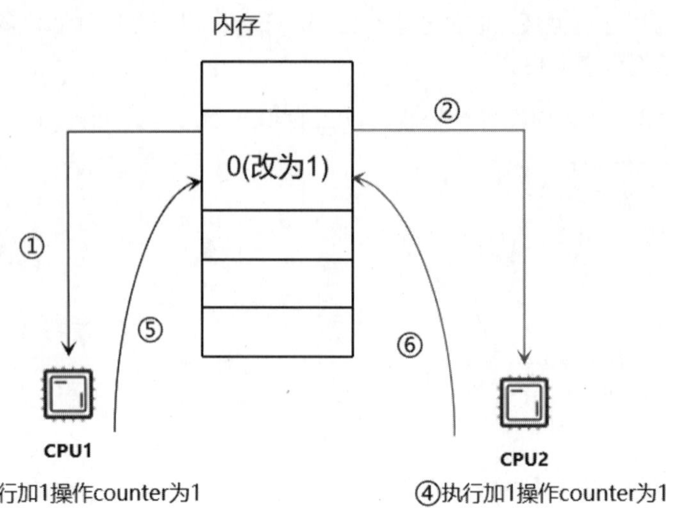

图 9.11　多核并发访问共享变量 counter 过程的示意图

为了更好理解，我们可以假设 CPU 执行读取、加 1 和存储这 3 个过程很慢，比如都是 2 秒，而 2 个协程开启的时间间隔为 1 秒。这样的话，0 秒时刻 goroutine1 开始执行，1 秒后 goroutine2 开始执行。在 2 秒时，goroutine1 已经将 counter 的值（为 0）从内存加载到 CPU1 中待执行，此时 goroutine2 才开始从内存中加载 counter 的值（为 0）并执行了 1 秒。在 2 秒到 4 秒期间，CPU1 已经完成了对本地 counter 的值加 1 的操作，此时 CPU2 已经把 counter 的值（为 0）加载到本地，并执行了一样的加 1 操作。

在 4 秒到 6 秒期间，goroutine1 已经将 CPU1 中的 counter 值（为 1）存储到内存中，因此此时内存中 counter 的值是 1。再过 1 秒（第 7 秒），goroutine2 将 CPU2 中的 counter 值（为 1）也存储到内存中，并用这个新得到的 1 覆盖了之前的 1。

如果有第 3 个协程在第 8 秒的时候才读取内存中 counter 的值，那么读取到的值是 1，而不是 2。关于如何解决这个并发问题，后续会介绍。

注　意

在示例程序 9-13 中，第 16 行 fmt.Println("执行完成,按任意键退出")语句虽然提示执行完成了，但是不一定所有的协程都执行完成了。

当我们同时启动多个协程时，假如其中有一些协程出现异常，且没有对异常进行处理，那么整个 Go 程序都会终止。因此，在编写并发程序时，最好每个协程所运行的函数都要进行异常处理（采用 recover）。下面是协程进行异常处理的示例程序 9-14。

示例程序 9-14　协程的异常处理：chapter09\code04\main5.go

```
package main
import (
   "fmt"
   "sync"
)
var wg sync.WaitGroup
```

```
func div(num int) {
  defer func() {
      err := recover()
      if err != nil {
          fmt.Println(err)
      }
      wg.Done()                   //放于此，保证执行
  }()
  fmt.Printf("10/%d=%d\n", num, 10/num)
}
func main() {
  for i := 0; i < 10; i++ {
      wg.Add(1)
      go div(i)
  }
  wg.Wait()                       //等待所有协程执行完成
}
```

在 code04 目录中，执行命令 go run main5.go，由于并发程序执行顺序的不确定性，每次执行的结果都有可能不一致，因此可能会输出如下结果：

```
10/9=1
10/4=2
10/2=5
10/3=3
10/6=1
10/5=2
10/7=1
10/8=1
10/1=10
runtime error: integer divide by zero
```

由这个输出结果可知，虽然其中 10/0 这个协程会发生 panic 异常，但是由于每个 div 函数都用 defer…recover 进行了异常处理，因此整个程序不会崩溃。

9.6　协程间通信

前面提到，Go 程序可以同时开启多个 goroutine，但是有些场景下，各个不同的 goroutine 之间需要通讯，也就是传递一些数据。那么 goroutine 之间如何进行通讯呢？一般来说，主要有 2 种方式：共享变量和 channel 信道。

9.6.1　共享变量

在不同的协程之间使用共享变量进行数据通信时，一般为了保证数据同步，会配合锁机制来进行同步。利用读写锁或互斥锁对共享变量加锁，从而保证多个协程的数据共享安全。

前面的示例程序 9-13 开启了 1000 个协程对共享变量 counter 执行加 1 的操作，由于没有使用锁机制，实际上并不能保证不同协程对共享变量 counter 的安全访问。下面是对示例程序 9-13 改进后的示例程序 9-15，实现了安全的数据访问。

示例程序 9-15　用共享变量实现协程间的通信：chapter09\code05\main.go

```
01   package main
02   import (
03 "    ""mt"
04 "    "runt"me"
05 "    "s"nc"
06   )
07   func main() {
08      runtime.GOMAXPROCS(4)
09      var counter = 0           //共享变量实现协程间的通信
10      var mlock sync.Mutex      //互斥锁
11      func() {
12          for i := 0; i < 1000; i++ {
13              go func() {
14                  mlock.Lock()    //加锁
15                  counter++
16                  mlock.Unlock() //解锁
17              }()
18          }
19      }()
20      fmt.Print"n("执行完成,按任意”退出")
21      var input string
22      fmt.Scanln(&input)   //阻塞等待用户输入
23      fmt.Println(counter) //1000
24   }
```

在示例程序 9-15 中，第 09 行 var counter = 0 语句是共享变量，在开启的 1000 个协程中都可以共享访问这个变量。第 10 行 var mlock sync.Mutex 语句定义了一个名为 mlock 的互斥锁，在每个开启的协程内部，首先调用 mlock.Lock()执行加锁操作，等 counter++操作完成后再调用 mlock.Unlock()执行解锁操作。

一旦对 counter 进行加锁操作，其他 goroutine 就无法再它释放前从内存中加载 counter 的值进行处理，而必须要等待。从而保证数据的安全访问。

9.6.2 信道

信道（channel）也是 Go 推荐的一种方式，用于在不同的 goroutine 之间进行数据传递，本质上是一个先进先出的队列。组合 goroutine 和 channel 进行并发程序开发，简单高效。

信道可以让一个协程发送特定的值到另外一个协程。一个双向的信道在协程间的通信示意图如图 9.12 所示。

图 9.12　信道通信过程的示意图

关于信道的具体用法，在后续章节进行详细讲述。

9.7　无缓冲信道

Go 语言中的信道可分为无缓冲信道和缓冲信道，本节介绍无缓冲信道。一般说的信道都是无缓冲信道。本书中的信道和通道这两个词，若无特殊说明都代表的是 Channel，二者可以互换。

在 Go 语言中，信道是有类型的，比如有的信道只可以传递整数类型的数据，有的信道只可以传递字符串类型的数据。定义一个无缓冲信道的语法如下：

```
ch := make(chan 类型) //声明一个信道
```

信道可分为 3 种类型：

（1）只读信道：只能读信道里的数据，不可写入。定义一个只读信道的语法如下：

```
ch := make(<-chan 类型) //声明一个只读信道
```

（2）只写信道：只能写数据到信道中，而不可读。定义一个只写信道的语法如下：

```
ch := make(chan<- 类型) //声明一个只写信道
```

（3）双向信道：同时支持读和写的信道，这也是默认的信道使用方式。定义一个双向信道的语法如下：

```
ch := make(chan 类型) //声明一个双向信道
```

注　意

信道必须用 make 初始化后才能使用。关于只读和只写的信道，可以用读写顺序进行联想记忆，读在前，写在后。<-chan 中的<-符号在 chan 前，因此为只读信道。类似的，chan<-中的<-符号在 chan 后，因此为只写信道。

无缓冲信道在 2 个协程之间传递数据，就像单打羽毛球中的两个运动员一样，一个运动员发球，另外一个运动员接球，并约定当一个运动员发球后，必须要等另外一个运动员接到球之后才能继续发下一个球。

每个运动员就是一个协程，而羽毛球就是要传递的数据，两个运动员之间的空间就相当于信道（空中无法静态放置羽毛球）。当一个运动员 goroutine1 将羽毛球打向对方时，就相当于将数据写入信道，此时另外一个运动员 goroutine2 只能等待（阻塞）。一旦就绪（羽毛球飞到可以反攻的空间），运动员 goroutine2 就可以接到该羽毛球（从信道中读取数据）。这个过程的示意图如图 9.13 所示。

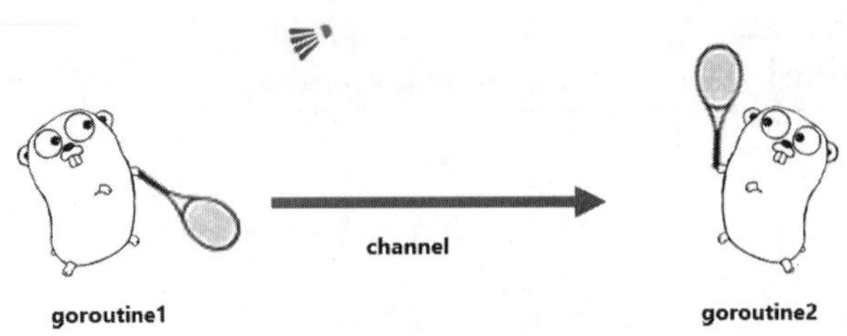

图 9.13　无缓冲信道通信过程的示意图

在初始化一个信道对象后，就可往信道中发送数据或者读取数据，也可以用 close 函数关闭信道，具体操作如下所示。

```
ch := make(chan int)     //声明一个 chan int 类型的信道
ch<-7                    //将 7 写入信道 ch
n:=<-ch                  //从信道 ch 中读取并赋值到 n 中
n,ok := <-ch             //优雅地从信道 ch 中读取并赋值到 n 中，如果有错误，就返回 false
<-ch                     //从信道 ch 中读取值，值丢弃
close(ch)                //关闭信道 ch
```

注　意

在信道关闭后，再将数据写入信道中就会抛出 panic 错误。当信道中没有数据时，可以继续从信道中读取值，会取到对应类型的默认值，比如 chan int 类型的信道读取到的默认值是 0。

下面是一个信道的简单示例程序 9-16。

示例程序 9-16　信道示例 1：chapter09\code05\main2.go

```
01    package main
02    import (
03 "    ""mt"
04    )
05    func main() {
06       //用信道实现 2 个协程间的通信
07       ch := make(chan int) //信道 chan int 类型
08       ch <- 7
09       //fatal error: all goroutines are asle-p - deadlock!
10       n := <-ch
11       fmt.Println(n)
12       var input string
13       fmt.Scanln(&input)
14    }
```

在示例程序 9-16 中，如果我们在目录 code05 中执行 go run main2.go，就会打印出 deadlock（死锁）错误。前面提到过，信道可以在协程之间进行消息传递，当第 08 行 ch <- 7 往信道 ch 中写入一个数据 7 时，它会让所在的协程进入阻塞状态，等待其他协程从信道 ch 中读取数据，因此第 10 行 n := <-ch 以及后续代码将无法得到执行的机会。也就是说，在信道未关闭的情况下，从信道读

取超时会引发 deadlock 异常。

> **注　意**
>
> 信道至少涉及2个协程，示例程序9-16中只有一个主协程，因而会引发 deadlock 异常。

下面对示例程序9-16稍加修改，让它再开启一个协程，看看运行的结果如何，具体如示例程序9-17所示。

示例程序 9-17　信道示例 2：chapter09\code05\main3.go

```
01   package main
02   import (
03 "    ""mt"
04   )
05   func main() {
06     ch := make(chan int)
07     go func() {
08         ch <- 7
09     }()
10     fmt.Println(<-ch)              //阻塞直到读取到值 7
11     //fmt.Println(<-ch)            //读取超时，触发 deadlock 错误
12     var input string
13     fmt.Scanln(&input)
14   }
```

在示例程序9-17中，如果在目录 code05 中执行 go run main3.go，那么会打印出值7。第08行 ch <- 7 往信道 ch 中写入一个数据7是在一个单独的协程当中，并不会阻塞主协程的执行。当主协程运行到第10行 fmt.Println(<-ch)语句时，<-ch 会让主协程进入阻塞状态，等待其他协程往信道 ch 中写入数据后再进行读取。这就保证了第07~09行开启的协程一定执行完成。

> **注　意**
>
> 如果将示例程序9-17中第11行代码的注释取消掉，那么也会导致主协程再次进入阻塞后超时，由于程序没有任何一个协程再往信道 ch 中写入值，无法再次读取到值，因此会抛出 deadlock 错误。

如前文所述，信道可以用 close 来关闭，如果在往信道写入值后手动调用 close 来关闭信道，这样其他协程即使在信道中没有写入值，协程也可以继续从信道中读取到值（零值）。下面继续对示例程序9-17中的代码进行改造，得到新的示例程序9-18。

示例程序 9-18　信道示例 3：chapter09\code05\main4.go

```
package main
import (
"    ""mt"
)
func main() {
  ch := make(chan int)
  go func() {
```

```
08          ch <- 7
09          close(ch)              //关闭后,其他协程可继续从 ch 中读取
10      }()
11      fmt.Println(<-ch)          //阻塞直到读取到值 7
12      fmt.Println(<-ch)          //可读取到值 0
13      var input string
14      fmt.Scanln(&input)
15  }
```

在示例程序 9-18 中，注意第 09 行 close(ch)关闭了信道 ch。关闭后，主协程可继续从 ch 中读取到值，第 11 行打印出值 7，而第 12 行并未抛出 deadlock 错误，而是打印出值 0。这就说明协程可以继续从关闭的信道中读取到值，即使信道中没有写入数据。换句话说，当一个协程从一个没有数据的信道中读取数据且这个信道未关闭时，就会进入阻塞状态，超时后抛出 deadlock 错误。

注 意

示例程序 9-18 中其实有一个潜在的问题，就是无法区分第 12 行从信道读取到的 0 是写入信道的值还是 int 类型对应的零值，因为二者都是 0。

当然，为了区分从已经关闭的信道中读取到的值是真正的业务数据还是对应的零值，需要用到“n,ok := <-ch”这种比较优雅的读取方式，如果信道中有值，那么 ok 返回 true，否则返回 false。我们继续对示例程序 9-18 进行改造，得到示例程序 9-19。

示例程序 9-19　信道示例 4：chapter09\code05\main5.go

```
01  package main
02  import (
03 "    ""mt"
04  )
05  func main() {
06      ch := make(chan int)
07      go func() {
08          ch <- 0
09          ch <- 7
10          close(ch)
11      }()
12      for {
13          if n, ok := <-ch; ok {
14              fmt.Println(n)
15          } else {
16              break
17          }
18      }
19      var input string
20      fmt.Scanln(&input)
21  }
```

在示例程序 9-19 中，第 08 行和第 09 行分别往信道 ch 中写入数据 0 和 7。第 12 行用 for 无限循环从信道 ch 中读取值并打印，如果信道已经关闭，则用 break 跳出 for 循环。在 code05 中运行

此示例程序，则依次打印出值 0 和 7。在用 close 关闭信道 ch 后，“n,ok := <-ch”可以通过 ok 来排除读取到的非业务值（零值）。

除了用 for 无限循环来遍历信道中的值外，更优雅的方式是通过 for...range 来遍历信道。下面给出用 for...range 读取信道中数据的示例程序 9-20。

示例程序 9-20　用 for…range 遍历信道：chapter09\code05\main6.go

```
01  package main
02  import (
03      "fmt"
04  )
05  func main() {
06      ch := make(chan int)
07      go func() {
08          for i := 0; i < 10; i++ {
09              ch <- i
10          }
11          close(ch)
12      }()
13      //for range 遍历信道
14      for n := range ch {
15          fmt.Println(n)
16      }
17  }
```

在示例程序 9-20 中，第 08~10 行用 for 循环依次往信道 ch 中写入 0、1、2、3、4、5、6、7、8、9。第 11 行 close(ch)关闭信道 ch。第 14 行 for n := range ch 语句可以方便快捷地对信道 ch 中的数据进行遍历和读取，且不会读取关闭之后的零值。

> **注　意**
>
> 使用 for…range 循环遍历信道时，如果信道未关闭就会引发 deadlock 错误。换句话说，用 for…range 循环遍历信道，必须关闭信道。

前面介绍过，信道定义时有只读信道、只写信道以及双向信道之分。一般来说，将一个信道定义为只读或只写是没有意义的。只读信道或者只写信道一般只用于函数参数中，用于对参数进行约束，从而提高了稳定性。

一般来说，通过信道在不同的协程间进行数据传递，会涉及一个数据发送方和数据接收方，其中数据发送方本质上是一个函数，那么它只需要往信道中写入数据即可，而不用读取数据；其中的数据接收方本质上也是一个函数，那么它只需要从信道中读取数据即可，而不用写入数据。

因此，我们可以在数据发送方中约束信道参数为只写信道，而在数据接收方的函数中约束信道为只读信道，从而防止在函数体内进行非法的操作。下面是用只读或者只写信道作为函数参数的示例程序 9-21。

示例程序 9-21　只读和只写信道：chapter09\code05\main7.go

```
package main
import (
```

```
"    ""mt"
)
//只写信道参数
func generate(ch chan<- int) {
   for i := 0; i < 10; i++ {
       ch <- i
   }
}
//只读信道参数
func square(ch <-chan int) {
   for {
       n := <-ch
       fmt.Prin"f("square(%d)=%"\n", n, n*n)
   }
}
func main() {
   //用信道实现 2 个协程间的通信
   ch := make(chan int)
   go generate(ch)
   go square(ch)
   var input string
   fmt.Scanln(&input)
}
```

在示例程序 9-21 中，函数 generate 的参数是 chan<- int 类型，表示一个只写的 chan int 类型信道，在函数体中，只可以对信道 ch 写入 int 类型的数据，而不能写入其他类型的数据或者读取数据。函数 generate 是一个数据生成器，会往信道 ch 中写入 0~9 这 10 个数据。

函数 square 的参数是<-chan int 类型，表示一个只读的 chan int 类型信道，在函数体中只可以从信道 ch 中读取 int 类型的数据，而不能写入类型。square 是一个计算平方的函数，会从信道 ch 中依次读取 0~9 这 10 个数据，计算其平方值并打印。

注 意

不能关闭一个只读的信道。

在示例程序 9-21 中，我们并没有在 generate 函数体中用 close(ch)关闭信道。如果关闭了信道，由于接收信道值的是 for 无限循环，就会读取到零值 0，因此上述程序会一直循环，无法退出。

一般来说，如果有明确数量的数据写入信道（有限循环），那么可以在写完后用 close 关闭信道，注意要用 for...range 循环读取信道的数据。

如果没有明确数量的数据写入信道（无限循环），也就无法用 close 关闭信道了。没有 close 关闭的信道不能用 for...range 循环来读取，只能用 for{}无限循环来读取信道的数据。也就是说，发送方写多少，接收方就读取多少。

当然，在 for{}无限循环读取信道的数据时，最好有退出的条件，这样可以防止超时或者在异常的时候进行优雅的处理。这就需要用到 select 关键字。

select 语言块是为信道特殊设计的，它和 switch 语法非常相近，都可以有多个 case 块和一个 default 块，但是它们之间也有很多不同。在 select 语言块中，所有的 case 语句要么执行信道的写入操作，要么执行信道的读取操作。select 关键字和符号“{”之间不得有任何表达式。Select 语句块里面的 case 语句是随机执行的，而不能是顺序执行的。

注　意
fallthrough 关键字不能用在 select 语句块里面。

select 语句块本身不带有循环监听机制，需要通过外层 for 来启用循环监听模式。在监听 case 分支中，如果没有满足监听条件则进入阻塞模式。如果有多个满足条件分支则任选一个分支执行。另外，可以用 default 分支来处理所有 case 分支都不满足条件的情况。

下面是用 select 实现多路监听多个信道的示例程序 9-22。

示例程序 9-22　select 实现多路监听多个信道：chapter09\code05\main8.go

```
01   package main
02   import (
03 "    ""mt"
04 "    "t"me"
05   )
06   func generate1(ch chan<- int) {
07     time.Sleep(3 * time.Second)
08     ch <- 7
09   }
10   func generate2(ch chan<- int) {
11     time.Sleep(2 * time.Second)
12     ch <- 8
13   }
14   func main() {
15     //用信道实现 2 个协程间的通信
16     ch := make(chan int)
17     go generate1(ch)
18     ch2 := make(chan int)
19     go generate2(ch2)
20     for {
21         select {
22         case n1 := <-ch:
23             fmt.Println(n1)
24         case n2 := <-ch2:
25             fmt.Println(n2)
26         case <-time.After(time.Second):
27             fmt.Print"n("time"ut")
28             goto EXIT //break 无法退出 for 循环
29         }
30     }
31   EXIT:
32     var input string
33     fmt.Scanln(&input)
34   }
```

在示例程序 9-22 中，定义了 2 个信道 ch 和 ch1，第 17 行和第 19 行分别用 go generate1(ch)和

go generate2(ch2)启动了 2 个协程。在 generate1 和 generate2 两个函数体中，先调用 time.Sleep 函数休眠一段时后再往信道中写入数据。

在第 20~30 行，用 for 配合 select 开启循环监听 case 分支，第 16 行 case <-time.After(time.Second)语句中的 time.After 函数返回一个信道，其类型为<-chan Time。这实际上是一个超时处理。如果超时，就需要跳出 for 循环，此处用 goto EXIT 来实现。如果用 break，只能跳出 select 中的一个 case 选项，而不能跳出 for 循环。

运行此程序，则会打印 timeout 超时。

9.8 有缓冲信道

Go 语言中除了无缓冲信道外，还有一种是缓冲信道（Buffered Channel），也可以称为缓冲通道。无缓冲信道中不保存数据，只能写入一个读取一个，再写入一个再读取一个。缓冲信道相当于一个队列，队列中可以临时存储一些数据。依次写入数据，存储在信道里，然后依次从信道中读取。

缓冲信道假设容量为 N，那么当写入的数据个数超过 N 后就会发生阻塞，只有其他协程从信道中读取数据后，个数不超过 N 后才能继续写入。

缓冲信道在 2 个协程之间传递数据，就像两个食堂职工炒菜和上菜一样，一个职工负责炒菜（写入数据），另外一个职工负责端菜（读取数据）。假设缓冲信道的容量为 3，就约定临时存放菜品的餐桌最大只能同时放 3 份菜，如果餐桌上已经有 3 份菜，那么炒菜的职工就必须等待，直到另外一个职工从餐桌上端走至少一份菜后才能继续炒下一份菜。

每个食堂职工就是一个协程，而菜就是要传递的数据，餐桌就相当于缓冲信道，可以临时存储最大 3 份菜品。当负责炒菜的 goroutine1 将炒好的菜依次放到餐桌上时，就相当于将数据写入信道，而另外一个 goroutine2 在餐桌上有菜品的情况下，无须等待，可以直接从餐桌上端菜（从信道中读取数据）。

只有餐桌上一份菜都没有，职工 goroutine2 才会等待，直到负责炒菜的职工炒好菜放到餐桌上为止。炒菜的 goroutine1 也不用关心 goroutine2 是否正在从餐桌上端菜，goroutine1 只要关心餐桌上是否有空间可以放菜品即可，如果有空间就可以继续炒菜，无须等待。这个过程的示意图如图 9.14 所示。

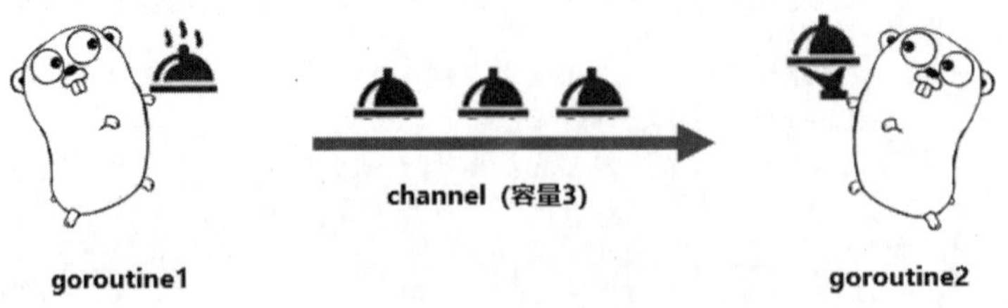

图 9.14 缓冲信道通信过程的示意图

在 Go 语言中，定义一个缓冲信道的语法如下：

```
ch := make(chan 类型,容量) //声明一个缓冲信道
```

下面是缓冲信道的示例程序 9-23。

示例程序 9-23　缓冲信道：chapter09\code06\main.go

```
01    package main
02    import (
03 "     ""mt"
04    )
05    func main() {
06       //缓冲信道，容量为 2
07       ch := make(chan int, 2)
08       ch <- 7
09       ch <- 8
10       //ch <- 9                 //超过容量 2，继续写入则阻塞
11       fmt.Println(len(ch))    //2
12       fmt.Println(cap(ch))    //2
13       n := <-ch
14       fmt.Println(n)          //7
15       fmt.Println(<-ch)       //8
16    }
```

在示例程序 9-23 中，第 07 行 ch := make(chan int, 2)语句定义了一个缓冲信道，它的容量为 2，即最大可以存储 2 个整数类型的数据。第 08 行和第 09 行分别往信道 ch 中写入数据，此时信道 ch 中已经有 2 个数据了，如果继续写入数据，那么主协程会进入阻塞状态，而后续代码无法继续执行，导致读取超时，则会抛出 deadlock 错误。

len(ch)可以获取到信道 ch 当前的数据长度，而 cap(ch)可以获取到信道 ch 的容量。第 13 行 n := <-ch 从信道 ch 中读取值，由于先写入的数据是 7，因此首先读取到的数据也是 7。第 15 行 fmt.Println(<-ch)可以读取到第二个写入信道的数据，也就是 8。

对于缓冲信道而言，如果缓冲队列为空，那么读取该缓冲信道会让当前协程进入阻塞状态，直到其他协程把数据写入到信道中为止。

注　意

一个已关闭的信道内部的缓冲队列可能不是空的，在没有接收完这些值的情况下就关闭信道，会导致信道对象永远不会被垃圾回收，也就会出现协程泄漏问题。

下面利用缓冲信道去并发获取两个网址的首页字节数大小，具体的代码可参考示例程序 9-24。

示例程序 9-24　缓冲信道获取首页字节数的大小：chapter09\code06\main2.go

```
package main
import (
"     ""mt"
"     "io/iou"il"
"     "net/h"tp"
)
func httpGet(url string, ch chan string) {
   res, err := http.Get(url)
```

```
09      if err != nil {
10          panic(err)
11      }
12      defer res.Body.Close()
13      bs, _ := ioutil.ReadAll(res.Body)
14      ch <- fmt.Sprin"f("[%s]"%d", url, len(bs))
15  }
16  func main() {
17      urls := []string{
18  "       "http://www.jd."om",
19  "       "http://www.baidu."om",
20      }
21      bch := make(chan string, len(urls))
22      for _, url := range urls {
23          go httpGet(url, bch)
24      }
25      for range urls {
26          msg := <-bch
27          fmt.Println(msg)
28      }
29  }
```

在示例程序 9-24 中，调用 net/http 包中的 http.Get(url)方法可以获取 url 参数指定的网址返回的*Response 对象，再调用 Response 对象中的 Body 可以获取到 HTML 内容。第 17~20 行定义了一个 string 切片，其中有 2 个元素，分别代表两个 URL。

第 21 行 bch := make(chan string, len(urls))语句定义了一个缓冲信道 bch，实际上容量为 2，信道传递的数据类型为字符串，用于存储 URL 地址和它对应 HTML 页面的字节数大小。第 22~24 行用 for...range 遍历切片，并分别开启新的协程用于请求网络，以获取首页字节数的大小，并用 fmt.Sprintf 拼接成一个字符串，依次写入缓冲信道 bch 中。

第 25~28 行用 for...range 遍历切片，并用 msg := <-bch 依次从缓冲信道 bch 中读取数据，然后打印输出到控制台。

下面给出信道不同状态的操作规则表，如表 9.1 所示。

表 9.1　信道不同状态的操作规则表

操作	信道状态	结果
读取操作	nil	阻塞
	活跃且非空	获取到值
	活跃且空	阻塞
	已关闭	默认值，false
	只写信道	错误
写入操作	nil	阻塞
	活跃且已满	阻塞
	活跃且不满	成功写入
	已关闭	panic
	只读信道	错误

（续表）

操作	信道状态	结果
关闭操作	nil	panic
	活跃且非空	关闭信道；当信道有值时，可继续成功读取，直到无值后可读取到默认值
	活跃且空	关闭信道；可继续成功读取到默认值
	已关闭	Panic
	只读信道	错误

从表 9-1 可以看出，这里有 4 个可能导致阻塞的操作以及 3 个可能导致 panic 异常的操作。其中，4 个可能导致阻塞的操作是从一个 nil 信道中读取值、从一个活跃但是无数据（为空）的信道中读取值、往一个 nil 信道中写入值、往一个活跃但是已满的信道中写入值；3 个可能导致 panic 异常的操作是往一个已关闭的信道写入值、关闭一个 nil 信道、关闭一个已关闭的信道。

9.9　信道和缓冲生成 I/O 流

大多数应用程序都需要实现与设备之间的数据传输，例如键盘可以输入数据、显示器可以显示程序的运行结果等。一般来说，I/O 流是指程序允许通过流（数据传输的抽象表述）的方式与输入输出设备进行数据传输。

在 I/O 流中，I 代表输入流，将外设（如键盘）中的数据读取到内存中。O 代表输出流，将内存的数据写入到外设（显示器）中。流按操作数据的类型分为字节流和字符流。

下面利用信道和缓冲生成 I/O 流，具体的代码可参考示例程序 9-25。

示例程序 9-25　信道和缓冲生成 I/O 流：chapter09\code06\main3.go

```
package main
import (
  "bytes"
  "fmt"
  "io"
  "os"
  "strconv"
  "time"
)
//模拟输入流，每隔 1 秒产生一个数据
func inputStream(ch chan string) {
  var i = 0
  for {
      ch <- strconv.Itoa(i) + "\n"
      time.Sleep(1 * time.Second)
      i++
  }
}
//模拟输出流，并将数据流复制到标准输出上
```

```
func outStream(ch chan string) {
    for {
        data := <-ch
        buf := bytes.NewBufferString(data)
        //Buffer 实现了 io.Reader 接口
        IOCopy(buf, os.Stdout)
    }
}
func IOCopy(src io.Reader, dst io.Writer) {
    if _, err := io.Copy(dst, src); err != nil {
        fmt.Println(err)
    }
}
func main() {
    //用信道实现 2 个协程间的通信
    ch := make(chan string, 2)
    go inputStream(ch)
    go outStream(ch)
    var input string
    fmt.Scanln(&input)
}
```

在示例程序 9-25 中，执行 go run main3.go，则每隔 1 秒会把数据依次打印输出在控制台：

```
0
1
2
...
```

按任意键即可退出程序。

9.10 协程调试

Go 语言中的协程和信道可以很方便地用于并发编程。需要警惕的是编写正确的并发程序是非常难的，由于单条计算机指令执行得非常快，而且并发程序执行具有不确定性，每次执行的结果都可能不一致，因此往往难以调试。

下面探讨一下如何调试协程。首先会想到的是，可不可以借助 Visual Studio Code 来调试 Go 程序中协程。但现实是，即使我们设置好断点，调试起来的效果也不是太好。

关于协程并发常遇到的问题有：死锁（Deadlock）、数据竞争（Data Race）和协程泄漏（Goroutine Leak）。

9.10.1 死锁

首先介绍一下最简单的死锁错误的调试，这个错误可以在执行的时候抛出。对于无缓冲信道来说，信道发送消息（send）和接收消息（receive）都是阻塞（block）的，即无缓冲信道在发送消息和接收消息的时候，信道所在的协程都处于阻塞状态。

死锁是指所有协程都在等待资源释放而彼此互不相让的情况。当我们将信道用于并发编程时，如果处理不当，就可能发生死锁。关于死锁的调试，只需要借助 go run 命令来运行程序即可。下面给出一个 deadlock 示例程序，具体的代码可参考示例程序 9-26。

示例程序 9-26　死锁：chapter09\code07\main.go

```
01    package main
02
03    import (
04       "fmt"
05    )
06
07    func main() {
08       ch := make(chan int)
09       go func() {
10           ch <- 7
11       }()
12       ch <- 8
13       fmt.Println(<-ch)
14    }
```

在 code07 目录中，执行 go run main.go 尝试运行这个示例程序，即可判断是否存在死锁的情况，输出结果如图 9.15 所示。

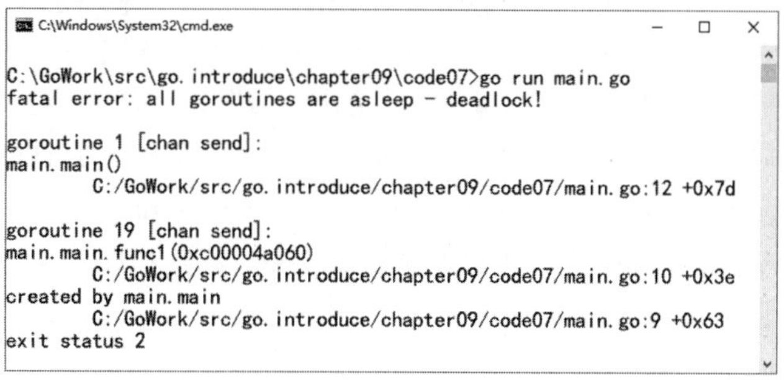

图 9.15　死锁示例程序运行时报出死锁的错误

从图 9.15 可以看出，示例程序 9-26 抛出了一条“fatal error: all goroutines are asleep - deadlock!”的错误提示信息，并且给出了 goroutine 1 [chan send]和 goroutine 19 [chan send]两个协程在信道上写入数据发生死锁的代码位置（main.go:12 和 main.go:10），如果我们将 main.go:12 行处的“ch <- 8”注释掉即可排除这个错误。

9.10.2　数据竞争

死锁的错误相对而言比较好排查，但伴随协程的并发编程，真正灾难性的错误其实是数据竞争。数据竞争相当常见，而且在业务逻辑非常复杂的时候比较隐晦，不易察觉，同时也可能非常难于调试。

所谓的数据竞争，往往出现的条件为：当两个协程并发地访问同一个共享变量，并且其中至少一个是要执行写操作时。下面探讨一下协程引起的数据竞争问题。下面数据竞争的示例程序9-27。

示例程序 9-27　数据竞争：chapter09\code07\main2.go

```
package main
import (
   "fmt"
   "sync"
)
func main() {
   var counter = 0
   var wg sync.WaitGroup
   //并发量为20时，并发量小，不容易出现问题
   //当并发量大时(如20000)就可能会出现问题
   for i := 0; i < 20; i++ {
       wg.Add(1)
       go func() {
           counter++
           wg.Done()
       }()
   }
   wg.Wait()
   fmt.Println(counter)
}
```

在 code07 目录中，执行 go run main2.go 时，程序成功执行，大概率会如预期输出 20。这是由于 20 个协程在多核 CPU 的情况下能够“正常”处理。这也是为什么有些并发问题要等上线运行很长一段时间，或者在并发量突增到某一个阈值后才会出现问题。其实，上述示例程序中的代码如果调大迭代的次数，比如调大到 20000 个并发，那么 counter 打印的值小于 20000 是大概率的事。

针对此类问题，Go 语言本身提供了一个工具，在执行 go run 命令时，可以通过参数-race 来开启数据竞争检测，例如执行 go run -race main2.go，则会输出如图 9.16 所示的结果。

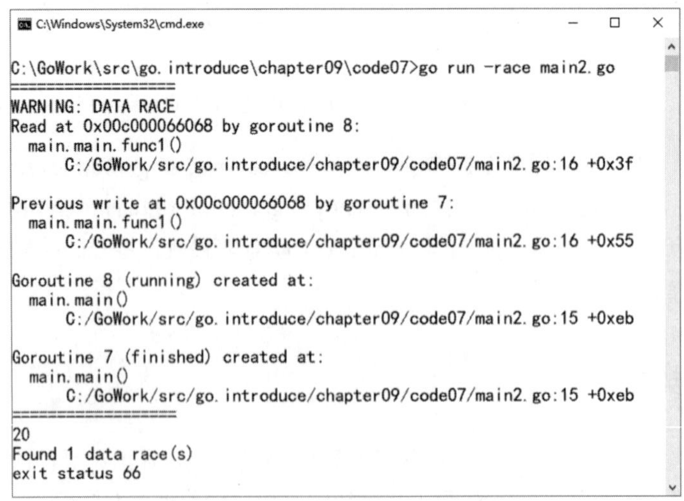

图 9.16　数据竞争检测示例程序的运行结果图

从图 9.16 中，可以发现有提示 WARNING: DATA RACE，且提示 Found 1 data race(s)，也就是检测到 1 个数据竞争的情况，goroutine 8 正在读取(Read at)，而之前的 goroutine 7 在写入(Previous write at）。与此同时，给出了位置（main2.go:16）。这里需要注意一下，由于删除了空格，因此图 9.16 中提示的第 16 行实际上对应示例程序 9-27 中的第 14 行，也就是 counter++。

这就非常清晰了，发生数据竞争的变量是 counter。此时，我们可以通过加锁的方式来同步数据，当然也可以通过标准库中的原子操作包来实现同步。

注 意

Go 从版本 1.1 开始才有数据竞争检测器。

Go 语言提供的原子操作是非侵入式的，由标准库 sync/atomic 提供，相对于锁机制，这个标准库开销更小、性能更高。调用 sync/atomic 中的函数可以对几种简单的类型进行原子操作。这些类型包括 int32、int64、uint32、uint64、uintptr 和 unsafe.Pointer。每种原子操作支持增或减、比较并交换、载入、存储和交换。

下面对示例程序 9-27 中的例子稍加修改，让它变成无数据竞争的程序。具体的代码可参考示例程序 9-28。

示例程序 9-28 数据竞争 1：chapter09\code07\main3.go

```
package main
import (
  "fmt"
  "sync"
  "sync/atomic"
)
//go run -race main3.go
func main() {
  var counter int32 = 0
  var wg sync.WaitGroup
  for i := 0; i < 20; i++ {
      wg.Add(1)
      go func() {
          atomic.AddInt32(&counter, 1)              //原子操作
          wg.Done()
      }()
  }
  wg.Wait()
  fmt.Println(counter)
}
```

在示例程序 9-28 中，首先导入原子操作的包"sync/atomic"，然后调用 atomic.AddInt32(&counter, 1)对变量 counter 执行原子操作的加法。这样，在 code07 目录中执行 go run -race main3.go，则不会再检测到数据竞争的情况。

注 意

atomic 原子操作并不支持 int 类型，要具体指定是 int32 或者 int64。

对于上述变量 counter 存在数据竞争的情况，如果通过仔细分析代码，是可能人为排查出来，但是有些数据竞争的情况非常隐晦，其中的一类就是在闭包中存在数据竞争。下面的示例程序 9-29 就存在这类非常隐晦的数据竞争。

示例程序 9-29　数据竞争 2：chapter09\code07\main4.go

```
package main
import (
   "fmt"
   "sync"
)
func main() {
   var wg sync.WaitGroup
   for i := 0; i < 20; i++ {
       wg.Add(1)
       go func() {
           fmt.Println(i)          //数据竞争
           wg.Done()
       }()
   }
   wg.Wait()
}
```

在示例程序 9-29 中，存在非常隐晦的数据竞争，打印的 i 不是预期的 0,1,2,3,...,19，很多是 20。执行 go run -race main4.go，会输出如图 9.17 所示的结果。

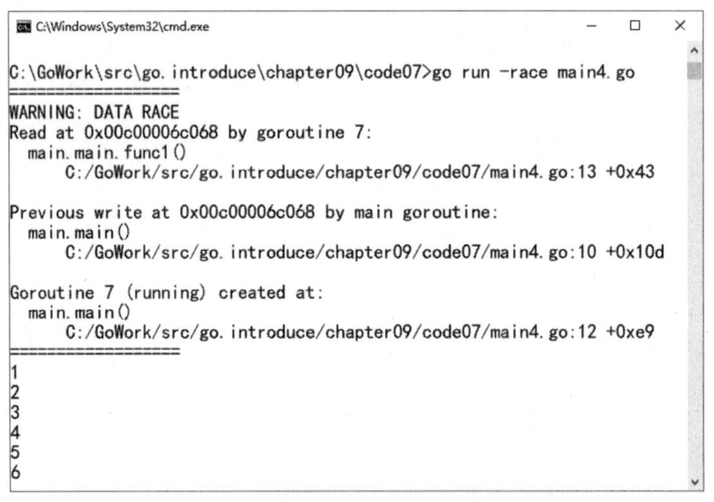

图 9.17　数据竞争检测示例 2 的执行结果图

9.10.3　协程泄漏

本小节探讨一下协程泄漏的问题。这个问题更加不容易调试。协程泄漏是指协程由于某种原因，在协程执行后并未正确结束，而是处于阻塞状态，那么此时垃圾回收机制也无法回收这些协程占用的资源，这就导致无法释放的协程数量越来越多，于是发生泄漏。

协程泄漏对于非服务类型的程序一般影响较小，因为每次打开的程序即使出现协程泄漏，当程序退出后，所有泄漏的协程也都会清理，例如一般的控制台程序。

对于服务类型的程序，如 Web 服务，它是需要 24×7 服务的，如果发生协程泄漏，那么随着时间的推移，得不到释放的数量将越来越多，直至到达一定阈值后服务崩溃。

协程泄漏一般是由于信道使用不当或者锁同步机制使用错误所导致的。信道如果发送不接收、接收不发送或者向空信道发送和接收数据都将会导致阻塞，从而可能导致协程泄漏。

为了对协程泄漏进行调试，需要一个监控来及时获取到当前程序中的协程数量，runtime.NumGoroutine()方法可以获取当前运行中的协程数量，因此可以通过它确认是否发生了协程泄漏。下面给出一个检测协程泄漏的示例程序，具体的代码可参考示例程序 9-30。

示例程序 9-30　示例程序泄漏：chapter09\code07\main5.go

```
package main
import (
  "fmt"
  "os"
  "runtime"
  "strconv"
  "time"
)
//协程泄漏，只接收
func consumer(ch chan int) {
  fmt.Println("执行...")
  data := <-ch
  fmt.Println(data)
}
func checkGLeak() {
  fmt.Println("Check Goroutine Leak...")
  slice := make([]int, 0)
  for {
      slice = append(slice, runtime.NumGoroutine())
      time.Sleep(1 * time.Second)
      if len(slice) >= 5 {
          n := slice[len(slice)-1] - slice[0]
          f, _ := strconv.ParseFloat(strconv.Itoa(n), 32)
          f2, _ := strconv.ParseFloat(strconv.Itoa(len(slice)), 32)
          //粗略代替直线斜率
          if f/f2 > 0.5 {
              fmt.Println("检测到 Goroutine 泄漏")
              os.Exit(100)
          }
      }
  }
}
func main() {
  ch := make(chan int)
  go checkGLeak()
  for {
      time.Sleep(1 * time.Second)
```

```
38          go consumer(ch)
39      }
40  }
```

在示例程序 9-30 中，第 10 行定义了一个消费者函数 consumer，它只负责从信道 ch 中接收数据并打印提示信息。第 15 行定义了一个 checkGLeak 函数，用于检测协程（Goroutine）泄漏，它每隔 1 秒通过调用 runtime.NumGoroutine()获取当前运行的协程数量，并保存到切片 slice 中。

当切片的长度大于 5 时，计算一下采集的协程数量上升情况，可以简单计算一下斜率，如果一直增长，那么斜率大于 0，这里取阈值为 0.5。需要注意的是，这里计算斜率的算法并不准确，只是为了简化运算，用采集的最后一个值减去第一个采集的值，除以当前的数量，如果大于 0.5，就认为会一直上升，非常可能出现协程泄漏。

执行 go run main5.go，会输出如图 9.18 所示的结果。

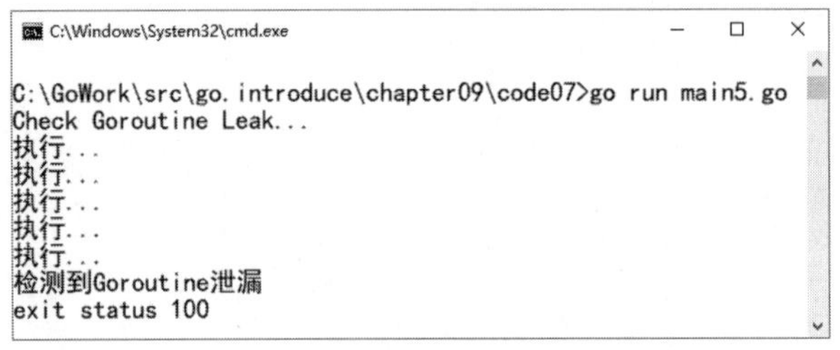

图 9.18　协程泄漏示例程序的运行结果图

在协程访问共享变量时，为防止出现数据竞争，需要给共享变量加锁进行保护。如果没有及时解锁，那么将导致其他协程一直阻塞，等待加锁的协程解锁。如果处理不当，非常容易出现协程泄露。下面给出一个检测锁同步情况下的协程泄漏示例程序，具体的代码可参考示例程序 9-31。

示例程序 9-31　锁同步情况下的 goroutine 泄漏示例：chapter09\code07\main6.go

```
package main
import (
   "fmt"
   "os"
   "runtime"
   "strconv"
   "sync"
   "time"
)
//协程泄漏，mlock 未释放
func adder() {
   fmt.Println("执行...")
   mlock.Lock()
   counter++
   fmt.Println("counter=", counter)
}
func checkGLeak() {
   fmt.Println("Check Goroutine Leak...")
   slice := make([]int, 0)
   for {
```

```
21          slice = append(slice, runtime.NumGoroutine())
22          time.Sleep(1 * time.Second)
23          if len(slice) >= 5 {
24              n := slice[len(slice)-1] - slice[0]
25              f, _ := strconv.ParseFloat(strconv.Itoa(n), 32)
26              f2, _ := strconv.ParseFloat(strconv.Itoa(len(slice)), 32)
27              //粗略代替直线斜率
28              if f/f2 > 0.5 {
29                  fmt.Println("检测到 Goroutine 泄漏")
30                  os.Exit(100)
31              }
32          }
33      }
34  }
35  var mlock sync.Mutex
36  var counter = 0
37  func main() {
38      go checkGLeak()
39      for {
40          time.Sleep(1 * time.Second)
41          go adder()
42      }
43  }
```

在示例程序 9-31 中，第 10 行定义了一个函数 adder，它在内部对全局变量 counter 执行加 1 操作。为了防止数据竞争，在操作前调用 mlock.Lock()加锁，但是操作完成后并未及时解锁，这将导致其他协程一直等待。

第 17 行定义了一个 checkGLeak 函数，用于检测协程泄漏。执行 go run main6.go，会输出如图 9.19 所示的结果。

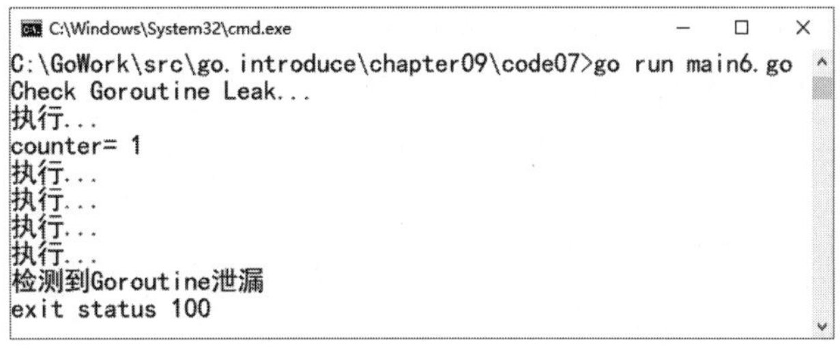

图 9.19　协程泄漏示例程序的运行结果图

另外，WaitGroup 用于等待一组协程操作的完成，它也可能导致协程泄漏。在使用时，如果我们没有正确设置任务数，就可能会使协程阻塞，并导致协程泄露。

注　意

协程泄漏检测还可以通过其他方法，比如 leaktest 库。只需执行命令 go get -u github.com/fortytw2/leaktest 进行安装即可，具体用法可参考 GitHub 项目对应页面上的说明。

9.11 协程性能测试

程序在正式上线前一般都需要经过测试，测试是保证程序质量的重要手段。很多软件公司都有专门的测试人员对开发人员编写的代码进行测试。在 Go 语言中，我们如何对程序进行测试呢？我们需不需要借助第三方工具呢？

Go 语言自带测试框架和工具，测试组件在 testing 包中。它支持单元测试（T 类型）和性能测试（B 类型）。Go 语言中约定，测试代码放在*_test.go 文件中，与被测代码放于同一个包中。

根据百度百科的定义，性能测试是通过自动化的测试工具模拟多种正常、峰值以及异常负载条件来对系统的各项性能指标进行测试。负载测试和压力测试都属于性能测试，两者可以结合进行。通过负载测试，确定在各种工作负载下系统的性能。压力测试是通过确定一个系统的瓶颈或者不能接受的性能点来获得系统能提供的最大服务级别的测试。

对于 Web 服务来说，性能具备极其重要的地位，它关系到 Web 服务的响应速度以及支持的最大并发量，最终影响用户的体验。在 Go 语言中，性能测试函数以 Benchmark 开头，参数类型是*testing.B，可与单元测试 Test 函数放在同一个文件中。

注 意
默认情况下，go test 不执行 Benchmark 测试，而必须用-bench <pattern>指定性能测试函数。

9.11.1 Go 语言自带的测试工具

下面给出利用 Go 语言自带的测试工具来进行性能测试的示例程序，为了对比性能，我们用两种不同的方法来实现并发计数器函数，并分别测试它们的性能。下面给出要进行性能测试的函数示例程序，具体的代码可参考示例程序 9-32。

示例程序 9-32 并发计数器函数：chapter09\code08\counter.go

```
package test
import (
   "sync"
   "sync/atomic"
)
var mlock sync.Mutex
func Counter() int32 {
   var counter int32 = 0
   var wg sync.WaitGroup
   for i := 0; i < 10; i++ {
      wg.Add(1)
      go func() {
         mlock.Lock()
         counter++
         mlock.Unlock()
```

```
            wg.Done()
        }()
    }
    wg.Wait()
    return counter
}
func Counter2() int32 {
    var counter int32 = 0
    var wg sync.WaitGroup
    for i := 0; i < 10; i++ {
        wg.Add(1)
        go func() {
            atomic.AddInt32(&counter, 1)
            wg.Done()
        }()
    }
    wg.Wait()
    return counter
}
```

在示例程序 9-32 中，定义了 2 个函数，分别是 Counter 和 Counter2，二者都使用了 for 循环，在循环体中开启新的协程对共享变量 counter 进行累加。它们二者的区别在于，为了防止共享变量的数据竞争，Counter 函数使用了互斥锁，而 Counter2 函数使用了原子操作。下面给出测试这两个函数的性能测试函数的示例程序，具体的代码可参考示例程序 9-33。

示例程序 9-33　性能测试函数：chapter09\code08\counter_test.go

```
01  package test
02  import (
03      "testing"
04  )
05  func BenchmarkCounter(b *testing.B) {
06      b.ReportAllocs() //报告内存分配信息
07      // b.N 循环次数
08      for i := 0; i < b.N; i++ {
09          Counter()
10      }
11  }
12  func BenchmarkCounter2(b *testing.B) {
13      b.ReportAllocs()
14      for i := 0; i < b.N; i++ {
15          Counter2()
16      }
17  }
```

在示例程序 9-33 中，首先导入测试包"testing"。这个文件命名为 counter_test.go，里面定义了两个性能测试函数 BenchmarkCounter 和 BenchmarkCounter2（它们的命名规范都符合 BenchmarkXXX 约定），分别调用函数 Counter 和 Counter2。第 06 行的 b.ReportAllocs()可以报告内存的分配情况。

在目录 code08 中，在命令行执行 go test -bench=".", 执行性能测试，输出结果如下：

```
> go test -bench="."
goos: windows
goarch: amd64
pkg: go.introduce/chapter09/code08
BenchmarkCounter-4     250666   4739 ns/op   16 B/op    2 allocs/op
BenchmarkCounter2-4    279817   4441 ns/op   16 B/op    2 allocs/op
PASS
ok      go.introduce/chapter09/code08  4.786s
```

其中，BenchmarkCounter-4 中的 4 表示 4 个 CPU 执行测试（默认为计算机上的 CPU 数），250666 表示总共执行了 250666 次，4739 ns/op 表示每次执行平均耗时 4739 纳秒，16 B/op 表示每次执行分配的内存为 16 字节，2 allocs/op 表示每次执行分配了 2 次对象。

通过对比，执行 BenchmarkCounter2-4 平均耗时 4441 纳秒，而执行 BenchmarkCounter-4 平均耗时 4739 纳秒，因此从测试上看 Counter2 函数执行速度更快，内存分配上二者是一致的。

注 意

在用命令 go test -bench 进行性能测试时，还可以用-race 进行数据竞争检测，例如命令 go test -bench="." -race。

另外，Go 语言还提供了一个强大的性能测试工具 pprof，主要涉及两个包：net/http/pprof 和 runtime/pprof。

net/http/pprof 使用 runtime/pprof 包进行了封装，暴露在 http 端口上。使用 net/http/pprof 可以直接看到当前 Web 服务的状态，包括 CPU 占用情况和内存使用情况等。

runtime/pprof 可以用来产生 dump 文件，再执行 go tool pprof 命令来分析运行日志。借助 pprof 工具，可以分析以下几种性能指标：

- CPU Profile：报告 CPU 使用情况，按照一定频率去采集程序在 CPU 和寄存器上的数据。
- Memory Profile：报告内存使用情况。
- Block Profile：报告不在运行状态的协程情况，可用来分析和查找死锁等性能瓶颈。
- Goroutine Profile：报告协程使用情况，如协程之间的调用关系。

9.11.2 性能测试工具 pprof

下面给出一个用性能测试工具 pprof 对 Web 服务端程序进行性能测试的示例程序，具体的代码可参考示例程序 9-34。

示例程序 9-34 用 pprof 对 Web 服务端程序进行性能测试：chapter09\code09\server.go

```
package main
import (
   "net/http"
   _ "net/http/pprof" //开启 pprof
   "time"
)
func getMsg() string {
```

```go
		time.Sleep(1 * time.Second)
		return "Hello"
	}
	//http://127.0.0.1:8080/debug/pprof/
	func main() {
		http.HandleFunc("/", homeHandler)
		http.ListenAndServe("0.0.0.0:8080", nil)
	}
	func homeHandler(w http.ResponseWriter, r *http.Request) {
		msg := getMsg()
		w.Write([]byte(msg))
	}
```

在示例程序 9-34 中，导入包 "net/http/pprof" 即可对 Web 服务程序进行性能分析，首先执行 go run server.go 命令以开启服务，然后打开浏览器输入 http://127.0.0.1:8080/debug/pprof/即可通过网页来查看各类性能分析信息，如图 9.20 所示。

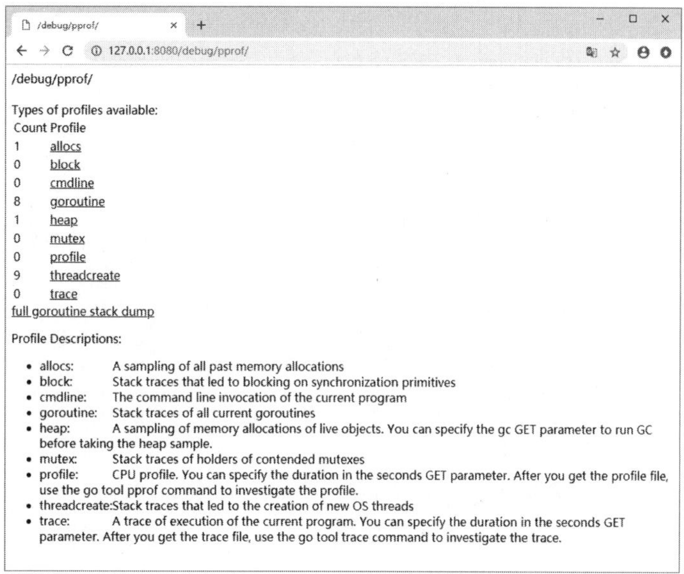

图 9.20　pprof Web 服务性能分析图

对于非 Web 服务，可以通过 runtime/pprof 手动进行性能分析，下面给出一个用性能测试工具 pprof 对非 Web 服务程序进行性能测试的示例程序，具体的代码可参考示例程序 9-35。

示例程序 9-35　用 pprof 对非 Web 服务程序进行性能测试：chapter09\code09\console.go

```go
	package main
	import (
		"fmt"
		"log"
		"os"
		"runtime/pprof"
		"time"
	)
	func genTwo() {
```

```
    slice := make([]string, 1000)
    for i := 0; i < 5; i++ {
        slice = append(slice, slice...)
    }
}
func genOne(ch chan int) {
    slice := make([]string, 100000)
    for i := 0; i < 5; i++ {
        ch <- i
        time.Sleep(1 * time.Second)
        slice = append(slice, slice...)
        genTwo()
    }
    close(ch)
}
func main() {
    // go tool pprof mem.out
    // svg
    fm, err := os.Create("mem.out")
    if err != nil {
        log.Fatal(err)
    }
    defer fm.Close()
    ch := make(chan int)
    go genOne(ch)
    for c := range ch {
        fmt.Println(c)
    }
    //放到最后再执行
    pprof.WriteHeapProfile(fm)
}
```

在示例程序 9-35 中，导入包 "runtime/pprof" 即可对非 Web 服务程序进行性能分析，首先执行 go run console.go 命令，等待约 5 秒程序会自动退出。此时，执行命令 go tool pprof mem.out，在出现的交互页面输入 web 或者 svg 都可以显示如图 9.21 所示的结果。

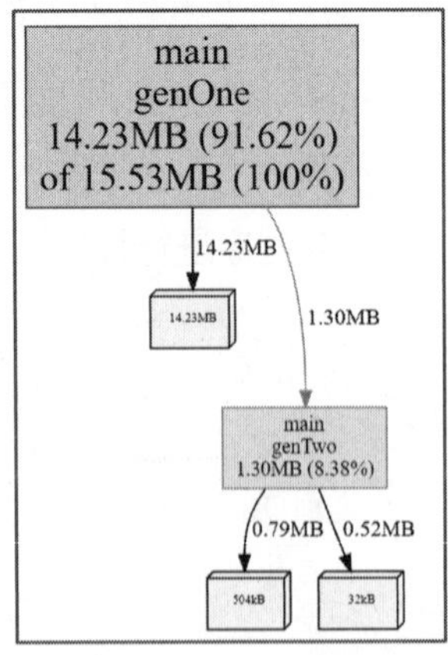

图 9.21 pprof 程序内存性能分析图

9.11.3　追踪分析工具 go tool trace

除了性能分析工具外，Go 语言还提供了追踪分析工具 go tool trace，可用于分析更多其他的信息。下面给出使用 trace 进行追踪分析的示例程序，具体的代码可参考示例程序 9-36。

示例程序 9-36　使用 trace 进行追踪分析：chapter09\code09\trace.go

```
01    package main
02    import (
03       "fmt"
04       "log"
05       "os"
06       "runtime/trace"
07       "time"
08    )
09    func genOne(ch chan int) {
10       slice := make([]string, 100000)
11       for i := 0; i < 5; i++ {
12           ch <- i
13           time.Sleep(1 * time.Second)
14           slice = append(slice, slice...)
15       }
16       close(ch)
17    }
18    func main() {
19       // go tool trace trace.out
20       f, err := os.Create("trace.out")
21       if err != nil {
22           log.Fatal(err)
23       }
24       trace.Start(f)
25       defer f.Close()
26       ch := make(chan int)
27       go genOne(ch)
28       for c := range ch {
29           fmt.Println(c)
30       }
31       defer trace.Stop()
32       fmt.Println("Trace stopped")
33    }
```

在示例程序 9-36 中，首先需要导入包 "runtime/trace"，第 24 行 trace.Start(f)开始追踪，第 31 行 trace.Stop()结束追踪。追踪分析日志存储到 trace.out 中。在命令行执行 go run trace.go 命令来运行这个示例程序，等程序执行完成后，再执行 go tool trace trace.out 命令来解析追踪分析日志 trace.out，执行过程的显示结果如下所示。

```
> go tool trace trace.out
2020/02/07 22:23:24 Parsing trace...
2020/02/07 22:23:24 Splitting trace...
```

```
    2020/02/07 22:23:24 Opening browser. Trace viewer is listening on
http://127.0.0.1:40176
```

同时打开浏览器，并定位到网址 http://127.0.0.1:40176 上，可以看到如图 9.22 所示的 trace 追踪分析图。

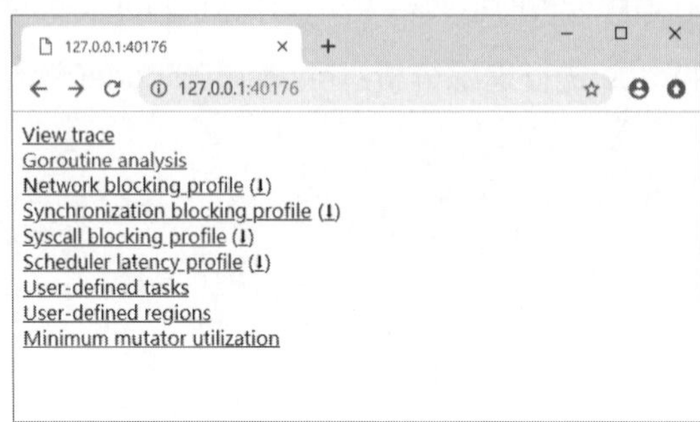

图 9.22　trace 追踪分析图

可以单击图 9.22 中的每个链接以进行钻取分析，例如单击 Scheduler latency profile，则会跳转到 http://127.0.0.1:40176/sched，显示结果如图 9.23 所示。

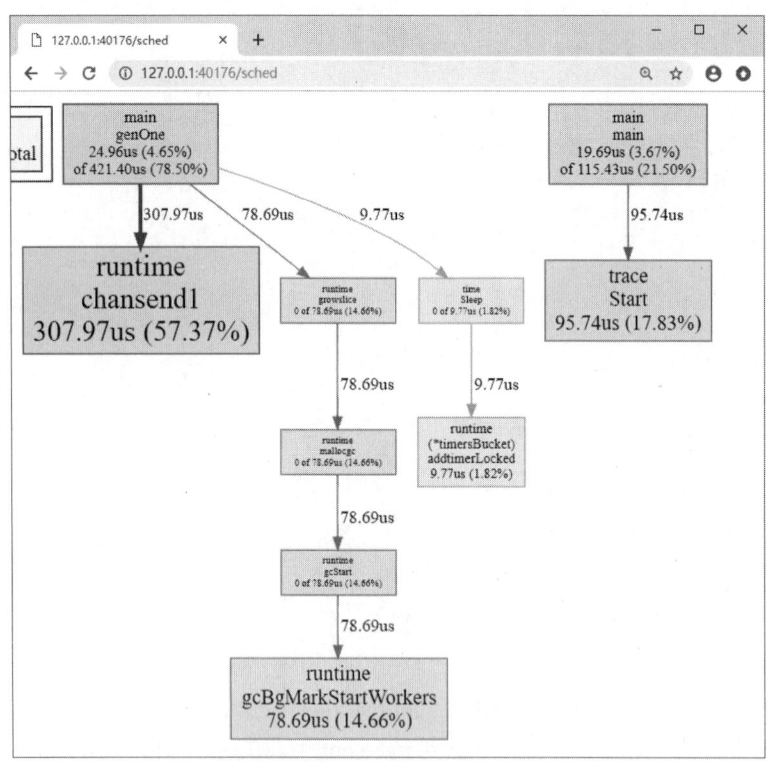

图 9.23　Scheduler latency profile 分析图

go test 工具也继承了 pprof 的功能，可用于性能测试和找出瓶颈。例如，执行 go test -bench="." -cpuprofile cpu.out 命令可以在性能测试的时候同时生成 cpuprofile 文件 cpu.out，然后执行 go tool pprof -svg cpu.out > cpu.svg 命令可以分析 cpu.out 文件并将结果输出到 cpu.svg 中，之后用浏览器打开 cpu.svg，则会显示出如图 9.24 所示的结果图。

注　意

若要执行 go tool pprof 命令生成 svg，需要提前安装 Graphviz（dot.exe），并配置环境变量。

同样的，还可以执行 go test -bench="." -memprofile mem.out 命令来生成内存 profile 分析文件 mem.out，并执行 go tool pprof -svg mem.out > mem.svg 命令输出 svg 可视化文件。

关于 Go 语言的性能分析工具使用，需要了解每个参数的意义以及掌握如何快速分析出瓶颈，整个操作过程还是比较复杂的，因此需要参考官方文档进行学习。本书在这里只是抛砖引玉，作为入门引导而已。

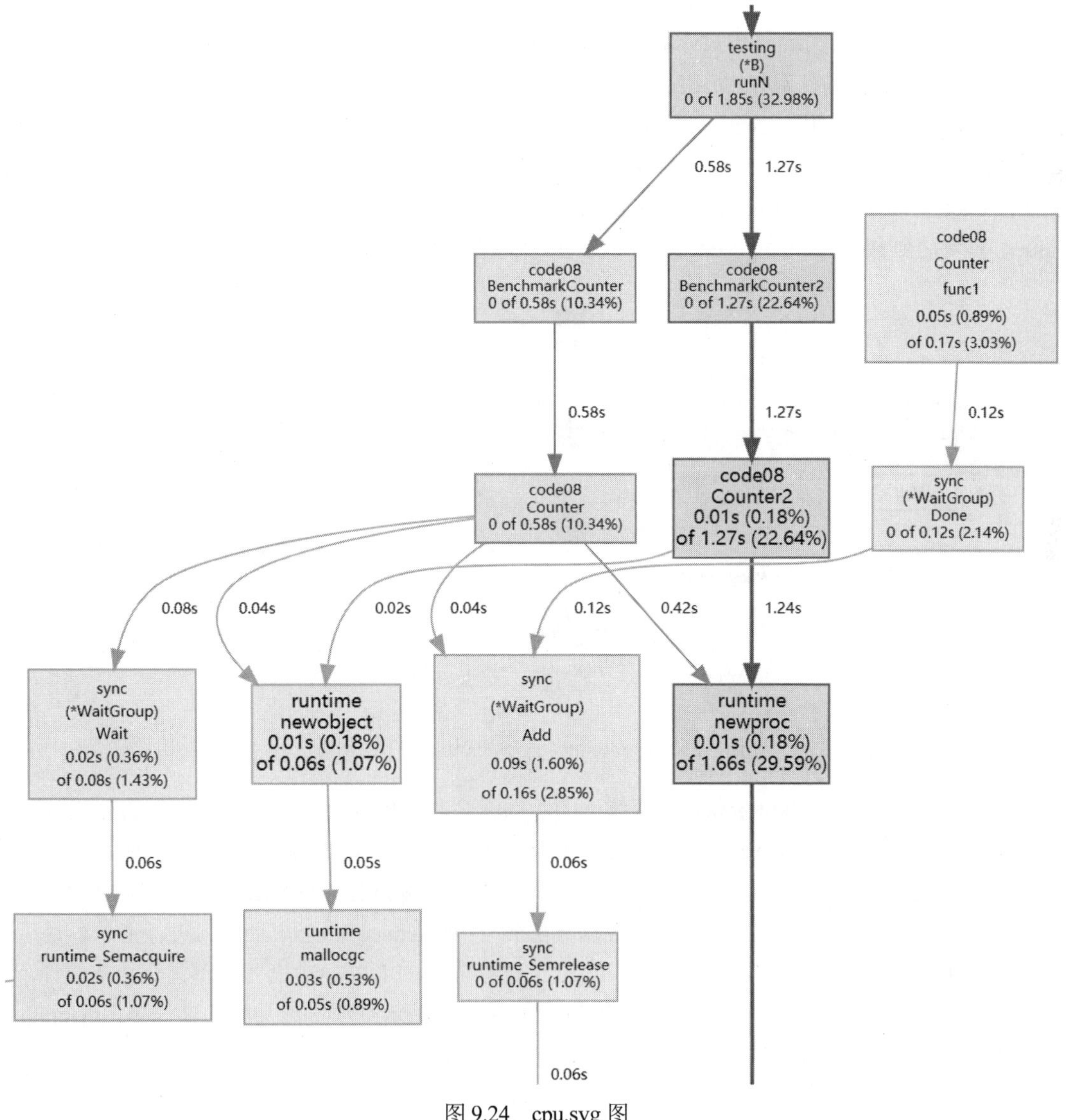

图 9.24　cpu.svg 图

9.12 演练：单机 MapReduce 单词统计

大名鼎鼎的大数据 Hadoop 核心算法即为 MapReduce。MapReduce 算法源于 Google 发表的一篇论文，虽然解决一些应用的计算模型都比较简单（例如求总的个数），但是如果涉及大量的数据（如 TB 级数据），那么需要采用多台计算机并行、分布式的计算。

通过 Hadoop 提供的编程库，开发人员可将重点放于逻辑代码的编写上，而海量数据的拆分、分布式存储和并行计算等问题统一由 MapReduce 库来处理，大大降低了大数据编程的难度。

当然，实现一个分布式的 MapReduce 算法是非常复杂的，这里我们只实现一个单机版的 MapReduce，并没有去实现分布式计算。MapReduce 算法核心的计算任务由 Map 操作和 Reduce 操作构成。MapReduce 的计算以一组 Key/Value 对（Key/Value Pair，即键/值对）作为输入，然后输出一组 Key/Value 对，用户通过编写 Map 函数和 Reduce 函数来控制处理逻辑。

Map 函数把输入转换成一组中间的 Key/Value 对，MapReduce 库会把所有 Key 的中间结果传递给 Reduce 函数去处理。Reduce 函数接收 Map 函数传递过来的 Key/Value 对，并根据 Key 聚合 Value，最终将结果返回。MapReduce 内部处理过程的示意图如图 9.25 所示。

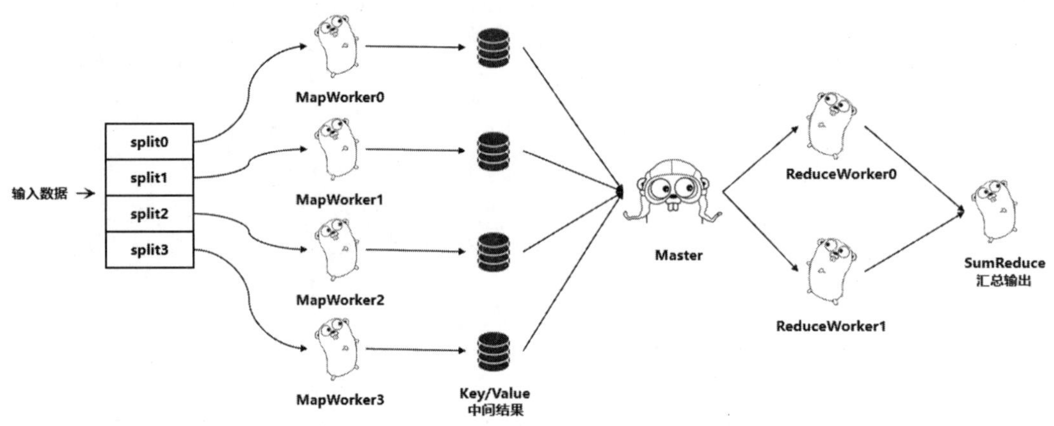

图 9.25 MapReduce 内部处理过程的示意图

下面给出一个单机 MapReduce 单词统计的示例程序，它可以将输入的文本数据拆分成 4 份，并用协程创建 4 个 MapWorker，分别对文本数据进行单词个数的统计，并将生成的中间结果（Key/Value 对）通过信道传递到 Master 这个协程上进行调度，这里 Master 的调度实际上就是将 4 个 MapWorker 生成的临时 Key/Value 对数据分配到 2 个 ReduceWorker 上继续进行汇总，最后将 ReduceWorker 生成的结果再传递到 SumReduce 上进行最终的汇总，输出各个单词个数的统计。

下面给出这个示例项目的目录结构，如图 9.26 所示。本示例项目涉及的文件较多，mapreduce 目录中放置了本示例项目的核心文件，main.go 是一个启动程序。

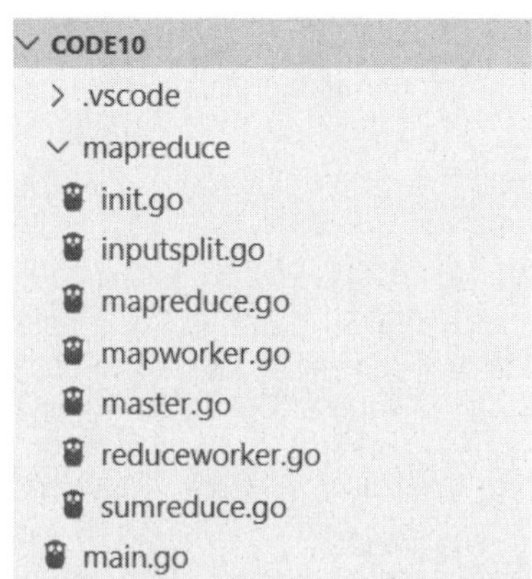

图 9.26　MapReduce 示例项目的目录结构

从图 9.26 可知，mapreduce 目录中的第一个文件为 init.go，它定义了包内用到的全局变量，主要是用于不同协程之间进行数据通信的信道，具体的代码可参考示例程序 9-37。

示例程序 9-37　包内全局变量：chapter09\code10\mapreduce\init.go

```
01    package mapreduce
02    //包内全局变量
03    var (
04       size        = 10
05       chtxt1      = make(chan string, size)
06       chtxt2      = make(chan string, size)
07       chtxt3      = make(chan string, size)
08       chtxt4      = make(chan string, size)
09       chmap1    = make(chan map[string]int, size)
10       chmap2    = make(chan map[string]int, size)
11       chmap3    = make(chan map[string]int, size)
12       chmap4    = make(chan map[string]int, size)
13       chreduce1  = make(chan map[string]int, size)
14       chreduce2  = make(chan map[string]int, size)
15       chtemp1    = make(chan map[string]int, size)
16       chtemp2    = make(chan map[string]int, size)
17    )
```

在示例程序 9-37 中，定义了 mapreduce 包内的全局变量，size 定义了缓存信道的容量。第 05~08 行定义的 chtxt1、chtxt2、chtxt3 和 chtxt4 代表数据拆分成 4 份后，每一份向 MapWorker 这个协程传递数据的信道，传输的数据类型为字符串类型。

第 09~12 行定义的 chmap1、chmap2、chmap3 和 chmap4 代表 4 个 MapWorker 产生的中间结果，是一个 Key/Value 对，用 map[string]int 表示。这个中间结果需要封装成信道传递到 Master 这个协程中。信道 chtxt1 和信道 chmap1 对应，其他的以此类推。

第 13~14 行定义的 chreduce1 和 chreduce2 代表 Master 将计算所需要的中间数据发送到信道上，并传递到 ReduceWorker 中。下面是数据文件拆分的示例程序，具体的代码可参考示例程序 9-38。

示例程序 9-38　数据拆分：chapter09\code10\mapreduce\inputsplit.go

```
package mapreduce
```

```
02    import "strings"
03    //InputSplit 拆分输入为 4 份，进行并发计算
04    func InputSplit(txt string, out [4]chan<- string) {
05        txt = strings.Replace(txt, "\n", ",", -1)
06        txt = strings.Replace(txt, ".", ",", -1)
07        txt = strings.Replace(txt, "!", ",", -1)
08        arr := strings.Split(txt, ",")              //,分隔
09        mod := len(arr) % 4
10        for i := 0; i < (4 - mod); i++ {
11            arr = append(arr, "")                   //凑整
12        }
13        lenSplit := len(arr) / 4                    //获取分段的个数
14        for i := 0; i < 4; i++ {
15            go func(ch chan<- string, lines []string) {
16                for _, line := range lines {
17                    word := strings.Split(line, " ")
18                    for _, w := range word {
19                        ch <- w
20                    }
21                }
22                close(ch)
23            }(out[i], arr[i*lenSplit:(i+1)*lenSplit])
24        }
25    }
```

在示例程序 9-38 中，第 04 行定义了一个拆分函数 func InputSplit(txt string, out [4]chan<- string)，在函数体内，首先将一些特殊字符用 strings.Replace 进行替换，最终处理成用“,”进行分隔，这样就可以调用 strings.Split(txt, ",")将其转换成为单个单词的切片。

在这里使用了凑整的处理，并启动 4 个协程来处理拆分数据，并将拆分后的数据写入信道中，供 MapWorker 函数进行处理。MapWorker 示例程序 9-39 的具体代码如下。

示例程序 9-39　MapWorker：chapter09\code10\mapreduce\mapworker.go

```
package mapreduce
//MapWorker 统计单词的个数，并给 ReduceWorker 准备数据
func MapWorker(in <-chan string, out chan<- map[string]int) {
    count := map[string]int{}
    for word := range in {
        if word != "" {
            count[word] = count[word] + 1
        }
    }
    out <- count
    close(out)
}
```

MapWorker 可以统计单词的个数，并将结果暂存在一个 map[string]int 对象中，即 Key/Value 对（键/值对），其中 key（键）表示单词，它对应的 value（值）为单词的个数。最后将结构通过信道传递给 Master 对象上，并分配给 ReduceWorker 进行聚合处理。Master 示例程序 9-40 的具体代码如下。

示例程序 9-40 Master：chapter09\code10\mapreduce\master.go

```
package mapreduce
import "sync"
//Master 负责调度，将 4 个输入任务分配到 2 个 ReduceWorker 上
func Master(in []<-chan map[string]int, out [2]chan<- map[string]int) {
  var wg sync.WaitGroup
  wg.Add(len(in))
  i := 0
  for _, ch := range in {
      go func(c <-chan map[string]int) {
          for m := range c {
              if i%2 == 0 {
                  out[0] <- m
              } else {
                  out[1] <- m
              }
          }
          wg.Done()
          i++
      }(ch)
  }
  go func() {
      wg.Wait()
      close(out[0])
      close(out[1])
  }()
}
```

Master 主要负责调度，将 4 个输入任务分配给 2 个 ReduceWorker 进行处理。通过 sync.WaitGroup 机制保障任务都分配完毕，再关闭信道。ReduceWorker 示例程序 9-41 的具体代码如下。

示例程序 9-41 ReduceWorker：chapter09\code10\mapreduce\reduceworker.go

```
package mapreduce
//ReduceCountWorker 汇总统计单词的个数
func ReduceCountWorker(in <-chan map[string]int, out chan<- map[string]int) {
  count := map[string]int{}
  for n := range in {
      for word := range n {
          count[word] = count[word] + n[word]
      }
  }
  out <- count
  close(out)
}
```

ReduceCountWorker 负责对传入的 MapWorker 处理的单词个数进行汇总，并将汇总的结果写入信道，供 SumReduce 进行处理。SumReduce 示例程序 9-42 的具体代码如下。

示例程序 9-42　SumReduce：chapter09\code10\mapreduce\sumreduce.go

```
package mapreduce
import (
  "sync"
)
//SumReduce 汇总输出结果
func SumReduce(in []<-chan map[string]int) map[string]int {
  var wg sync.WaitGroup
  count := map[string]int{}
  var mLock sync.Mutex
  wg.Add(len(in))
  for i := 0; i < len(in); i++ {
      go func(n int, c <-chan map[string]int) {
          for m := range c {
              for word := range m {
                  mLock.Lock()
                  //concurrent map writes
                  count[word] = count[word] + m[word]
                  mLock.Unlock()
              }
          }
          wg.Done()
      }(i, in[i])
  }
  wg.Wait()
  return count
}
```

SumReduce 根据传入信道的切片长度，创建多个协程来汇总单词数据，并将结果输出。其中也利用 sync.WaitGroup 来保障所有的协程都完成统计工作再输出。

最后我们需要将整个 MapReduce 过程统筹起来，这里定义一个 mapreduce.go 文件来进行处理，示例程序 9-43 的具体代码如下。

示例程序 9-43　mapreduce.go：chapter09\code10\mapreduce\mapreduce.go

```
package mapreduce
//Run 运行英文单词统计
func Run(txt string) map[string]int {
  //1)拆分
  go InputSplit(txt, [4]chan<- string{chtxt1, chtxt2, chtxt3, chtxt4})
  //2)Map
  go MapWorker(chtxt1, chmap1)
  go MapWorker(chtxt2, chmap2)
  go MapWorker(chtxt3, chmap3)
  go MapWorker(chtxt4, chmap4)
  //3)调度分派
  go Master([]<-chan map[string]int{chmap1, chmap2, chmap3, chmap4},
   [2]chan<- map[string]int{chreduce1, chreduce2})
  //4)Reduce
  go ReduceCountWorker(chreduce1, chtemp1)
```

```
    go ReduceCountWorker(chreduce2, chtemp2)
    //5)汇总结果
    return SumReduce([]<-chan map[string]int{chtemp1, chtemp2})
}
```

在示例程序 9-43 的 Run 方法中，可以传入一个字符串类型的参数作为输入，并返回一个最终的单词统计结果。函数体内部共分 5 步，与前面提到的 MapReduce 单词统计过程一致。最后，我们给出一个启动文件，示例程序 9-44 的具体代码如下。

示例程序 9-44　启动文件：chapter09\code10\main.go

```
package main
import (
    "fmt"
    "time"
    "go.introduce/chapter09/code10/mapreduce"
)
func main() {
    //go run .\main.go -race
    t := time.Now()
    input := "Go is awesome,Go is Best,Best are Good!\nYou are Hero,Thank You."
    fmt.Println(mapreduce.Run(input))
    elapsed := time.Since(t)
    fmt.Println("time elapsed:", elapsed)
}
```

在目录 code10 中，在命令行执行如下命令即可输出单词统计结果：

```
> go run .\main.go -race
map[Best:2 Go:2 Good:1 Hero:1 Thank:1 You:2 are:2 awesome:1 is:2]
time elapsed: 0s
```

本示例程序的单词统计内部处理过程的示意图如图 9.27 所示。

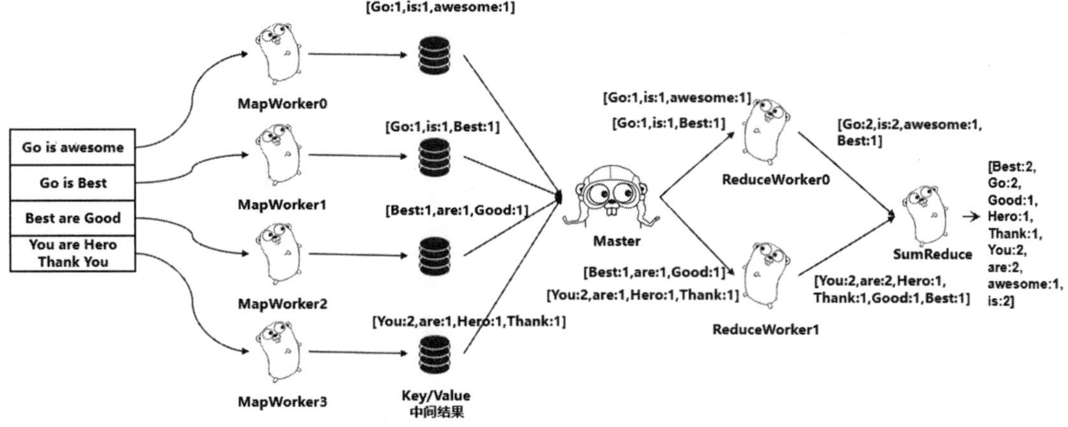

图 9.27　示例程序的 MapReduce 单词统计内部处理过程的示意图

9.13 小 结

Go 语言很重要的一个特性是原生支持并发，这对于开发高性能的 Web 应用来说是至关重要的。在并发的情况下，为了保证共享数据（变量）的线程被安全访问，一般会采用锁机制。在 Go 语言中，并发编程的语法非常简洁，而且可以通过信道机制来实现不同协程之间的通信。

Go 语言中协程的基本用法以及通道的用法需要重点掌握，要通过内置的各类工具对编写的并发代码进行调试以及性能调优。

第 10 章

反射

Go 语言提供了一种反射机制，能够在运行时更新对象中的变量和调用对象中的方法。反射机制不需要在编译期间明确这些变量的具体类型。反射在 Java 中应用得比较多，Java 中的很多框架（比如 Spring 和 SpringBoot 底层）都使用到了反射技术。

同样的，Go 语言标准库中有一些库也用到了反射，比如 encoding/json。但是反射也有缺点，就是性能相对较低，因此要根据实际的情况合理使用。本章重点介绍 Go 语言中反射的基本操作：

- 反射的概念和用途：掌握反射的基本概念以及反射的特殊作用。
- 反射获取结构体的字段和方法：掌握如何利用反射动态获取结构体的字段和方法。
- 反射修改值：利用反射来动态修改某个对象的值。
- 反射判断是否实现接口：掌握如何利用反射来判断某个类型是否实现了特定的接口。
- 反射动态调用方法：掌握如何利用反射来动态调用方法。
- 实战演练：实现一个简单的 ORM 框架。

10.1 反射的概念和基本用法

反射主要是指程序可以访问、检测和修改它本身的状态或行为的一种能力。一些框架采用反射机制，是为了让框架更加通用和更加开放，可以对一些不确定的类型进行处理。掌握反射技术对于提升编程水平至关重要。在 Java 语言中，如果没有反射技术，那么就没有种类繁多的框架。

每种编程语言的反射模型都可能不同，Go 语言反射机制实现了在运行时动态调用对象的方法和属性的功能。标准库中的 reflect 包就是与反射相关的包，只要导入 reflect 包就可以使用反射。Go 语言中的 gRPC 框架也是通过反射机制实现的。

反射是动态地获取变量类型信息和值信息的一种机制。在介绍反射之前，我们需要明白在 Go 语言中任意一个变量都是由两部分构成的：

- Type：变量的类型，比如 int 类型。
- Value：变量的值，比如 1。

在 Go 语言中，判断两个值是否相等，一方面需要判断它们的类型是否相等，另一方面需要判断它们的值是否相等。只有二者都相等，两个变量才是相等的。如果只是值相等，但是类型不相等，则两个变量不相等。举例来说，一个[]int 类型的变量和一个[]string 类型的变量的值都为 nil，由于它们的类型 Type 不一样，因此这两个变量不相等。这也是 Go 语言中有的 nil != nil 的原因。

在 Go 语言中，空接口 interface{}可以作为一切类型值的通用类型来使用，类似于 Java 语言中的 object 对象，可以存储任意类型的值。其中，Go 语言的类型 Type 也可以细分成以下两类：

- 静态类型（Static Type）：在编码阶段即可确定的类型，比如字符串类型或整数类型。
- 具体类型（Concrete Type）：在运行阶段才能确定的类型，比如 interface{}类型。

类型断言能否成功取决于变量的具体类型，而不是静态类型。因此，如果一个变量的具体类型实现了 T 类型方法，就能将类型断言为 T 类型。

Go 语言的反射机制是建立在其类型系统上的，反射主要与 Go 语言中的 interface{}类型相关，interface{}类型是具体类型。在 Go 语言中，每个 interface{}类型的变量都有一个对应的 pair (value, type)，在 pair 对象中记录了实际变量的值和类型。interface{}是整个 Go 语言类型系统的基础：

- 非侵入式：一个类只要实现了接口约定的一组方法，就实现了该接口，可以非常方便地得知对象实例是否实现了某个接口。
- 接口赋值：可以将对象实例赋值给接口，也可以将一个接口赋值给另一个接口。
- 类型获取：可以方便地获取接口指向的对象实例的类型。
- 接口组合：接口也是可以进行匿名组合的。
- 任意类型：由于空接口约定了零个方法，因此任意类型都实现了空接口 interface{}。

学习 Go 语言中的反射，必须掌握反射的三原则（The Laws of Reflection），具体的说明如下：

- 反射可以通过接口变量值（Interface Value）获取反射对象（Reflection Object）。
- 反射可以通过反射对象（Reflection Object）获取接口变量值（Interface Value）。
- 修改反射对象（Reflection Object）的前提是值必须是可设置的。

即 Go 语言的反射技术可以实现反射对象（Reflection Object）与接口变量值（Interface Value）二者的相互转换，且修改反射对象（Reflection Object）的前提是值必须是可设置的（可修改）。反射对象与接口变量值之间的关系如图 10.1 所示。

从技术层面上来说，反射是用于获取在接口变量值中 value（值）和 type（类型）的算法，而 value 和 type 可以用 reflect 包中的 reflect.Value 和 reflect.Type 类型来描述。

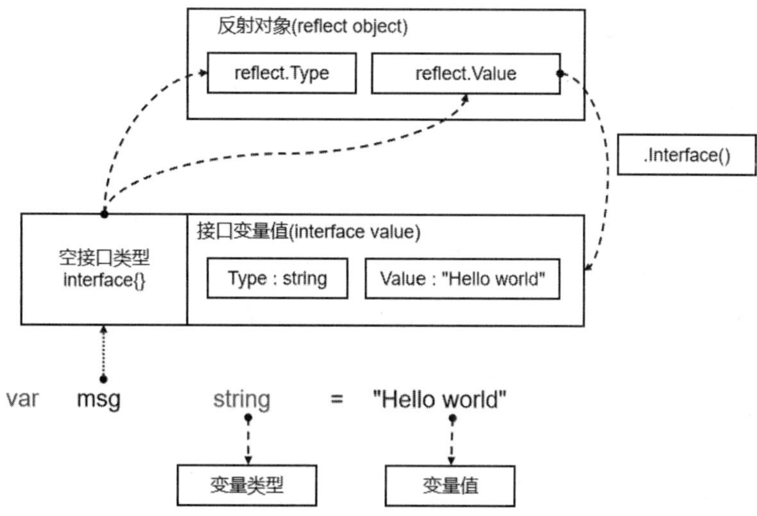

图 10.1　反射对象与接口变量值二者的关系图

首先，我们介绍一下反射包中的 reflect.TypeOf 函数，通过 reflect.TypeOf 函数可以获取输入参数的 reflect.Type 类型。通过 reflect.Type 对象，可以得到很多关于此类型的信息。reflect.Type 本质上是一个接口，它的定义如下：

```
type Type interface {
  Align() int
  FieldAlign() int
  Method(int) Method
  MethodByName(string) (Method, bool)
  NumMethod() int
  Name() string
  PkgPath() string
  Size() uintptr
  String() string
  Kind() Kind
  Implements(u Type) bool
  AssignableTo(u Type) bool
  ConvertibleTo(u Type) bool
  Comparable() bool
  Bits() int
  ChanDir() ChanDir
  IsVariadic() bool
  Elem() Type
  Field(i int) StructField
  FieldByIndex(index []int) StructField
  FieldByName(name string) (StructField, bool)
  FieldByNameFunc(match func(string) bool) (StructField, bool)
  In(i int) Type
  Key() Type
  Len() int
  NumField() int
```

```
    NumIn() int
    NumOut() int
    Out(i int) Type
    common() *rtype
    uncommon() *uncommonType
}
```

reflect.ValueOf 函数可以获取输入参数的 reflect.Value 类型。reflect.Value 本质上是一个结构体，它的定义如下：

```
type Value struct {
    typ *rtype
    ptr unsafe.Pointer
    flag
}
```

关于具体字段的作用，可以参见 Go 源代码中的注释，这里不再赘述。下面给出反射的基本示例程序 10-1，具体的代码如下。

示例程序 10-1　反射的基本示例：chapter10\code01\main.go

```
package main
import (
    "fmt"
    "reflect"
    "time"
)
func main() {
    num := 3.14
    fmt.Println("type:", reflect.TypeOf(num))      //float64
    fmt.Println("value:", reflect.ValueOf(num))    //3.14
    ti := time.Now()
    fmt.Println("type:", reflect.TypeOf(ti))       //time.Time
    fmt.Println("value:", reflect.ValueOf(ti))
    //空接口类型
    var v1 interface{}
    v1 = "hello world"
    fmt.Println("type:", reflect.TypeOf(v1))       //string
    fmt.Println("value:", reflect.ValueOf(v1))     //hello world
    v1 = true
    fmt.Println("type:", reflect.TypeOf(v1))       //bool
    fmt.Println("value:", reflect.ValueOf(v1))     //true
    v1 = 2
    fmt.Println("type:", reflect.TypeOf(v1))   //int
    fmt.Println("value:", reflect.ValueOf(v1)) //2
    v1 = make([]string, 0)
    fmt.Println("type:", reflect.TypeOf(v1))                  //[]string
    fmt.Println("type kind:", reflect.TypeOf(v1).Kind())   //slice
    fmt.Println("value:", reflect.ValueOf(v1))                //[]
    fmt.Println("value CanSet:", reflect.ValueOf(v1).CanSet()) //false
    v1 = nil
    fmt.Println("type:", reflect.TypeOf(v1))   //<nil>
```

```
32      fmt.Println("value:", reflect.ValueOf(v1)) //<invalid reflect.Value>
33  }
```

在示例程序 10-1 中，第 04 行导入 reflect 包，用于进行反射，第 08 行用 num := 3.14 这种短变量声明方式定义了一个变量 num，并把 3.14 赋值给该变量。第 09 行 reflect.TypeOf(num)可以获取变量 num 的 Type 类型，输出为 float64，表示一个浮点类型。第 10 行 reflect.ValueOf(num)可以获取变量 num 的 Value 类型，输出为 3.14，表示一个浮点类型的值。

第 11 行 ti := time.Now()语句获取当前的时间，是一个 Time 类型，第 12 行 reflect.TypeOf(ti)获取变量 ti 的 Type 类型，输出为 time。Time 表示一个 time 包下的 Time 类型。第 13 行 reflect.ValueOf(ti)获取变量 ti 的 Value 类型，输出为当前时间戳，表示一个 Time 类型的值。

第 15 行 var v1 interface{}语句定义了一个空接口类型的变量 v1。在 Go 语言中，空接口类型可以存储任意的类型，第 16 行用 v1 = "hello world"语句将一个字符串赋值给变量，此时这个空接口类型的 pair 对象是(string，"hello world")，即 Type 是字符串，Value 是"hello world"。同理，第 22 行当用 v1 = 2 语句将一个整数类型的值赋值给变量后，空接口变量 v1 的 pair 对象就变成(int，2)，即 Type 是 int、Value 是 2。

注 意

在 Go 语言中，可以给任意自定义类型添加相应的方法，指针类型除外。

reflect.Type 对象上有一个 Kind()函数。在反射中，如果需要区分一个变量的类型种类时，就会用到 Kind 类型。reflect.Kind 本质上是 uint 类型，其定义如下：

```
type Kind uint
const (
    Invalid Kind = iota
    Bool
    Int
    Int8
    Int16
    Int32
    Int64
    Uint
    Uint8
    Uint16
    Uint32
    Uint64
    Uintptr
    Float32
    Float64
    Complex64
    Complex128
    Array
    Chan
    Func
    Interface
    Map
    Ptr
```

```
26      Slice
27      String
28      Struct
29      UnsafePointer
30   )
```

在示例程序 10-1 中，第 26 行 reflect.TypeOf(v1)获取的类型是[]string，表示一个字符串类型的切片，如果调用 reflect.TypeOf(v1).Kind()则输出 slice，表示该类型的种类是切片。因此，我们需要根据具体的情况来合理选择是用 Type 还是 Kind。下面给出一个借助反射中的 Kind 类型来获取特定类型值的示例程序 10-2，具体的代码如下。

示例程序 10-2　反射 Kind 类型：chapter10\code02\main.go

```
package main
import (
   "fmt"
   "reflect"
)
func printValue(obj interface{}) {
   v := reflect.ValueOf(obj)
   k := v.Kind()
   switch k {
   case reflect.Int:
       fmt.Printf("int value is:%d\n", v.Int())
   case reflect.Float32:
       fmt.Printf("float32 value is:%f\n", v.Float())
   case reflect.Float64:
       fmt.Printf("float64 value is:%f\n", v.Float())
   case reflect.Bool:
       fmt.Printf("bool value is:%t\n", v.Bool())
   case reflect.String:
       fmt.Printf("string value is:%s\n", v.String())
   default:
       fmt.Printf("unknown type:%v", v)
   }
}
func main() {
   var o interface{}
   o = 3.1415
   //interface value -> reflect object
   fmt.Println(reflect.TypeOf(o))  //float64
   fmt.Println(reflect.ValueOf(o)) //3.1415
   //reflect object -> interface value
   iv := reflect.ValueOf(o).Interface()
   fmt.Printf("%+v", iv) //3.1415float64
   //interface value -> reflect object
   refObjectV := reflect.ValueOf(iv)
   fmt.Println(refObjectV.Kind())  //float64
   fmt.Println(refObjectV.Float()) //float64
   fmt.Println("================")
   printValue(o)
```

```
39      o = "hello go"
40      printValue(o)
41      o = true
42      printValue(o)
43      o = 7
44      printValue(o)
45  }
```

在示例程序 10-2 中，第 06 行 func printValue(obj interface{})语句定义了一个 printValue 函数，它接收一个类型为 interface{}的参数，在函数体内根据 reflect.Value 对象的 Kind()获取参数值对应的 Kind 类型，并通过枚举进行特殊处理。如果是 int 类型，则可以调用 v.Int()获取对应的 int 类型的值。

第 15 行定义了一个空接口类型的变量 o，第 16 行将一个 3.1415 的值赋给变量 o，此时接口值中的 pair 为(float64，3.1415)，即 Type 是 float64、Value 是 3.1415。第 28 行和第 29 行用于验证“反射可以通过接口变量值获取反射对象”这条规则。第 31 行 iv := reflect.ValueOf(o).Interface()语句，其中的函数调用返回一个 interface{}类型的值。由此可见，反射可以通过反射对象获取到接口变量值。32 行 fmt.Printf("%+v", iv) 打印出 3.1415float64，说明接口变量值确实由两部分组成（值 3.1415 和类型 float64）。

在目录 code02 中执行 go run 命令，输出结果如下：

```
> go run main.go
float64
3.1415
3.1415float64
3.1415
================
float64 value is:3.141500
string value is:hello go
bool value is:true
int value is:7
```

注 意

在 reflect.Value 对象上执行类似 Int()这样的方法，如果底层的类型不一致，就会报错，比如一个底层是 string 类型的空接口类型变量调用了 Int()。

10.2 获取结构体字段和方法

在 Go 语言中，结构体中一般会包含多个字段和方法，利用反射技术可以动态获取结构体中的字段（属性）信息和方法信息。下面给出一个获取自定义结构体实例中属性和方法的示例程序，具体的代码可参考示例程序 10-3。

示例程序 10-3 反射获取结构体字段和方法：chapter10\code03\main.go

```
package main
```

```
import (
  "fmt"
  "reflect"
)
type Student struct {
  id   string
  Name string
  Age  int
}
func (this Student) GetName() {
  fmt.Println(this.Name)
}
func (this *Student) GetAge() {
  fmt.Println(this.Age)
}
func (this Student) getId() {
  fmt.Println(this.id)
}
//printFiledMethod 打印结构体字段和方法
func printFiledMethod(o interface{}) {
  valueOf := reflect.ValueOf(o)
  //Value 可以获取 Type
  typeOf := valueOf.Type()
  fmt.Println(typeOf)
  if typeOf.Kind() == reflect.Struct {
      //获取结构体字段
      for i := 0; i < typeOf.NumField(); i++ {
          field := typeOf.Field(i)
          if valueOf.Field(i).CanInterface() {
              //私有属性报错
              value := valueOf.Field(i).Interface()
              fmt.Printf("%s:%v = %v\n", field.Name, field.Type, value)
          } else {
              fmt.Printf("%s:%v = %v\n", field.Name, field.Type, "私有字段")
          }
      }
  }
  //获取方法(不能获取私有方法)
  for i := 0; i < typeOf.NumMethod(); i++ {
      m := typeOf.Method(i)
      fmt.Printf("%s:%v\n", m.Name, m.Type) //GetName:func(main.Student)
  }
}
func main() {
  stu := Student{Name: "Jack", Age: 25}
  //只能获取值接收者方法
  printFiledMethod(stu)
  fmt.Println("============")
```

```
50        a := 2
51        printFiledMethod(a)
52        fmt.Println("=============")
53        //可以获取指针接收者方法
54        printFiledMethod(&stu)
55    }
```

在示例程序 10-3 中，第 06 行用 type Student struct 定义了一个 Student 类型的结构体，其中有 3 个字段，一个 id 字段是私有字段，另外两个字段为公有字段。第 11 行 func (this Student) GetName() 语句定义了一个公有的、值接收者的 GetName 方法。

第 14 行 func (this *Student) GetAge()语句定义了一个公有的、指针接收者的 GetAge 方法。第 17 行 func (this Student) getId()语句定义了一个私有的、值接收者的 getId 方法。

第 21 行 func printFiledMethod(o interface{})语句定义了一个参数为 interface{}类型的 printFiledMethod 函数，主要用于打印参数类型中的字段信息和方法信息。reflect.Type 类型中有一个 NumField()方法可以获取结构体的字段数量，如果是非结构体就会抛出 panic 错误，因此在第 26 行用 typeOf.Kind() == reflect.Struct 语句对参数的类型进行判断，第 29 行 typeOf.Field(i)可以返回一个 StructField 类型的结构体，从而获取到字段的相关详细信息。

第 32 行 valueOf.Field(i).Interface()返回 Value 类型对应的 interface{}对象，但是，这个访问操作作用于结构体中的私有字段时会抛出错误，因此需要调用 valueOf.Field(i).CanInterface()进行判断。

同样的，第 40 行 typeOf.NumMethod()可以获取到方法的数量，这样可以通过 for 循环对方法进行遍历，typeOf.Method(i)可以获取特定索引的方法，并返回一个 Method 类型的结构体，从而可以获取更多方法的详细信息。

第 46 行 stu := Student{Name: "Jack", Age: 25}语句定义并初始化一个结构体变量 stu，第 48 行调用函数 printFiledMethod 对参数 stu 进行字段和方法的遍历操作。由于函数 printFiledMethod 可以接收任意一个类型为参数，因此在第 50~51 行传入一个整数类型的变量 a 作为参数，从而验证一下非结构体的类型是否可以获取内置的字段信息或方法信息。

第 54 行 printFiledMethod(&stu)语句将一个指针作为参数，此时可以查看*Student 类型如何打印字段和方法。

在目录中执行 go run 命令，结果如下：

```
>go run code03\main.go
main.Student
id:string = 私有字段
Name:string = Jack
Age:int = 25
GetName:func(main.Student)
=============
int
=============
*main.Student
GetAge:func(*main.Student)
GetName:func(*main.Student)
```

注 意

结构体中私有的字段或者方法在反射时默认是获取不到信息的，结构体指针类型可以获取指针接收者方法，而结构体类型不能获取指针接收者方法。

10.3 反射动态修改值

反射除了可以在运行时动态获取对象的类型和值之外，在某些条件下还可以修改对象的值，这个功能是反射强大的一个表现。根据反射三原则可知，修改反射对象值的前提是这个值可设置。下面给出一个用反射在运行时修改对象值的示例程序，具体的代码可参考示例程序 10-4。

示例程序 10-4 反射获取结构体字段和方法：chapter10\code04\main.go

```
package main
import (
  "fmt"
  "reflect"
)
func main() {
  msg := "Hello"
  t := reflect.TypeOf(msg)
  fmt.Println(t) // string
  t = reflect.TypeOf(&msg)
  fmt.Println(t) // *string
  //如果类型的 Kind 不是 Array、Chan、Map、Ptr 和 Slice，则抛出 panic 异常
  fmt.Println(t.Elem()) //Type 类型 string
  //reflect.ValueOf(msg).Elem()错误
  v := reflect.ValueOf(&msg)
  //如果参数 v 的 Kind 不是 Interface 或 Ptr，则抛出 panic 异常
  fmt.Println(v.Elem()) //Value 类型 Hello
  //访问未导出的结构体字段，则抛出 panic 异常
  if v.Elem().CanInterface() {
      vs := v.Elem().Interface().(string) //字符串（string）类型
      //interface 转换错误：interface {} is string, not int
      //vs := v.Elem().Interface().(int)
      fmt.Println(vs) //Hello
  }
  //可设置才能修改
  if v.Elem().CanSet() {
      v.Elem().SetString("Go")
  }
  fmt.Println(msg) //Go
  //非指针，修改的是值的副本
  v = reflect.ValueOf(msg)
  //可设置才能修改
  if v.CanSet() {
```

```
34            v.SetString("Go1")
35        }
36        fmt.Println(msg) //还是 Go，不是 Go1
37    }
```

在示例程序 10-4 中，第 07 行 msg := "Hello"语句定义并初始化了一个字符串类型的变量 msg，值为"Hello"。第 10 行 t = reflect.TypeOf(&msg)语句将一个指针&msg 对象转换成 reflect.Type，第 13 行 t.Elem()可以获取接口值或者指针对应的类型，如果类型的 Kind 不是 Array、Chan、Map、Ptr 和 Slice，则会抛出 panic 异常。

第 15 行 v := reflect.ValueOf(&msg)语句将一个指针&msg 对象转换成 reflect.Value，第 17 行 v.Elem() 可以获取接口值或者指针对应的值，如果参数 v 的 Kind 不是 Interface 或 Ptr，则会抛出 panic 异常。第 20 行 vs := v.Elem().Interface().(string)语句首先将 reflect.Value 转换成 interface{}值，并通过类型断言为 string 类型，则此时变量 vs 是 string 类型。

第 26 行 v.Elem().CanSet()函数可以判断此 Value 是否可以设置，可以设置就返回 true，此时可以调用 v.Elem().SetString("Go")修改变量 msg 的值。

第 31 行 v = reflect.ValueOf(msg)语句重新获取变量 msg 的 reflect.Value 类型，并在可设置的情况下，在第 34 行调用 v.SetString("Go1")修改值信息。

在目录中执行 go run 命令，结果如下：

```
> go run main2.go
string
*string
string
Hello
Hello
Go
Go
```

从程序执行结果上看，v = reflect.ValueOf(msg)语句返回的是一个值类型 v，而值类型的传递是复制一个副本，那么 v 的改变并不能更改原始的 msg。要想将 v 的更改作用到 msg，就必须传递 msg 的地址，即通过 v = reflect.ValueOf(&msg)语句。

reflect.Value 和 reflect.Type 都提供了 Elem()方法。reflect.Value.Elem() 返回一个 interface 或者 pointer 的值；reflect.Type.Elem()返回一个类型，如 Array、Chan、Map、Ptr 和 Slice。

注　意
只有 Value 对象有 Interface()，Type 对象没有 Interface()。

如果是一个结构体，那么如何用反射修改结构体中的字段值呢？其实和修改 string 类型变量类似，下面给出一个用反射修改结构体字段值的示例程序，具体的代码可参考示例程序 10-5。

示例程序 10-5　反射修改结构体的字段值：chapter10\code05\main.go

```
package main
import (
    "fmt"
    "reflect"
```

```
05  )
06  type Student struct {
07    id   string
08    Name string
09    Age  int
10  }
11  func main() {
12    stu := Student{Name: "Jack", Age: 25}
13    //参数必须为指针
14    v2 := reflect.ValueOf(&stu.Name)
15    v2.Elem().SetString("Jack2")
16    fmt.Println(stu)
17    v2 = reflect.ValueOf(&stu.Age)
18    v2.Elem().SetInt(33)
19    //包外不能访问私有变量
20    v2 = reflect.ValueOf(&stu.id)
21    v2.Elem().SetString("001")
22    fmt.Println(stu)
23  }
```

在示例程序 10-5 中，第 06~10 行定义了一个 Student 类型的结构体，其中有 3 个字段，id 为私有字段，Name 和 Age 是公有字段。第 12 行 stu := Student{Name: "Jack", Age: 25}语句定义并初始化了一个变量 stu，第 14 行 v2 := reflect.ValueOf(&stu.Name)语句获取 Name 字段的 reflect.Value 类型，第 15 行 v2.Elem().SetString("Jack2")把 Name 字段的值修改为"Jack2"。

注意，这里不能使用 v2.SetString("Jack2")。同理，第 17 行 v2 = reflect.ValueOf(&stu.Age)获取 Age 字段的 reflect.Value 类型，第 18 行 v2.Elem().SetInt(33)把 Age 字段的值修改为 33。

第 20 行 v2 = reflect.ValueOf(&stu.id)语句获取私有字段 id 的 reflect.Value 类型，但并未报错，这是由于在同一个包内，第 21 行用 v2.Elem().SetString("001")可以把私有字段 id 的值修改为"001"。在目录中执行 go run 命令，结果如下：

```
> go run main.go
{ Jack2 25}
{001 Jack2 33}
```

注 意

reflect.ValueOf 用于修改结构体字段的值，参数必须为指向字段地址的指针。另外，反射修改结构体的私有字段值在包外是非法的，而在同一个包则是可以修改的。

10.4 获取结构体字段标识

在 Go 语言中，支持在结构体字段上定义一些字段标识 Tag，这样当解决结构体在序列化成 JSON 时可以进行一些更为灵活的定制，而不用强制 JSON 的键必须和字段名一致。

在 Java 等语言中，同样可以利用在类上定义一些 Tag 注解来自动生成代码，这也是 ORM 框架必须要借助的语言特性之一。通过 Go 语言反射中 Type 类型上的 Field()方法，返回 StructField 结构体，该结构体中就包含字段标识 Tag 信息，可以调用 Get(Key)方法来获取其中的 Tag 信息。

结构体字段标识 Tag 由一个或多个 Key/Value 对（键/值对）所组成，整体用``括起来。键（Key）与值（Value）用冒号（:）进行分隔，值用英文双引号括起来。Key/Value 对之间使用一个空格分隔。下面给出一个用反射获取结构体字段标识的示例程序，具体的代码可参考示例程序 10-6。

示例程序 10-6　用反射获取结构体字段标识：chapter10\code06\main.go

```
01  package main
02  import (
03     "fmt"
04     "reflect"
05  )
06  //Student 字段标识 Tag
07  type Student struct {
08     id   string `json:"id" iskey:"1"`
09     Name string `json:"cname" table:"t_student"`
10     Age  int    `json:"age"`
11  }
12  func main() {
13     stu := Student{Name: "Jack", Age: 25}
14     t := reflect.TypeOf(&stu).Elem()
15     m := make(map[string]string)
16     for i := 0; i < t.NumField(); i++ {
17         m[t.Field(i).Name] = t.Field(i).Tag.Get("json")
18     }
19     fmt.Println(m) //map[Age:age Name:cname id:id]
20     if f, ok := t.FieldByName("Name"); ok {
21         //t_student
22         fmt.Println("Name 字段的 table 标识值:", f.Tag.Get("table"))
23     }
24     if f, ok := t.FieldByName("id"); ok {
25         //1
26         fmt.Println("id 字段的 iskey 标识值:", f.Tag.Get("iskey"))
27     }
28  }
```

在示例程序 10-6 中，第 07~11 行定义了一个 Student 结构体，其中有 3 个字段，id 为私有字段，Name 和 Age 为公有字段。这次定义字段和以前定义字段不一样，后面跟着类似`json:"id" iskey:"1"`的标识，这就是字段标识 Tag。

字段标识 Tag 可以根据实际需求自行进行定义，既可以是一个，也可以是多个。在目录 code06 中执行命令，结果如下：

```
> go run .\main.go
map[Age:age Name:cname id:id]
Name 字段的 table 标识值: t_student
id 字段的 iskey 标识值: 1
```

注 意

如果字段是私有的，那么在包外无法获取到字段的 Tag 信息。

10.5 判断是否实现接口

在很多框架中，都是面向接口来开发的。在开发框架时，对于具体实现的类型是未知的，因此只能约定某个方法或者函数的参数类型必须实现于某个框架的接口中。只要在后续使用框架时用特定的类型实现了接口，就可以使用框架中定义的功能。

在 Go 语言中，判断一个已知的类型变量是否实现了某个接口非常简单，采用如下语法即可：

```
变量名.(接口名)
```

这种类型验证的方式无法有效用于判断框架之类场景接口的实现。因为框架代码先行开发，而使用框架的代码后续开发。换句话说，在框架代码中对调用代码涉及的后续实现类型无法预知。

不过，我们可以利用反射技术在运行时对某个对象判断是否实现了接口。因此，反射判断接口的实现是常用的一种技术。下面给出一个用反射判断是否实现了接口的示例程序，具体的代码可参考示例程序 10-7。

示例程序 10-7 判断是否实现了接口-1：chapter10\code07\main.go

```
package main
import (
   "fmt"
   "reflect"
)
type IDuck interface {
   SingGua()
}
type Goose struct {
}
//实现 IDuck 接口
func (this *Goose) SingGua() {
   fmt.Println("Goose Sing Gua")
}
func main() {
   intf := new(IDuck) //*IDuck
   intfType := reflect.TypeOf(intf).Elem()
   goose := Goose{}
   srcType := reflect.TypeOf(&goose)
   //判断是否实现了 IDuck 接口
   if srcType.Implements(intfType) {
      //*main.Goose 实现了 main.IDuck 接口
      fmt.Printf("%v 实现了%v 接口", srcType, intfType)
   } else {
      fmt.Printf("%v 没有实现%v 接口", srcType, intfType)
```

```
    }
    fmt.Println("\n==============")
    srcType = reflect.TypeOf(goose)
    if srcType.Implements(intfType) {
        fmt.Printf("%v 实现了%v 接口", srcType, intfType)
    } else {
        //main.Goose 没有实现 main.IDuck 接口
        fmt.Printf("%v 没有实现%v 接口", srcType, intfType)
    }
}
```

在目录 code07 中执行命令，结果如下：

```
> go run main.go
*main.Goose 实现了 main.IDuck 接口
==============
main.Goose 没有实现 main.IDuck 接口
```

从上面的输出结果可知，*main.Goose 实现了 main.IDuck 接口，而 main.Goose 没有实现 main.IDuck 接口。这是为什么呢？如果将上述代码稍作调整，就会打印二者实现接口的结果，如示例程序 10-8 所示。

示例程序 10-8　判断是否实现了接口-2：chapter10\code07\main2.go

```
package main
import (
  "fmt"
  "reflect"
)
type IDuck interface {
  SingGua()
}
type Goose struct {
}
//实现 IDuck 接口
func (this Goose) SingGua() {
  fmt.Println("Goose Sing Gua")
}
func main() {
  intf := new(IDuck) //*IDuck
  intfType := reflect.TypeOf(intf).Elem()
  goose := Goose{}
  srcType := reflect.TypeOf(&goose)
  //判断是否实现了 IDuck 接口
  if srcType.Implements(intfType) {
      //*main.Goose 实现了 main.IDuck 接口
      fmt.Printf("%v 实现了%v 接口", srcType, intfType)
  } else {
      fmt.Printf("%v 没有实现%v 接口", srcType, intfType)
  }
  fmt.Println("\n==============")
  srcType = reflect.TypeOf(goose)
```

```
    if srcType.Implements(intfType) {
        //main.Goose 实现了 main.IDuck 接口
        fmt.Printf("%v 实现了%v 接口", srcType, intfType)
    } else {
        fmt.Printf("%v 没有实现%v 接口", srcType, intfType)
    }
}
```

在目录 code07 中执行命令，结果如下：

```
> go run main2.go
*main.Goose 实现了 main.IDuck 接口
==============
main.Goose 实现了 main.IDuck 接口
```

> **注　意**
>
> 判断一个对象是否实现了某个接口，需要区分接口实现的方法是值接收者类型还是指针接收者类型，二者在判断实现接口上存在差异。

10.6　动态调用方法

Java 或 C#的很多框架中都使用了反射技术来动态地实例化类，并动态调用需要的方法。这是反射最强大的功能之一。就目前而言，Go 语言在反射机制的完善度上与 Java 或 C#还有一点差距。

Java 和 C#都支持用一个全路径的名称来实例化对象。例如，在 Java 语言中，我们可以用 Class.forName("com.mycompany.Student")快速实例化一个对象，而这种特性在 Go 语言中还不支持。下面给出利用反射动态调用方法的示例程序，具体的代码可参考示例程序 10-9。

示例程序 10-9　动态调用方法：chapter10\code08\main.go

```
package main
import (
   "fmt"
   "reflect"
)
type PC struct {
   Name string
}
func (this *PC) GetName() string {
   return this.Name
}
func (this PC) Sum(a, b int) int {
   return a + b
}
func main() {
   pc := PC{Name: "神州"}
   //指针类型能调用值接收者方法和指针接收者方法
```

```
18      vt := reflect.ValueOf(&pc)
19      vm := vt.MethodByName("GetName")
20      results := vm.Call(nil)
21      fmt.Println("GetName()=", results[0].String())
22      vm = vt.MethodByName("Sum")
23      res := vm.Call([]reflect.Value{reflect.ValueOf(3),
          reflect.ValueOf(5)})
24      fmt.Println("Sum(3,5)=", res[0].Int())
25      fmt.Println("=============")
26      //非指针类型只能调用值接收者方法
27      vt = reflect.ValueOf(pc)
28      vm = vt.MethodByName("Sum")
29      res = vm.Call([]reflect.Value{reflect.ValueOf(3),
          reflect.ValueOf(5)})
30      fmt.Println("Sum(3,5)=", res[0].Int())
31      //vm = vt.MethodByName("GetName")
32      //results = vm.Call(nil) //panic异常
33    }
```

在示例程序 10-9 中，第 16 行 pc := PC{Name: "神州"}语句定义了一个 PC 类型的变量 pc，第 18 行 vt := reflect.ValueOf(&pc)语句可以获取&pc 对象上的 Value 值。此时可以在该对象上调用 MethodByName 方法来获取内置的方法对象，并可以用 Call 进行动态的方法调用。

在这个示例程序中，需要注意的是，在使用反射功能时，指针类型的 reflect.Value 能调用值接收者方法和指针接收者方法，而非指针类型的 reflect.Value 只能调用值接收者方法。

在目录 code08 中执行命令，结果如下：

```
> go run .\main.go
GetName()= 神州
Sum(3,5)= 8
=============
Sum(3,5)= 8
```

示例程序 10-9 中演示的利用反射技术动态调用方法还不够灵活，灵活的反射应该尽可能通过字符串来进行实例化，比如函数名、参数列表等都是字符串。下面给出稍微灵活一点的动态调用方法（函数）的示例程序，具体的代码可参考示例程序 10-10。

示例程序 10-10　动态调用方法：chapter10\code09\main.go

```
package main
import (
  "errors"
  "fmt"
  "reflect"
)
func print(msg string) {
  fmt.Println(msg)
}
func sum(a, b int) int {
  return a + b
}
```

```
func funcCall(m map[string]interface{}, fn string, ps ...interface{})
  ([]reflect.Value,error) {
    fv := reflect.ValueOf(m[fn])
    if len(ps) != fv.Type().NumIn() {
        err := errors.New("参数个数错误")
        return nil,err
    }
    in := make([]reflect.Value, len(ps))
    for k, p := range ps {
        in[k] = reflect.ValueOf(p)
    }
    result := fv.Call(in)
    return result,nil
}
func main() {
    //注册函数
    funcs := map[string]interface{}{
        "print": print,
        "sum": sum,
    }
    //动态调用
    funcCall(funcs, "print", "hello world")//hello world
    v, _ := funcCall(funcs, "sum", 1, 2)
    fmt.Println(v[0].Int()) //3
}
```

在目录 code09 中执行命令，结果如下：

```
> go run main.go
hello world
3
```

注 意

目前 Go 语言中的反射功能还没有 Java 或 C#语言中的反射功能强大，同时缺少动态编译，也就是缺少脚本支持，但是可以通过第三方包来弥补这个不足。动态地执行脚本才是最灵活的，尽管效率会有点低。

10.7 演练：ORM 基本实现

ORM（Object Relation Mapping，对象关系映射）是随着面向对象的软件开发方法而产生的。目前面向对象的开发方法是当今企业级应用开发中的主流方法，而关系型数据库也是企业级应用开发中使用的主流数据存储系统。Java 语言中常见的 ORM 框架是 Hibernate。

对象和关系型数据是现实业务中数据的两种表现形式，业务数据在计算机内存中表现为对象，而在关系型数据库中则表现为关系型数据，但二者之间存在差异，因此 ORM 框架一般以中间件的形式存在，主要实现对象和关系型数据库数据的映射处理。

在实际应用中，有的软件可以支持多种关系型数据库，比如 MySQL、Oracle 和 SQL Server 等。虽然程序是相同的，但是不同数据库实现的 SQL 细节存在差异，比如分页，因此如果有一个 ORM 框架来自动处理对象到数据库数据的映射、动态生成符合特定数据库的 SQL，那么程序的灵活性就会大大提高，而且当我们对业务实体字段进行修改时，比如增加一个字段、修改一个字段的类型等，则不需要重新修改 SQL，ORM 框架会自动帮我们处理。这样编程人员可以将更多的精力放在业务逻辑的设计上，而非底层的数据库上。

这里我们只实现一个非常简单的 ORM 框架。下面给出本示例项目的目录结构，如图 10.2 所示。

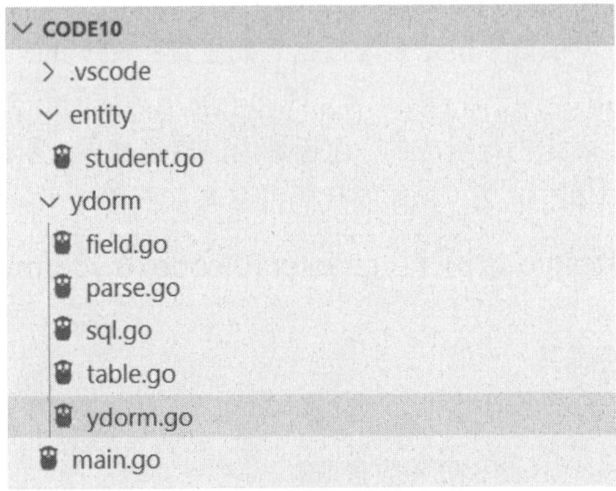

图 10.2　ORM 示例项目之目录结构

从图 10.2 可以看出，本示例项目涉及的文件较多，有两个子目录，其中 entity 目录存放实体，ydorm 存放 ORM 框架核心的目录。下面是 entity 目录中的 Student 结构体示例程序，具体的代码可参考示例程序 10-11。

示例程序 10-11　Student 结构体：chapter10\code10\entity\student.go

```
package entity
//Student 用 Tag 描述字段信息
type Student struct {
  TableName string "t_student"
  Id       string `field:"id" iskey:"1"`
  Name      string `field:"cname"`
  Age       int    `field:"age"`
  Sex       string
}
```

在示例程序 10-11 中，定义了一个类型为 Student 的结构体，其中共有 5 个字段用于描述这个结构体。结构体 Student 中的部分字段用标识 Tag 进行描述，这些描述是 ORM 框架生成 SQL 的重要依据。在实际项目中，应该会有比较多的实体，由于这里只是作为示例，因此只用了一个 Student 结构体作为示例。

我们再把视线切换到 ydorm 目录中，这个目录中有 5 个文件，首先看一下 field.go 文件。这个文件主要定义了一个 FieldInfo 类型的结构体，用于描述数据库字段信息，具体的代码如示例程序 10-12 所示。

示例程序 10-12　FieldInfo 结构体：chapter10\code10\ydorm\field.go

```
package ydorm
import "reflect"
//FieldInfo 表结构体的字段信息
type FieldInfo struct {
  Name         string
  IsPrimaryKey bool
  refValue     reflect.Value
}
```

在示例程序 10-12 中，定义的 FieldInfo 类型的结构体主要有 3 个字段。其中，Name 用于表示字段名；IsPrimaryKey 用于表示该字段是否为数据表的主键；refValue 是一个 reflect.Value 类型的字段，用于表示字段的值。由于字段的类型未知，因此不能用具体的静态类型，比如 int 或者 string。

数据库是由表组成的，表是由行组成的，而行是由字段组成的。示例程序 10-12 定义了字段的结构，下面给出一个表结构体的定义，具体的代码可参考示例程序 10-13。

示例程序 10-13　TableInfo 结构体：chapter10\code10\ydorm\table.go

```
package ydorm
//TableInfo 表信息
type TableInfo struct {
  Name   string       //表名
  Fields []FieldInfo //表字段信息
}
```

在示例程序 10-13 中，定义的 TableInfo 类型的结构体主要有 2 个字段。其中，Name 用于表示表名；Fields 是一个[]FieldInfo 类型的切片，用于表示表中行的字段组成。对于任意的实体对象，需要利用反射技术进行解析，解析逻辑可参考示例程序 10-14。

示例程序 10-14　实体解析：chapter10\code10\ydorm\parse.go

```
package ydorm
import (
  "reflect"
  "strings"
)
//parseEntity 解析实体对象
func parseEntity(entity interface{}) (tInfo *TableInfo, err error) {
  tInfo = &TableInfo{}
  rt := reflect.TypeOf(entity)
  rv := reflect.ValueOf(entity)
  //如果是指针，则需要用 Elem()
  if rt.Kind() == reflect.Ptr {
      rt = rt.Elem()
      rv = rv.Elem()
  }
  //字段解析
  for i, j := 0, rt.NumField(); i < j; i++ {
      rtf := rt.Field(i) //StructField
      rvf := rv.Field(i) //Value
```

```
        var f FieldInfo
        //没有 Tag，结构体字段和表字段名一致
        if rtf.Tag == "" {
            f = FieldInfo{Name: rtf.Name, IsPrimaryKey: false, refValue: rvf}
        } else {
            strTag := string(rtf.Tag)
            if strings.Index(strTag, ":") == -1 {
                //Tag 中没有":"时，为表名字段
                tInfo.Name = strTag
                continue
            } else {
                //解析 Tag 中的 field 键为表字段名
                field := rtf.Tag.Get("field")
                //解析 Tag 中的 PK
                isKey := false
                strIsKey := rtf.Tag.Get("iskey")
                if strIsKey == "1" {
                    isKey = true
                }
                f = FieldInfo{Name: field, IsPrimaryKey: isKey, refValue: rvf}
            }
        }
        tInfo.Fields = append(tInfo.Fields, f)
    }
    return
}
```

在示例程序 10-14 中，主要是利用反射技术中的 reflect.TypeOf 和 reflect.ValueOf 将接口值转换成反射对象，并遍历结构体中的字段。在遍历过程中，对于字段上的 Tag 信息，调用 Tag.Get() 函数来获取特定 Key 的标识。

本示例程序约定，如果结构体上没有 Tag 定义的信息，则结构体字段和表字段名一致；如果有 Tag 定义的信息，但是 Tag 中没有":"时，则表示表名。ORM 的内部是根据结构体的定义来自动生成 SQL，从而让开发者只需关注实体字段，而无须过多关注底层的 SQL。因此，在对结构体对象进行解析后，还需要一些函数来自动生成 SQL。下面给出根据解析过程生成 SQL 的示例程序，具体的代码可参考示例程序 10-15。

示例程序 10-15 实体解析成 SQL：chapter10\code10\ydorm\sql.go

```
package ydorm
import (
  "strings"
)
//genInsertSQL 根据实体生成插入语句
func genInsertSQL(entity interface{}) (string, []interface{}) {
  tbInfo := parseEntity(entity)
  //拼接 Sql 语句及其参数值
  strSQL := "insert into " + tbInfo.Name
```

```
10      strFileds := ""
11      strValues := ""
12      var params []interface{}
13      for _, v := range tbInfo.Fields {
14          strFileds += v.Name + ","
15          strValues += "?,"
16          //非导出字段不能 Interface()
17          if v.refValue.CanInterface() {
18              params = append(params, v.refValue.Interface())
19          }
20      }
21      strFileds = strings.TrimRight(strFileds, ",")
22      strValues = strings.TrimRight(strValues, ",")
23      strSQL += " (" + strFileds + ") values(" + strValues + ")"
24      return strSQL, params
25  }
```

在示例程序 10-15 中，第 07 行 tbInfo := parseEntity(entity)语句利用前面定义的实体对象解析器来解析传入的参数 entity，并把结果存储在 TableInfo 类型的变量 tbInfo 中，再利用 for range 遍历 tbInfo.Fields 中的值，最后拼接成 SQL。

示例程序 10-15 只列出了生成 Insert SQL 语句的部分，而生成 Update 和 Delete SQL 语句的思路是一致的，这里不再赘述，具体内容可以参见 sql.go 文件。

注意，上述定义的函数其函数名的首字母都是小写的，包外无法直接调用，因此需要一个对外的函数来提供 ORM 服务。下面给出对外提供 ORM 服务的示例程序，具体的代码可参考示例程序 10-16。

示例程序 10-16 ydorm：chapter10\code10\ydorm\ydorm.go

```
package ydorm
import (
    "fmt"
)
//Save 新增实体对象
func Save(entity interface{}) (isOk bool, err error) {
    defer func() {
        if err := recover(); err != nil {
            isOk = false
            fmt.Println("捕获异常:", err)
        }
    }()
    strSQL, p := genInsertSQL(entity)
    fmt.Println(strSQL)
    fmt.Println(p)
    //执行 SQL
    isOk = true
    return
}
//Update 更新实体对象
func Update(entity interface{}) (isOk bool, err error) {
```

```
22      defer func() {
23          if err := recover(); err != nil {
24              isOk = false
25              fmt.Println("捕获异常:", err)
26          }
27      }()
28      strSQL, p := genUpdateSQL(entity)
29      fmt.Println(strSQL)
30      fmt.Println(p)
31      //执行 SQL
32      isOk = true
33      panic("模拟更新失败")
34      return
35  }
```

在示例程序 10-16 中定义了一个 Save(entity interface{})和 Update(entity interface{})函数，而 Delete(entity interface{})函数并未在上面列出，具体的代码可参见文件 ydorm.go。第 07~12 行用 defer...recover 定义了一个异常处理机制，用于捕获异常。为了模拟异常，第 33 行用 panic("模拟更新失败")来手动抛出异常。

在实际项目中，Save 或者 Update 函数需要操作的细节更多，比如根据具体的数据库类型来生成 SQL 语句，且要在打开的数据库中执行生成的 SQL 语句。这些细节这里不展开阐述，只是调用 fmt.Println(strSQL)将生成的 SQL 语句输出。

最后，在主函数中调用构建的 ORM 框架来验证是否如预期那样执行。下面给出主函数的具体代码，如示例程序 10-17 所示。

示例程序 10-17　ORM 主函数：chapter10\code10\main.go

```
package main
import (
  "fmt"
  "go.introduce/chapter10/code10/entity"
  "go.introduce/chapter10/code10/ydorm"
)
func main() {
  stu := entity.Student{
      Id:   "001",
      Name: "Jack",
      Age:  25,
      Sex:  "男",
  }
  if isOk, _ := ydorm.Save(&stu); isOk {
      fmt.Println("新增成功")
  }
  if isOk, _ := ydorm.Update(&stu); isOk {
      fmt.Println("更新成功")
  }
  if isOk, _ := ydorm.Delete(&stu); isOk {
      fmt.Println("删除成功")
  }
```

```
23    }
```

在目录 code10 中执行命令，结果如下：

```
> go run main.go
insert into t_student (id,cname,age,Sex) values(?,?,?,?)
[001 Jack 25 男]
新增成功
update t_student set cname=?,age=?,Sex=? where id=?
[Jack 25 男 001]
捕获异常：模拟更新失败
delete from t_student where id=?
[001]
删除成功
```

10.8 小 结

反射主要是指程序可以访问、检测和修改它本身的状态或行为的一种能力。一些框架采用反射机制是为了让框架更加通用和更加开放，可以对一些不确定的类型进行处理。掌握反射技术对于提升编程水平至关重要。

在 Go 语言中，利用反射可以动态地获取接口值的类型和值信息，并可以动态调用方法。但是目前 Go 语言的反射功能还不能做到 Java 语言中反射功能那么强大，期望后续版本可以进一步提升反射的功能。

第 11 章

Go 的 Web 服务

云计算服务在最近几年发展迅速，越来越多的软件实现云端部署和使用。基于云平台的软件数量也会不断增加，比如区块链、虚拟现实，甚至物联网都可以作为云服务。随着技术的发展，原本需要本地安装的软件都慢慢迁移到云上，这就涉及渐进式 Web 应用程序。

渐进式 Web 应用程序（PWA）是具有本地应用程序体验的 Web 应用程序，它不需要下载，就具有移动 App 的全部功能，包括内容与消息推送。PWA 可以有效提高用户的参与度，增加产品的转化率，PWA 涉及的领域有电商、银行、旅游、媒体和医疗保健等。PWA 可以运行在移动设备、台式机以及平板电脑上，可为用户提供跨设备的无缝体验。因此，开发 PWA 将成为未来几年软件发展的趋势之一。

Go 语言内置的标准库可非常方便地用于实现 Web 服务。用 Go 语言实现一个简单的 Web 服务器，简单到 100 行以内的代码即可实现。可以说，Go 语言开发的 Web 程序是不需要安装 Web 服务器的。

本章主要介绍用 Go 语言实现 Web 服务的相关知识，其中涉及 HTTP/HTTPS 协议下的 Web API、WebSocket 以及 SSE 等知识。本章涉及的主要知识点有：

- HTTP/HTTPS 协议下的 Web API：使用 Go 语言实现 HTTP/HTTPS 协议下的 Web API。
- WebSocket：使用 Go 语言通过 WebSocket 实现服务器和客户端的交互。
- SSE：使用 Go 语言实现 SSE。
- 实战演练：构建自己的 Web 服务器。

11.1 HTTP/HTTPS

当我们打开浏览器并在地址栏输入 http://www.baidu.com 时，实际上就是告知浏览器我们要基于 HTTP 协议去访问服务器资源。www.baidu.com 是百度的域名，通过域名服务器可以解析出对应的 IP 地址，然后再路由到 IP 地址指向的百度服务器去获取相关的资源。

11.1.1 HTTP 协议原理

HTTP 是超文本传输协议，是一个基于请求与响应、无状态的应用层协议。它是基于 TCP/IP 协议进行数据交互的，是互联网上 Web 应用最为广泛的一种网络协议。制定 HTTP 协议的目的是为了提供一种发布和接收 HTML 页面的方法。

HTTP 协议的发展经历了如下几个阶段：

- 1991 年 HTTP/0.9：不涉及数据包传输，客户端和服务器交互只支持 GET 方式，没有 Header 等描述数据的信息，服务器发送完毕就关闭 TCP 连接。
- 1996 年 HTTP/1.0：在原有协议基础上增加多种请求方式，例如 POST、PUT 和 DELETE 等命令，增加 Status Code 和 Header，同时支持多字符集和缓存等。
- 1997 年 HTTP/1.1：在原有协议基础上，增加持久化连接（长连接）和管道机制（Pipeline）等功能，占用更少的网络带宽。
- 2015 年 HTTP/2：所有数据以二进制传输（二进制协议），支持多路复用、服务器推送和 Header 信息压缩等，Web 服务效率更高。

HTTP/1.1 和 HTTP/2 两种协议在处理网络请求时的对比示意图如图 11.1 所示。

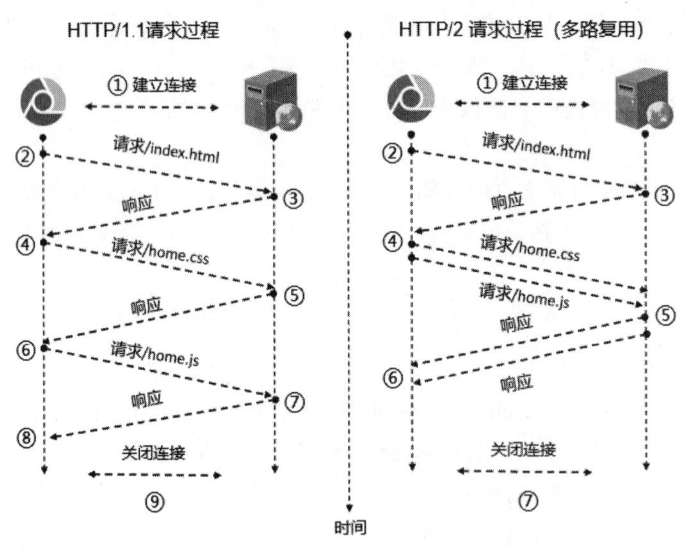

图 11.1　HTTP/1.1 和 HTTP/2 再处理网络请求时的对比示意图

客户端与服务器器建立连接后，假设客户端请求 index.html 页面（其中包含一个 home.css 和 home.js 文件）。从图 11.1 可知，HTTP/2 协议中的多路复用技术支持通过单一的 HTTP/2 连接请求发起多个请求-响应消息，多个请求数据流（Stream）共用一个 TCP 连接，从而实现请求并行的效果。这个过程不需要建立多个 TCP 连接，即可同时请求 home.css 和 home.js，而无须像 HTTP/1.1 那样分别请求。因此，通信效率更高。

HTTP 协议在网络上传输的数据都是明文传输，因而在网络上可以劫持数据，因此 HTTP 在传输敏感数据时实际上是不安全的。

HTTP 主要有如下特点：

- 无状态：协议对客户端的状态没有存储，因此对客户端的请求没有记忆能力。
- 无连接：在 HTTP/1.1 之前，由于无状态特点，每次客户端请求都需要通过 TCP 多次握手，以实现和服务器建立连接。
- 基于请求和响应：由客户端发起请求，服务端响应。
- 数据以明文方式传输：通信使用明文、请求和响应不会对通信方进行确认、无法保护数据的完整性，中途可劫持和篡改数据。

11.1.2　HTTPS 协议原理

随着互联网应用中涉及的业务越来越多，更多的个人敏感信息，比如手机号码、身份证号码、银行卡账号和密码等都在互联网上传输，因此必须要有一种更加安全的 HTTP 协议来进行数据的加密传输，即 HTTPS 协议。

HTTPS 超文本传输安全协议是一种通过计算机网络进行安全通信的传输协议，在 HTTP 和 TCP 之间加了一层用于加密解密的安全套接层/安全传输层（Secure Sockets Layer/Transport Layer Security）。使用 HTTPS 必须要有一套自己的数字证书（包含公钥和私钥）。

使用 HTTPS 的主要目的是提供对网站服务器的身份认证，同时保护交换数据的隐私与完整性。HTTPS 主要有如下特点：

- 数据加密：采用混合加密技术，无法直接查看明文内容。
- 验证身份：通过证书认证，客户端访问的是自己的服务器。
- 保护数据完整性：防止传输的内容被中间人冒充或者篡改。

正是由于 HTTPS 对网络数据传输进行了加密，并且可以防止冒充和篡改，因此现在很多的电商平台和银行等金融机构等都已经将网址升级到 HTTPS 协议之下，如淘宝官网 https://www.taobao.com 的界面截图如图 11.2 所示。

图 11.2　HTTPS 协议下的淘宝界面截图

HTTPS 本质上就是利用加密算法实现数据的加密传输，其中用到对称加密和非对称加密。对称加密是指客户端和服务端采用相同的密钥进行加密和解密；非对称加密是指客户端通过公钥加密，而服务端通过私钥解密。HTTPS 加密过程示意图如图 11.3 所示。

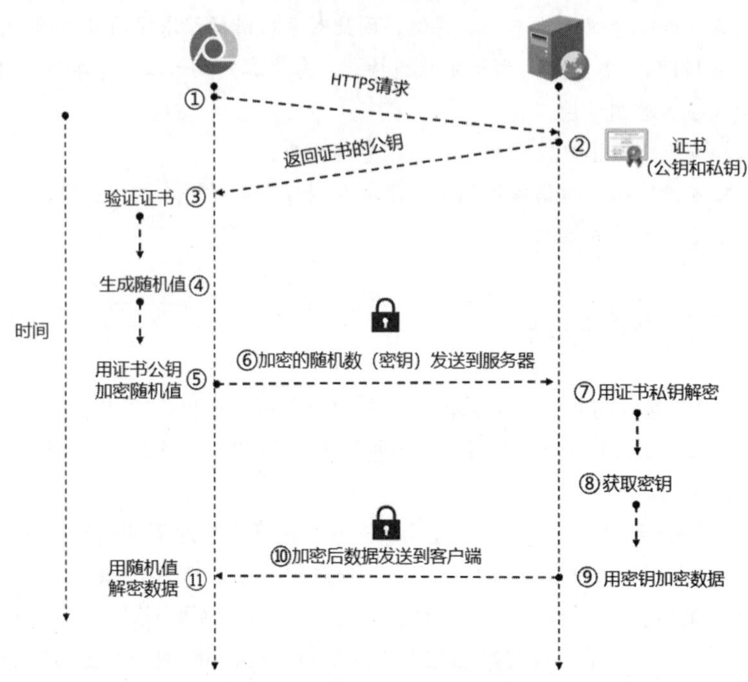

图 11.3　HTTPS 加密过程示意图

因为 TLS 握手的过程中采用了非对称加密，客户端无法获取服务器端证书的私钥，因此网络数据通信很难被中间人劫持。此外要求客户端提供证书。只有合法的证书，才能保证网络通信的双方是真实的，而不是伪造的。HTTPS 默认使用 443 端口，而 HTTP 默认使用 80 端口。

> **注　意**
>
> 尽管 HTTPS 并非绝对安全，掌握根证书的机构、掌握加密算法的组织同样可以进行中间人形式的攻击，但 HTTPS 仍是现行架构下最安全的解决方案。

服务端必须要有一套数字证书，自己颁发的证书需要客户端验证通过才可以继续访问，而使用受信任的公司申请的证书则不会弹出提示页面。这套证书其实就是一对公钥和私钥。HTTPS 协议虽然比较安全，但是它也有代价，其效率不如 HTTP。

11.1.3　Go 语言的 net/http 包

Go 语言对 Web 服务器端的编程提供了非常好的支持，标准库中的 net/http 包提供了很多 Web 服务相关的 API，可以帮助开发人员快速构建 Web 服务。

下面简单介绍一下能提供 HTTP 服务的 ListenAndServe 函数，它在 Go 源代码中的 net\http\server.go 文件中定义：

```
func ListenAndServe(addr string, handler Handler) error {
    server := &Server{Addr: addr, Handler: handler}
    return server.ListenAndServe()
}
```

该函数用于在特定的 TCP 网络地址 addr（第 1 个参数）上进行监听，然后调用服务端处理程序 handler（第 2 个参数）来处理传入的连接请求。handler 通常为 nil，这意味着服务端调用默认的 DefaultServeMux 进行处理。默认的 DefaultServeMux 会自动注册用户定义的客户端逻辑处理程序，比如 http.HandleFunc。

11.1.4　使用 Go 语言构建 HTTP Web 服务程序

下面给出一个用 Go 语言构建的简单 HTTP Web 服务的程序，让用户可以通过浏览器范围服务器的资源。本示例项目涉及服务器和客户端，其目录结构如图 11.4 所示。

图 11.4　简单的 HTTP Web 服务示例项目之目录结构

其中，server 目录下的 server.go 相当于实现了一个 HTTP Web 服务器。server.go 中的具体代码可参考示例程序 11-1。

示例程序 11-1　HTTP Web 服务：chapter11\code01\server\server.go

```
package main
import (
  "net/http"
)
func main() {
  http.HandleFunc("/", func(w http.ResponseWriter, r *http.Request) {
      if r.Method == "GET" {
          vars := r.URL.Query()
          key, ok := vars["key"]
          if ok {
              msg := "hello get " + key[0]
              w.Write([]byte(msg))
          } else {
              w.Write([]byte("hello world!"))
          }
      }
      if r.Method == "POST" {
          r.ParseForm()
          key := r.Form.Get("name")
          msg := "hello post " + key
          w.Write([]byte(msg))
      }
```

```
23      })
24      http.ListenAndServe("127.0.0.1:8080", nil)
25  }
```

在示例程序 11-1 中，第 03 行首先导入 net/http 包，这个包中有提供 Web 服务的核心 API。第 24 行 http.ListenAndServe("127.0.0.1:8080", nil)语句在地址 127.0.0.1:8080 上监听 TCP 协议的请求，第二个参数 handler 为 nil，这意味着服务端调用默认的 DefaultServeMux 处理客户端的请求。第 06 行 http.HandleFunc("/", func(w http.ResponseWriter, r *http.Request)语句定义了一个路由请求处理程序，http.HandleFunc 方法接收两个参数：

第一个参数是 HTTP 请求的目标路径 "/"，该参数值可以是字符串，也可以是字符串形式的正则表达式。"/" 表示处理地址 http://127.0.0.1:8080 下的请求。第二个参数是具体的回调方法，响应客户端的请求。

http.HandleFunc 具有 URL 路由的功能，可以根据路由定义来进行不同的逻辑处理。http.Request 代表客户端请求，可以获取很多信息，比如客户端请求的方法（POST 或 GET）以及客户端请求的参数等。

如果是 GET 请求，那么可以通过 r.URL.Query 方法获取客户端 Query 参数，它是一个 Values 类型，本质上是一个 map[string][]string。因此可以用["参数名"]来获取具体的参数值，如第 09 行 key, ok := vars["key"]语句所示。

如果获取的 Query 参数没有错误，则将返回一个[]string 类型的参数值，第 11 行获取 Query 参数中键值为 "key" 的值，拼接后返回一个字符串。

http.Request 是一个结构体，定义如下：

```
type Request struct {
    Method string
    URL *url.URL
    Proto      string // "HTTP/1.0"
    ProtoMajor int    // 1
    ProtoMinor int    // 0
    Header Header
    Body io.ReadCloser
    GetBody func() (io.ReadCloser, error)
    ContentLength int64
    TransferEncoding []string
    Close bool
    Host string
    Form url.Values
    PostForm url.Values
    MultipartForm *multipart.Form
    Trailer Header
    RemoteAddr string
    RequestURI string
    TLS *tls.ConnectionState
    Cancel <-chan struct{}
    Response *Response
    ctx context.Context
}
```

其中，Form 存储了 POST、GET 和 PUT 参数，在使用之前需要调用 ParseForm 方法。PostForm 存储了 POST 和 PUT 参数，在使用之前也需要调用 ParseForm 方法。MultipartForm 存储了文件上传的表单 POST 参数，在使用前需要调用 ParseMultipartForm 方法。

http.ResponseWriter 是一个接口，定义如下：

```
type ResponseWriter interface {
    Header() Header
    Write([]byte) (int, error)
    WriteHeader(statusCode int)
}
```

第 12 行 w.Write([]byte(msg))语句返回数据到客户端，由于 msg 是字符串类型，因此需要强制进行类型转换。在 server 目录中执行 go run server.go 命令，可以打开浏览器输入网址（http://127.0.0.1:8080/?key=Go）发出 HTTP 请求，如图 11.5 所示。

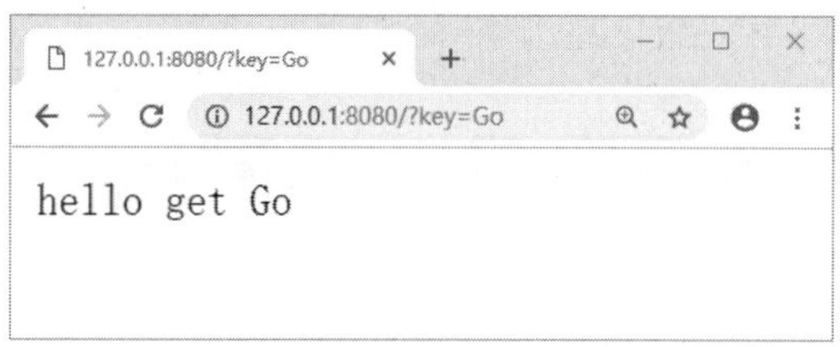

图 11.5　简单的 HTTP Web 服务示例项目运行的结果

Go 语言中的 http 包不但可以实现 HTTP 服务器功能，还可以充当客户端向服务器发起 HTTP 请求。http.Get 和 http.Post 方法可以分别发起 GET 请求和 POST 请求。下面给出客户端请求的示例程序，具体的代码可参考示例程序 11-2。

示例程序 11-2　HTTP 客户端请求：chapter11\code01\main.go

```
package main
import (
  "fmt"
  "io/ioutil"
  "net/http"
  "strings"
)
func httpGet() {
  resp, err := http.Get("http://127.0.0.1:8080?key=Go")
  if err != nil {
      fmt.Println(err)
      return
  }
  defer resp.Body.Close()
  body, err := ioutil.ReadAll(resp.Body)
  fmt.Println(string(body))
}
func httpPost() {
  resp, err := http.Post("http://127.0.0.1:8080",
      "application/x-www-form-urlencoded",
```

```
        strings.NewReader("name=Go"))
    if err != nil {
        fmt.Println(err)
        return
    }
    defer resp.Body.Close()
    body, err := ioutil.ReadAll(resp.Body)
    fmt.Println(string(body))
}
func main() {
    httpGet()
    httpPost()
}
```

在命令行执行 go run server.go，然后执行 go run main.go，则会在控制台输出如下结果：

```
hello get Go
hello post Go
```

注 意

http.NewRequest 可以实现更加灵活的 HTTP 请求。

在 Go 语言中，http 包中的 http.ResponseWriter 对象除了可以向客户端返回 JSON 或者 XML 格式的数据以外，还可以返回一个 HTML 文件，相当于一个静态的 Web 服务器。下面给出一个返回 HTML 格式的示例项目，首先给出此示例项目的目录结构，如图 11.6 所示。

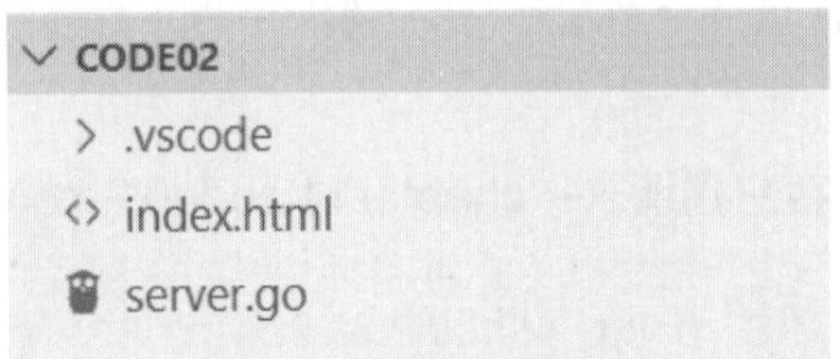

图 11.6 静态的 Web 服务示例项目之目录结构

从图 11.6 可以看出，这个示例项目中有一个 index.html 网页文件，该文件将被读取并返回到客户端。index.html 文件的内容非常简单，如示例程序 11-3 所示。

示例程序 11-3 index.html：chapter11\code02\index.html

```
01  <!DOCTYPE html>
02  <html>
03  <head>
04  </head>
05  <body>
06      <h1>Hello Go</h1>
07      <h1>{{.Msg}}</h1>
08  </body>
09  </html>
```

在示例程序 11-3 的第 06 行显示一行文字 Hello Go，第 07 行{{.Msg}}是一个模板内容，其中

Msg 可以看作是一个变量名。关于 HTML 的相关知识超出了本书范围，读者可以参考其他相关资料，这里就不再赘述。下面给出 server.go 的示例程序，具体的代码可参考示例程序 11-4。

示例程序 11-4　HTTP 返回 html：chapter11\code02\server.go

```
01  package main
02  import (
03    "fmt"
04    "html/template"
05    "net/http"
06  )
07  type Data struct {
08    Msg string //首字母大写
09  }
10  // 返回静态 html
11  func handleIndex(writer http.ResponseWriter, request *http.Request) {
12    t, _ := template.ParseFiles("index.html")
13    data := Data{Msg: "Hello HTTP"}
14    t.Execute(writer, data) //赋值
15  }
16  func main() {
17    http.HandleFunc("/", handleIndex)
18    err := http.ListenAndServe(":8080", nil)
19    if err != nil {
20        fmt.Println(err)
21    }
22  }
```

在示例程序 11-4 中，第 04 行首先导入一个 html/template 包，支持对 HTML 模板的解析。第 11 行定义了一个函数 handleIndex，负责读取和解析一个 index.html 文件并返回客户端。第 12 行 template.ParseFiles("index.html")语句读取 index.html 内容并返回一个*Template 值（第一个函数返回值），第 13 行实例化一个结构体 data，其中的 Msg 字段值为 Hello HTTP。

第 14 行 t.Execute(writer, data)对读取的 HTML 模板进行解析，并将字段 Msg 值替换到{{.Msg}}中，即<h1>{{.Msg}}</h1>替换为<h1>Hello HTTP</h1>。

在命令行先执行 go run server.go 命令，成功启动后再打开浏览器输入“http://127.0.0.1:8080”即可浏览到 index.html 的内容，如图 11.7 所示。

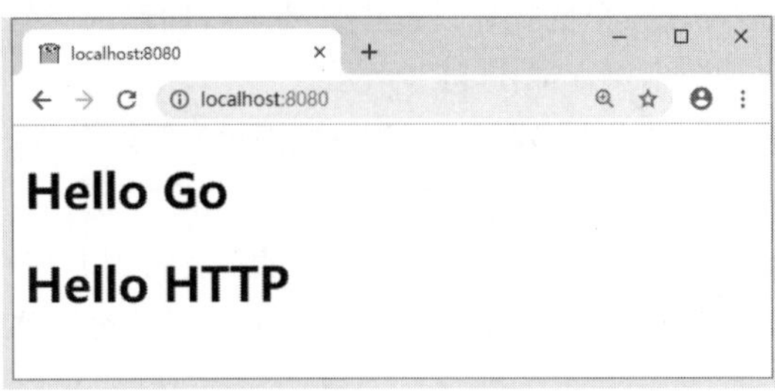

图 11.7　静态的 Web 服务示例项目运行后的结果

注 意

template.ParseFiles 可以解析多个文件，如果不同目录中有同名的文件，那么生效的只有最后一个。例如，template.ParseFiles("dir1/index.html", "dir2/index.html")，那么只有 dir2/index.html 文件作为名为 index.html 的模板。

另外，net\http\server.go 文件中还提供了另外一个 HTTPS 服务的 ListenAndServeTLS 函数，其定义如下：

```
func ListenAndServeTLS(addr, certFile, keyFile string, handler Handler) error
{
    server := &Server{Addr: addr, Handler: handler}
    return server.ListenAndServeTLS(certFile, keyFile)
}
```

ListenAndServeTLS 相对于 ListenAndServe 函数来说多了 2 个核心的参数：第一个是 certFile，表示 SSL 证书公钥文件名；第二个是 keyFile SSL，表示证书密钥文件名。HTTPS 所需的证书一般来说都是由专门的机构颁发的，并且要收费。这里我们通过工具生成相关的证书文件来进行演示。

首先确定已经安装好了 openssl 工具并正确配置了 PATH 环境变量，之后在命令行执行 openssl version 命令。如果输出了版本信息，就表示安装成功了；如果输出信息提示 'openssl' 不是内部或外部命令，那么就可能时没有安装成功或者没有正确配置 PATH 环境变量。

我们需要新创建一个目录，用于临时存放相关证书文件。这里在 C 盘下新建一个 https_keys 目录，在此目录中生成证书相关的文件，具体的命令如下：

```
cd c:\https_keys
openssl genrsa -out server.pem 2048
openssl req -new -x509 -key server.pem -out server.crt
```

首先切换到新建的目录下，这样执行命令相对简单，因为无须指定具体的路径。openssl genrsa 用于生成 RSA 私钥，不会生成公钥，-out server.pem 会将生成的私钥保存到 server.pem 文件中，上述命令中的 2048 用于指定要生成的私钥的长度，若不指定，则默认为 1024。

openssl req 命令用于生成证书请求文件、查看验证证书请求文件或生成自签名证书。-new 说明生成证书请求文件，-x509 说明生成自签名证书，-key 指定已有的私钥文件，只与生成证书请求选项-new 搭配使用，-out 指定生成的证书请求或者自签名证书的文件名。

在生成 server.crt 证书时，在具体的操作过程中会要求我们输入一些信息，相关信息可以根据实际情况来确定，这里给出一个示例，如图 11.8 所示。

上述命令依次执行成功后，会在 https_keys 目录中生成 2 个文件，一个是 server.crt，另一个是 server.pem，结果如图 11.9 所示。

将 server.crt 和 server.pem 两个文件从 https_keys 目录中复制到 HTTPS 网站的根目录下。下面给出一个 Go 语言实现的 HTTPS Web 服务示例项目，此示例项目的目录如图 11.10 所示。

```
C:\WINDOWS\system32\CMD.exe

c:\https_keys>openssl genrsa -out server.pem 2048
Generating RSA private key, 2048 bit long modulus (2 primes)
.........+++++
..........................................................................+++++
e is 65537 (0x010001)

c:\https_keys>openssl req -new -x509 -key server.pem -out server.crt
You are about to be asked to enter information that will be incorporated
into your certificate request.
What you are about to enter is what is called a Distinguished Name or a DN.
There are quite a few fields but you can leave some blank
For some fields there will be a default value,
If you enter '.', the field will be left blank.
-----
Country Name (2 letter code) [AU]:CN
State or Province Name (full name) [Some-State]:JiangSu
Locality Name (eg, city) []:
Organization Name (eg, company) [Internet Widgits Pty Ltd]:kz.tech
Organizational Unit Name (eg, section) []:
Common Name (e.g. server FQDN or YOUR name) []:
Email Address []:

c:\https_keys>_
```

图 11.8　openssl 工具生成证书的示例

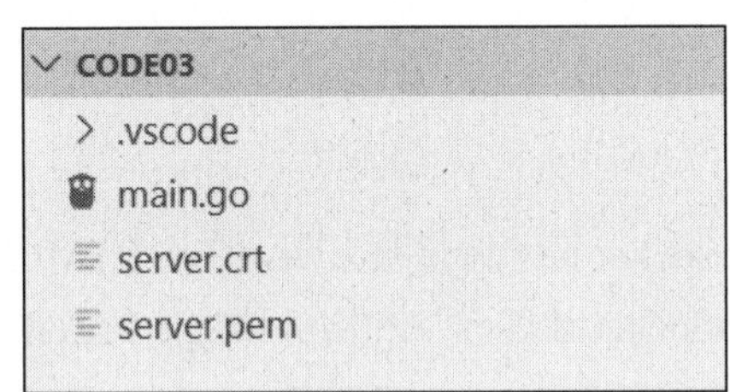

图 11.9　生成证书的目录

CODE03
.vscode
main.go
server.crt
server.pem

图 11.10　HTTPS Web 服务示例项目之目录截图

关于证书的详细信息这里不再深入介绍，下面给出如何使用 http.ListenAndServeTLS 快速搭建基于 HTTPS 协议的 Web 服务示例程序，具体的代码可参考示例程序 11-5。

示例程序 11-5　HTTPS Web：chapter11\code03\main.go

```
package main
import (
  "fmt"
  "net/http"
)
func handler(w http.ResponseWriter, r *http.Request) {
  fmt.Fprintf(w, "Hello Go https")
}
//https://localhost
func main() {
  http.HandleFunc("/", handler)
  http.ListenAndServeTLS(":443", "server.crt", "server.pem", nil)
}
```

在示例程序 11-5 中，第 11 行 http.HandleFunc("/", handler)语句注册了一个简单的 URL 处理函数 handler，它把“Hello Go https”文本信息返回到客户端。第 12 行 http.ListenAndServeTLS(":443", "server.crt", "server.pem", nil)语句启动了一个基于 HTTPS 协议的 Web 服务，HTTPS 协议端口为443。

在目录 code03 中执行 go run main.go 命令，成功启动服务后，打开浏览器，输入“https://localhost”即可看到如图 11.11 所示的界面（如果提示不安全的访问，点击继续访问即可）。

图 11.11　HTTPS Web 服务示例项目运行后的结果

> **注　意**
>
> 自签名的证书，由于 CA 根证书不在受信任的根证书颁发机构存储区中，因此它不受信任。

11.2　WebSocket

随着 HTML5 的普及，WebSocket 技术慢慢被采用，它是 HTML5 提供的一种在单个 TCP 连接上进行全双工通信的协议。WebSocket 让客户端和服务器之间的数据交换变得非常简单，且允许服务器主动向客户端推送数据。

11.2.1　WebSocket 协议原理

在 WebSocket 中，客户端（浏览器）和服务器只需要完成一次握手，在二者之间就可创建持久性的连接，而后进行双向数据的传输。WebSocket 能更好地节省服务器资源和带宽，并且能够更实时地进行通信。只要客户端和服务器之间建立起 WebSocket 协议连接，之后所有的通信都依靠这个专用协议来进行。

WebSocket 通信过程中可互相发送 JSON、XML、HTML 或图片等任意格式的数据。由于是建立在 HTTP 基础上的协议，因此连接的发起方仍是客户端，一旦确立 WebSocket 通信连接，不论是服务器还是客户端，任意一方都可以直接向对方发送数据。

在 WebSocket 技术之前，某个网站为了实现消息的推送，采用最多的技术是 Ajax 轮询。轮询是在特定的时间间隔（如每间隔 20 秒），由浏览器向服务器发出 HTTP 请求，然后由服务器返回最新的数据给浏览器。这种模式很明显的缺点是效率低，由于浏览器需要不断地向服务器发出 HTTP 请求，而 HTTP 请求可能包含较长的头部，其中真正有效的数据可能只是很小的一部分，显然会浪费带宽等资源。

目前大部分浏览器都支持 WebSocket API，如 Chrome、Mozilla 和 Safari 等。客户端为了与服务器建立一个 WebSocket 连接，首先要向服务器发起一个 HTTP 请求，这个请求和普通的 HTTP 请求不同，包含了一些附加头信息（比如"Upgrade: WebSocket"），服务器会解析这些附加的头信息，然后产生应答信息返回给客户端。

至此，客户端和服务器的 WebSocket 连接就成功建立了。双方可以通过这个连接信道自由地传递信息，并且这个连接会持续存在，直到客户端或者服务器主动关闭连接为止。

HTTP 协议具有一定的局限性，是半双工协议，即在同一时刻数据只能单向流动，客户端向服务器发送请求，然后服务器响应请求，这两个过程都是单向的，且不能由服务器主动发送消息到客户端。服务器不能主动推送数据给浏览器，这就导致了一些高级功能难以实现，如实时聊天。

WebSocket 协议支持双向通信，实时性更强，可以发送文本，也可以发送二进制数据。另外，只要建立起 WebSocket 连接，就可以一直保持连接状态，拥有一条专用信道。WebSocket 在客户端和服务器通信过程的示意图如图 11.12 所示。

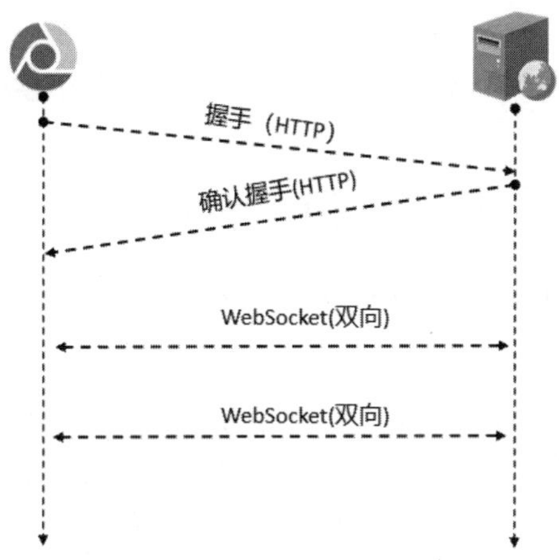

图 11.12　WebSocket 通信过程的示意图

WebSocket 协议为了兼容现有浏览器，所以在握手阶段使用了 HTTP 协议。WebSocket 是类似 TCP 长连接的通信模式，一旦 WebSocket 连接建立后，后续数据都以帧序列的形式进行传输。在断开 WebSocket 连接前，不需要客户端和服务端重新发起连接请求。因此在高并发的场景下，可以很好地节省网络带宽资源，具有明显的性能优势，且客户端发送和接收消息是在同一个持久连接上发起，实时性强。

WebSocket 协议建立在 TCP 协议之上，服务端的实现比较容易，且没有同源限制，客户端可以与任意服务器通信。协议标识符是 ws，如果加密，则为 wss，服务器网址就是 URL，例如 ws://localhost。

在支持 WebSocket 的浏览器中，可以很方便地通过 JavaScript 来创建 WebSocket 对象。它的基本语法如下：

```
var ws = new WebSocket(url, [protocol] )
```

new WebSocket 函数可以创建一个特定的 WebSocket 对象，第 1 个参数 url 指定连接的地址，是必填的；第 2 个参数 protocol 是可选的，用于指定可接受的子协议，一般省略。

WebSocket 对象有一个非常重要的属性 readyState（只读属性），表示连接状态，它的值所表示的含义说明如下：

- 0：表示连接尚未建立。
- 1：表示连接已建立，可以进行通信。
- 2：表示正在关闭连接。
- 3：表示连接已经关闭或者连接不能打开。

WebSocket 对象有几个重要的事件，具体说明如下：

- onopen：连接建立时触发。
- onmessage：客户端接收服务端的数据时触发。
- onerror：通信发生错误时触发。
- onclose：连接关闭时触发。

当成功创建 WebSocket 对象并连接后，可以通过 send 方法向服务器发送数据，并通过 onmessage 事件接收服务器返回的数据。最后通过 close 方法关闭连接。

11.2.2 使用 Go 语言实现 WebSocket 服务端

下面给出 Go 语言实现 WebSocket 服务端的示例项目。首先给出示例项目的目录结构，如图 11.13 所示。

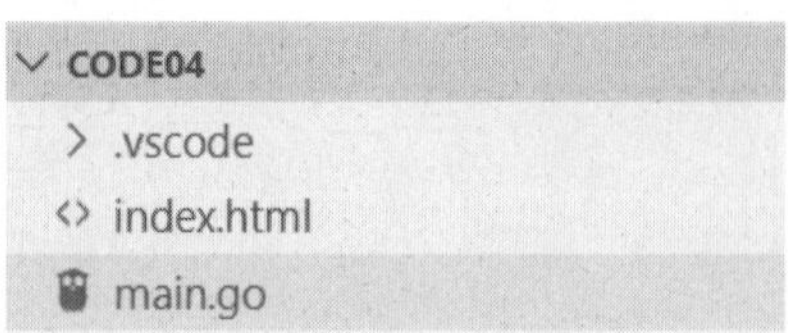

图 11.13 WebSocket 示例项目之目录结构

从图 11.13 可知， main.go 是一个 WebSocket 的服务端程序。在 Go 语言的标准库中没有 WebSocket 相关的库，需要用到第三方库 golang.org/x/net/websocket。下面给出 main.go 示例程序，具体的代码可参考示例程序 11-6。

示例程序 11-6 WebSocket：chapter11\code04\main.go

```
package main
import (
   "fmt"
   "html/template"
   "net/http"
   "golang.org/x/net/websocket"
)
func main() {
   fmt.Println("websocket at localhost:8080/echo")
   //绑定 Handler
   http.Handle("/echo", websocket.Handler(Echo))
```

```
12      http.HandleFunc("/", handleIndex)
13      if err := http.ListenAndServe(":8080", nil); err != nil {
14          fmt.Println(err)
15      }
16  }
17  //Echo 为处理程序
18  func Echo(w *websocket.Conn) {
19      var err error
20      for {
21          var recMsg string
22          if err = websocket.Message.Receive(w, &recMsg); err != nil {
23              fmt.Println(err)
24              break
25          }
26          fmt.Println("客户端:", recMsg)
27          msg := ""
28          if recMsg == "猜猜年龄" {
29              msg = "服务器:18 岁"
30          } else if recMsg == "你好" {
31              msg = "服务器:你好，请问有什么可以帮你?"
32          } else {
33              msg = "服务器:" + recMsg
34          }
35          fmt.Println(msg)
36          //给客户端发送消息
37          if err = websocket.Message.Send(w, msg); err != nil {
38              fmt.Println(err)
39              break
40          }
41      }
42  }
43  // 返回静态 html
44  func handleIndex(writer http.ResponseWriter, request *http.Request) {
45      t, _ := template.ParseFiles("index.html")
46      t.Execute(writer, nil)
47  }
```

在示例程序 11-6 中，第 06 行导入 golang.org/x/net/websocket 包，这个包需要提前安装到本地系统中。第 11 行 http.Handle("/echo", websocket.Handler(Echo))语句注册了一个/echo 路由的处理程序，websocket.Handler 定义为 type Handler func(*Conn)。第 18 行 func Echo(w *websocket.Conn)语句定义的是 WebSocket 逻辑处理程序。内部通过 for 循环来监听客户端的请求，并根据不同的请求信息返回不同的数据。

第 12 行 http.HandleFunc("/", handleIndex)语句注册了一个默认页面的处理程序 handleIndex，其实就是获取 index.html 页面的内容，并返回到客户端。

11.2.3 使用 Go 语言实现 WebSocket 客户端

下面给出 WebSocket 的客户端示例程序 index.html，具体的代码可参考示例程序 11-7。

示例程序 11-7 WebSocket 客户端：chapter11\code04\index.html

```
<html>
<head>
    <title>Html5 WebSocket</title>
</head>
<body>
    <script type="text/javascript">
        var sock = null;
        var wsuri = "ws://localhost:8080/echo";
        window.onload = function() {
            sock = new WebSocket(wsuri);
            //建立连接后触发
            sock.onopen = function() {
                console.log("connected to " + wsuri);
            }
            //关闭连接时触发
            sock.onclose = function(e) {
               console.log("connection closed (" + e.code + ")");
            }
            //收到消息后触发
            sock.onmessage = function(e) {
               console.log("收到消息:" + e.data);
            }
           //发生错误时触发
            sock.onerror = function(e) {
                console.log("错误:" + wsuri)
            }
        };
        //发送消息
        function send() {
            var msg = document.getElementById('message').value;
            if (sock) {
                sock.send(msg);
            }
        };
    </script>
    <h1>Go WebSocket</h1>
    <form>
        <p>
            消息: <input id="message" type="text" value="猜猜年龄">
        </p>
    </form>
    <button onclick="send();">发送消息</button>
</body>
```

```
44    </html>
```

在示例程序 11-7 中，第 08 行 ws://localhost:8080/echo 语句给出了 WebSocket 连接的 URL，并通过 sock = new WebSocket(wsuri)语句创建 WebSocket 对象 sock。当握手成功后，会触发 WebScoket 对象的 onopen 事件，告诉客户端已经成功建立连接。

> **注　意**
>
> 不是每个浏览器都支持 WebSocket，因此在使用的时候需要事先判断一下当前浏览器是否支持 WebSocket，如果不支持则发出提示。

打开浏览器（Chrome），输入地址“http://localhost:8080”，后台服务会加载 index.html 文件的内容并返回到浏览器，在浏览器中呈现出 index.html 的内容。接着打开浏览器的控制台，在页面上输入不同的消息（依次为：猜猜年龄、你好和 Hello），看看服务器如何进行响应，其界面如图 11.14 所示。

图 11.14　WebSocket 示例项目运行后的结果

11.3　SSE

实时通信技术除了前面介绍的 WebSocket 技术之外，还可以通过 Event Source 技术。Event Source 技术也称为 Server-Sent Events，简称 SSE。SSE 这种实时通信技术是单向的，而 WebSocket 通信是双向的，单向的通信在某些场景下更加高效。

11.3.1　SSE 技术原理

在只需要服务器发送消息给客户端的场景中（如新闻推送），使用 SSE 技术会更加合适。另外，SSE 技术是使用 HTTP 协议传输的，因此无须额外的实现就可以使用。WebSocket 技术要实现全双工通信则需要一个新的 WebSocket 服务器去处理。

此外，SSE 技术还有一些特殊的功能，比如自动重连接、Event IDs 以及发送自定义事件。我们需要根据实际应用的场景在 WebSocket 和 SSE 两种技术中选择。SSE 可以看作是一个客户端去从服务器端订阅一条事件流（Event Stream），之后服务端可以发送订阅特定事件的消息给客户端，直到服务端或者客户端关闭该连接。

SSE 数据帧必须具备如下 4 个字段：

- Event：事件类型。
- Data：发送的数据。
- ID：每一条事件流的 ID。
- Retry：告知浏览器在所有的连接丢失之后重新开启新连接等待的时间，在自动重新连接的过程中，之前收到的最后一个事件流 ID 会被发送到服务端。

注 意

SSE 数据必须编码成 UTF-8 的格式，且消息的每个字段使用"\n"来做分割。

SSE 的通信过程比较简单，底层的一些实现都被浏览器封装好了，包括数据的处理。在支持的浏览器中，我们只需要借助 JavaScript 即可快速创建 SSE 实例。一个 SSE 实例打开一个持久连接的 HTTP 连接，发送数据的 Content-Type 为 text/event-stream 格式。连接一旦建立，就保持打开状态，直到通过调用 close()进行关闭。

SSE 适用于更新频繁、低延迟并且数据都是从服务端到客户端的场景。SSE 能在现有的 HTTP/HTTPS 协议上运作，所以它能够直接运行于现有的服务器上。本质上，SSE 通过一个独立的 Ajax 请求从客户端向服务端传送数据。因此，如果对交互的实时性要求非常高（如每秒或者更快），那么可以考虑用 WebSocket 技术。

11.3.2 使用 Go 语言实现 SSE 通信

下面给出一个 Go 语言实现的 SSE 通信示例项目。首先给出示例项目的目录结构，如图 11.15 所示。

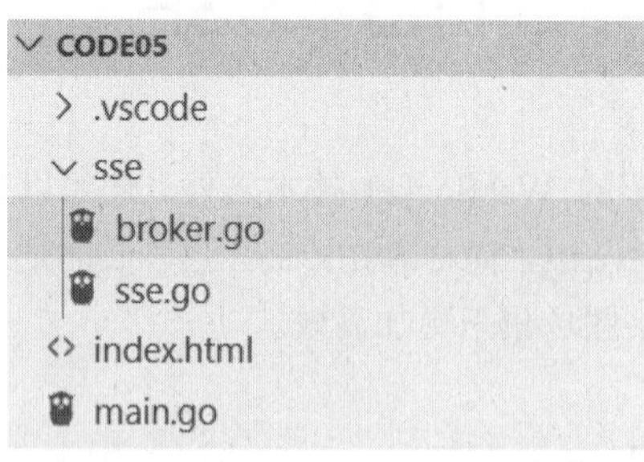

图 11.15 SSE 示例项目之目录结构

下面给出 SSE 实现的核心文件 broker.go，它实现了 SSE 服务端的核心功能。具体的代码可参考示例程序 11-8。

示例程序 11-8 SSE 代理的实现：chapter11\code05\sse\broker.go

```
package sse
import (
```

```
    "fmt"
    "log"
    "net/http"
)
//Broker 负责客户端连接的注册，监听事件并广播到注册的信道上
type Broker struct {
    //Events 推送到此信道上
    Notifier chan []byte
    //客户端连接
    newClients chan chan []byte
    //关闭客户端连接
    closingClients chan chan []byte
    //客户端连接注册
    clients map[chan []byte]bool
}
//监听方法
func (broker *Broker) listen() {
    for {
        select {
        case s := <-broker.newClients:
            //新连接时进行注册
            broker.clients[s] = true
            log.Printf("新客户端加入，共 %d 客户端", len(broker.clients))
        case s := <-broker.closingClients:
            //新连接关闭时移除注册
            delete(broker.clients, s)
            log.Printf("客户端退出. 共 %d 客户端", len(broker.clients))
        case event := <-broker.Notifier:
            //广播消息
            for clientMessageChan := range broker.clients {
                clientMessageChan <- event
            }
        }
    }
}
func (broker *Broker) ServeHTTP(rw http.ResponseWriter, req *http.Request) {
    flusher, ok := rw.(http.Flusher)
    if !ok {
        http.Error(rw, "不支持 Stream", http.StatusInternalServerError)
        return
    }
    //设置头信息 SSE
    rw.Header().Set("Content-Type", "text/event-stream")
    rw.Header().Set("Cache-Control", "no-cache")
    rw.Header().Set("Connection", "keep-alive")
    rw.Header().Set("Access-Control-Allow-Origin", "*")
    //每一个连接都有自己的消息信道
    messageChan := make(chan []byte)
    //新连接时通知 broker
```

```
52      broker.newClients <- messageChan
53      //连接移除时通知broker
54      defer func() {
55          broker.closingClients <- messageChan
56      }()
57      notify := rw.(http.CloseNotifier).CloseNotify()
58      go func() {
59          <-notify
60          broker.closingClients <- messageChan
61      }()
62      //阻塞等待
63      for {
64          fmt.Fprintf(rw, "data: %s\n\n", <-messageChan)
65          flusher.Flush()
66      }
67  }
```

在示例程序 11-8 中，第 08 行 type Broker struct 定义了一个 Broker 结构体，它负责客户端发起 SSE 请求时进行连接的注册，并在注册的信道上监听事件和广播事件。第 38 行 func (broker *Broker) ServeHTTP(rw http.ResponseWriter, req *http.Request)语句定义了一个函数 ServeHTTP，实际上是实现了一个 http.Handler 接口，这样就可以将 Broker 结构体实例作为参数放到 http.Handle 函数中进行注册。http.Handler 接口定义如下：

```
type Handler interface {
    ServeHTTP(ResponseWriter, *Request)
}
```

在实现的 ServeHTTP 方法中，第 45~47 行设置了 SSE 服务器的核心响应头信息，比如 rw.Header().Set("Content-Type", "text/event-stream") 表明是一个 SSE 格式的数据，而 rw.Header().Set("Connection", "keep-alive")表明是一个 HTTP 长连接。第 63~66 行用 for 循环进行阻塞等待，用于向客户端发送消息。另外，第 19 行 func (broker *Broker) listen()语句定义了一个监听方法，用于开启 SSE 服务监听。

broker.go 文件只是定义了 SSE 实现的结构体 Broker，但是并未实例化。下面给出 sse.go 文件的示例程序，用于对结构体 Broker 进行封装并实例化，具体的代码可参考示例程序 11-9。

示例程序 11-9　结构体 Broker 封装：chapter11\code05\sse\sse.go

```
package sse
//NewSSE 实例化Broker并启动监听
func NewSSE() (broker *Broker) {
  broker = &Broker{
      Notifier:      make(chan []byte, 1),
      newClients:    make(chan chan []byte),
      closingClients: make(chan chan []byte),
      clients:      make(map[chan []byte]bool),
  }
  //开启监听
  go broker.listen()
  return
```

```
}
```

在示例程序 11-9 中，定义了一个函数 NewSSE()，用于实例化 Broker 结构体，并调用 listen 方法开启 SSE 服务监听。

最后，我们需要一个启动程序，用于启动 SSE 服务器。这里给出 main.go 示例程序，具体的代码可参考示例程序 11-10。

示例程序 11-10　SSE 服务器启动程序：chapter11\code05\main.go

```
package main
import (
  "fmt"
  "log"
  "net/http"
  "text/template"
  "time"
  "go.introduce/chapter11/code05/sse"
)
func main() {
  broker := sse.NewSSE()
  //开启协程
  go func() {
      for {
          time.Sleep(time.Second * 2)
          data := fmt.Sprintf("==>%s", time.Now().Format("2006-01-02 15:04:05"))
          log.Println("Sending event data")
          //获取事件数据
          broker.Notifier <- []byte(data)
      }
  }()
  go func() {
      for {
          time.Sleep(time.Second * 1)
          if time.Now().Second()%2 == 0 {
              data := fmt.Sprintf("-->%s", time.Now().Format("2006-01-02 15:04:05"))
              log.Println("Sending event data2")
              //获取事件数据
              broker.Notifier <- []byte(data)
          }
      }
  }()
  http.HandleFunc("/", handleIndex)
  http.Handle("/sse", broker)
  log.Fatal("error:", http.ListenAndServe(":8080", nil))
}
// 返回静态 html
func handleIndex(writer http.ResponseWriter, request *http.Request) {
  t, _ := template.ParseFiles("index.html")
  t.Execute(writer, nil)
```

```
41    }
```

在示例程序 11-10 中，第 11 行 broker := sse.NewSSE()语句调用了 sse 包下的 NewSSE 函数，用于初始化一个 Broker 对象并开启监听。然后用 go 关键字开启了两个协程用于模拟服务器端消息的推送，定期向 broker.Notifier 信道中传入数据。第 33 行 http.HandleFunc("/", handleIndex)语句注册了一个默认的处理函数，用于加载静态页面 index.html 的内容。第 34 行 http.Handle("/sse", broker)语句注册了一个/sse 路由的处理程序 broker，用于 SSE 请求的处理。

至此，用 Go 语言实现一个简单的 SSE 服务器端程序构建完成。下面给出客户端请求的页面 index.html，具体的代码可参考示例程序 11-11。

示例程序 11-11　SSE 客户端：chapter11\code05\index.html

```
01    <!DOCTYPE html>
02    <html lang="en">
03    <head>
04        <title>Go SSE</title>
05    </head>
06    <h1>Go SSE</h1>
07    <div id="msg"></div>
08    <body>
09        <script>
10            window.onload = function() {
11                var client = new EventSource("http://localhost:8080/sse")
12                client.onmessage = function(msg) {
13                    document.getElementById("msg").innerHTML += msg.data +
                        "<br/>"
14                    console.log(msg)
15                }
16            }
17        </script>
18    </body>
19    </html>
```

在示例程序 11-11 中，在 window.onload 事件中用 new EventSource("http://localhost:8080/sse")创建了一个 SSE 对象，第 12 行在 SSE 对象 client 上注册了它的 onmessage 事件处理程序，即往页面上追加服务器返回的消息。

在目录 code05 中执行命令 go run main.go，然后打开浏览器输入“http://localhost:8080”，服务端首先会返回 index.html 的内容，然后实例化 EventSource 并向服务器发起 SSE 请求。服务器建立请求后，可以定期往客户端发送消息，结果如图 11.16 所示。

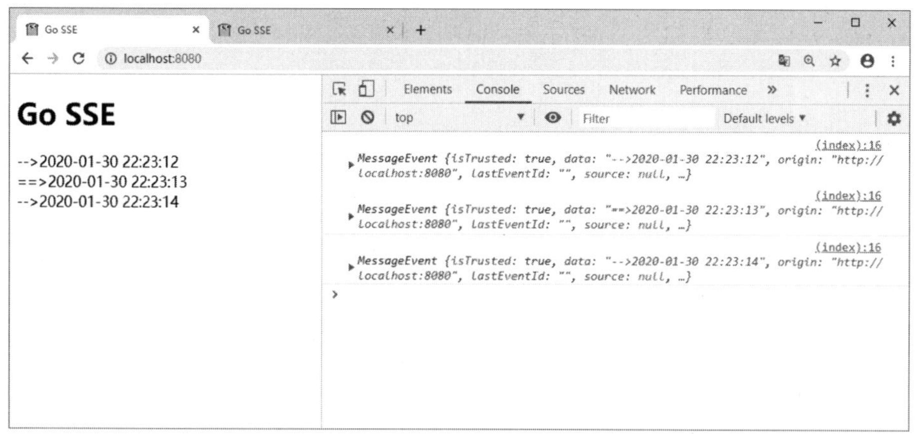

图 11.16　SSE 示例项目运行后的结果

11.4　演练：构建自己的 Web 服务器

说到互联网应用，就不得不提 Web 服务器。根据百度百科的定义，Web 服务器一般是指网站服务器，就是指驻留于因特网上某种类型计算机的程序，它可以向浏览器等 Web 客户端提供文档，也可以放置网站文件，让供大家浏览。目前主流的 3 个 Web 服务器是 Apache、Nginx 和 IIS。

Web 服务器不仅能够通过 Web 浏览器向用户提供静态 HTML 页面，还能在此基础上运行脚本和程序。Web 服务器的工作过程一般可分成如下 4 个步骤：

- 连接过程：Web 服务器和客户端（浏览器）之间建立起来连接。要查看连接过程是否实现，用户可以找到并打开 socket 这个虚拟文件（一个抽象层，应用程序可以通过它发送或接收数据，可对其像对文件一样执行“打开、读写和关闭”等操作），这个文件的建立意味着连接过程这一步骤已经成功完成。
- 请求过程：客户端（浏览器）向 Web 服务器发起各种 HTTP 请求。
- 应答过程：根据客户端（浏览器）的 HTTP 请求，用 HTTP 协议把请求的处理结果传输到客户端（浏览器），同时客户端（浏览器）可以显示相关信息。
- 关闭过程：应答过程完成以后，Web 服务器和客户端（浏览器）之间断开连接的过程。

前面提到，在 Go 语言中，一切都可以看作文件，可以执行打开、读取或者关闭操作，网络请求也可以看作是一个 socket 文件。下面给出一个 Go 语言实现的简单 Web 服务器示例项目，该项目的目录结构如图 11.17 所示。

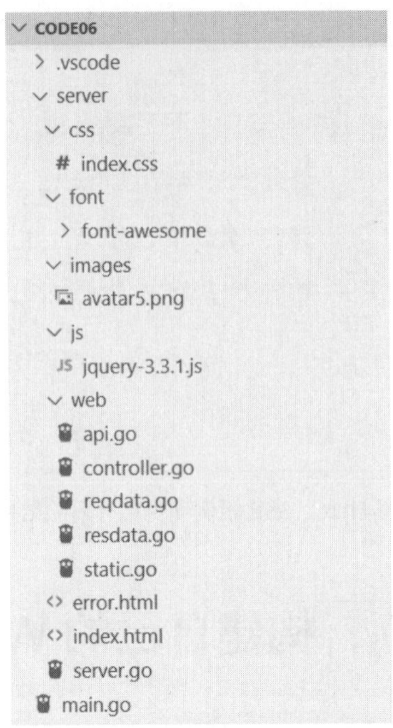

图 11.17　Web 服务器示例项目之目录结构

从图 11.17 可以看出，本示例项目涉及的文件比较多，其中 Web 服务器提供的 HTML 页面一般都涉及 JavaScript 脚本、CSS 样式文件、font 字体和 image 图片等静态资源。在 css 目录中存储的 index.css 就是基本的 CSS 样式文件。在 js 目录中的 jquery-3.3.1.js 是 JavaScript 库，可以方便地进行各类 DOM 操作以及发送 Ajax 请求。font 目录中的 font-awesome 是一个非常好用的字体图标库，它的图片都是矢量的，在放大的情况下没有锯齿。

注　意

main.go 文件是一个被注释的文件，如果取消注释并执行 go run main.go，那么实际上映射的静态资源路径是错误的。

一般来说，Web 服务器都是请求和应答。首先自定义一个结构体，用于封装 HTTP 请求。下面给出请求的结构体 ReqData 的定义，具体的代码可参考示例程序 11-12。

示例程序 11-12　结构体 ReqData：chapter11\code06\web\reqdata.go

```
package web
//ReqData 请求数据格式
type ReqData struct {
   token string
   api   string
   data  string
}
```

在示例程序 11-12 中定义的结构体 ReqData 中有 3 个字段，其中 token 表示身份验证信息，相当于一种门票机制。通过它可以判断当前的请求是否合法。在正式生产环境下，实际上它是利用加密技术生成的一串密文，在服务器接收到此 token 后，对其进行解密，获取各核心字段的信息，比如用户 ID、用户名等。

api 代表当前请求的后台 API 名称，用于进行路由处理。data 代表请求时客户端传递的数据。有了客户端请求的结构体，我们还需要定义一个统一的应答结构体。下面给出应答结构体 ResData 的定义，具体的代码可参考示例程序 11-13。

示例程序 11-13　结构体 ReqData 示例：chapter11\code06\web\resdata.go

```
package web
//ResData 返回数据格式
//属性名首字母必须大写，否则 JSON 序列化时会忽略掉
type ResData struct {
  Code int             `json:"code"`
  Msg  string          `json:"msg"`
  Data string          `json:"data"`
  Tag  []interface{}   `json:"tag"`
}
```

在示例程序 11-13 中，自定义的应答结构体 ResData 有 4 个字段，其中 Code 表示服务器处理的状态码（1 为成功，非 1 为失败）。Msg 表示服务器的提示信息，通常可以通过它排查一些异常。Data 是服务器向客户端返回的数据，一般来说当后台成功处理后，这个 Data 的值才有意义。Tag 是[]interface{}类型，可以存储任意值，是一个备用字段，用于传递一些额外不确定个数的信息。

注　意

ResData 字段首字母必须大写，否则 JSON 序列化时会忽略掉。

前面提到，Web 服务器可以向客户端提供 HTML 页面，而 HTML 页面由很多的静态资源构成，如 JS 文件、CSS 文件和图片文件等。这些静态文件在服务器上一般都是物理文件，我们可以获取这些文件并将其内容返回到客户端。

将路径进行映射（相对路径映射到绝对路径上），这样 HTML 页面上加载的各类静态资源文件才能被正确读取并返回到客户端。下面给出处理静态文件路径映射功能的示例程序，具体的代码可参考示例程序 11-14。

示例程序 11-14　静态文件路径映射：chapter11\code06\web\static.go

```
package web
import (
  "fmt"
  "html/template"
  "net/http"
  "strings"
)
//RegisterRouter，注册路由处理程序
func RegisterRouter() {
  //静态资源路径解析
  http.Handle("/css/", http.StripPrefix("/css/",
    http.FileServer(http.Dir("css/"))))
  http.Handle("/js/", http.StripPrefix("/js/",
```

```
          http.FileServer(http.Dir("js/"))))
13      http.Handle("/images/", http.StripPrefix("/images/",
          http.FileServer(http.Dir("images/"))))
14      http.Handle("/font/", http.StripPrefix("/font/",
          http.FileServer(http.Dir("font/"))))
15      http.HandleFunc("/api", handleController)
16      http.HandleFunc("/", handleIndex)
17   }
18   func handleIndex(wr http.ResponseWriter, req *http.Request) {
19      //移除/index.html 前面的/
20      fileName := strings.TrimPrefix(req.URL.String(), "/")
21      //fmt.Println(fileName)
22      //index.gohtml -> index.html
23      if strings.HasSuffix(fileName, ".gohtml") {
24          fileName = strings.TrimSuffix(fileName, ".gohtml")
25          fileName = fileName + ".html"
26          fmt.Println(fileName)
27          //读取 html 文件内容
28          t, err := template.ParseFiles(fileName)
29          if err == nil {
30              //返回客户端
31              t.Execute(wr, nil)
32          } else {
33              //文件不存在
34              t, _ := template.ParseFiles("error.html")
35              t.Execute(wr, nil)
36          }
37      } else {
38          //返回错误页面
39          t, _ := template.ParseFiles("error.html")
40          t.Execute(wr, nil)
41      }
42   }
```

在示例程序 11-14 中，第 11~14 行将相对路径/css/、/js/、/images/和/font/映射到绝对路径上，这样就可以正确访问到实际的资源文件。http.FileServer 可以把静态文件返回到浏览器，相当于一个文件服务器。http.Dir 函数将字符串路径转换成文件系统。http.StripPrefix 用于过滤 HTTP 请求。

第 16 行 http.HandleFunc("/", handleIndex)语句注册了一个默认的处理程序 handleIndex，用于处理 HTTP 请求。在某些 Web 服务器容器中，支持后缀名的自定义，比如.html 可以改成.cshtml。

这里我们也支持这种特性，用.gohtml 来表示.html，客户端如果请求/index.gohtml，实际上 HTTP 请求传送到服务器时，首先会被处理程序 handleIndex 拦截，然后移除.gohtml 后缀，并换成.html，这样就实现了自定义后缀名的功能。最后利用 template.ParseFiles 获取静态文件 html，并返回到客户端。

当然，现在的 Web 服务器还需要支持类似 Web API 等应用服务器的若干功能。比如登录的时候，HTML 页面可以通过 Ajax 访问后台的登录服务，后台根据 Ajax 发送过来的数据从数据库查询当前登录用户是否合法。下面给出动态处理程序的示例程序，具体的代码可参考示例程序 11-15。

示例程序 11-15　动态处理程序：chapter11\code06\web\controller.go

```
01  package web
02  import (
03     "encoding/json"
04     "fmt"
05     "net/http"
06  )
07  // 返回动态内容
08  //http://localhost:8080/api
09  func handleController(wr http.ResponseWriter, req *http.Request) {
10     fmt.Println("======api==========")
11     if req.Method == "POST" {
12         req.ParseForm()
13         api := req.Form.Get("api")
14         fmt.Println(api)
15         data := req.Form.Get("data")
16         fmt.Println(data)
17         token := req.Form.Get("token")
18         if api == "login" {
19             reqdata := &ReqData{api: api, data: data, token: token}
20             res := Login(reqdata)
21             //[]byte
22             strRes, err := json.Marshal(&res)
23             if err != nil {
24                 fmt.Println(err)
25             }
26             fmt.Println(string(strRes))
27             wr.Write(strRes)
28         } else {
29             if token != TOKEN {
30                 //未登录
31                 res := UnLogin()
32                 strRes, _ := json.Marshal(&res)
33                 wr.Write(strRes)
34             }
35         }
36     } else {
37         wr.Write([]byte("only support post"))
38     }
39  }
```

在示例程序 11-15 中，第 09 行实现了 handleController 函数。它有两个参数：第一个参数代表 HTTP 应答的 http.ResponseWriter；第二个参数*http.Request 代表 HTTP 请求。第 11 行 if req.Method == "POST"语句对 HTTP 请求的方法进行判断，后台只支持 POST 请求，而不是 GET 等请求。在后台获取 POST 参数时，首先需要调用 req.ParseForm()进行解析。

第 13 行 api := req.Form.Get("api")语句获取请求的 api 参数，目前只实现了登录 login 处理，当 api 的值是"login"时，表示当前请求的服务是登录，首先用 reqdata := &ReqData{api: api, data: data, token: token}语句实例化一个 ReqData 类型的变量 reqdata，第 20 行 res := Login(reqdata)语句调用后

台登录方法 Login，关于这个方法会在后文介绍。之后调用 wr.Write(strRes)将登录结果返回到客户端来表明登录是否成功。

第 29 行 if token != TOKEN 语句判断是否是合法的请求。一般来说，登录成功后，服务器会生成一个 token 并返回到客户端，此后客户端发起的其他 HTTP 请求都需要携带 token 信息。对于不能提供合法 token 的 HTTP 请求，后台拒绝服务。下面给出登录服务 Login 的示例程序，具体的代码可参考示例程序 11-16。

示例程序 11-16　登录 Login：chapter11\code06\web\api.go

```
package web
import (
  "encoding/json"
  "fmt"
)
//TOKEN 登录后获取真的 token
const TOKEN = "REAL_JASDNFANFASLJI123LMFYd88"
//Login 登录验证
func Login(r *ReqData) ResData {
  res := ResData{}
  vjson := make(map[string]interface{})
  err := json.Unmarshal([]byte(r.data), &vjson)
  if err == nil {
     fmt.Println(vjson)
     //类型断言
     uname, upwd := "", ""
     if value, ok := vjson["uname"].(string); ok {
        uname = value
     }
     if value, ok := vjson["pwd"].(string); ok {
        upwd = value
     }
     if uname == "root" && upwd == "123" {
        res.Code = 1
        res.Msg = "ok"
        res.Data = TOKEN
     } else {
        res.Code = 0
        res.Msg = "fail"
        res.Data = ""
     }
  } else {
     fmt.Println(err)
  }
  fmt.Println(res)
  return res
}
//UnLogin 未登录返回的消息
func UnLogin() ResData {
  res := ResData{}
```

```
41        res.Code = 0
42        res.Msg = "not login"
43        res.Data = ""
44        return res
45    }
```

在示例程序 11-16 中，登录需要后台提供 token 信息，实际上每个用户对应的 token 信息应该是不一样的，这里为了简化，我们只在第 07 行定义了一个常量 TOKEN，值为"REAL_JASDNFANFASLJI123LMFYd88"，用于登录成功后返回到客户端。

第 09 行 func Login(r *ReqData) ResData 语句定义了一个 Login 函数，它接收一个*ReqData 类型的参数，并返回 ResData 类型的数据。第 12 行 json.Unmarshal([]byte(r.data), &vjson)语句用于将客户端的 data 字符串转换成一个 map[string]interface{}类型的字典对象，第 17~22 行用类型断言获取 uname 和 pwd 的数据，第 23 行 if uname == "root" && upwd == "123"语句用于验证登录信息的正确性。

注　意

在实际生产环境下，用户密码是加密存储在数据库中的，虽然客户端传入的密码是明文的，但是需要用加密算法加密后再和数据库中存储的密码进行比较，以判断密码是否正确。

至此，一个 Web 服务器的核心功能基本就搭建完成了。另外，我们还需要一个启动程序来启动 Web 服务器。下面给出 Web 服务器的启动程序，具体的代码可参考示例程序 11-17。

示例程序 11-17　Web 服务器的启动程序：chapter11\code06\web\server.go

```
01    package main
02    import (
03       "fmt"
04       "net/http"
05       "go.introduce/chapter11/code06/server/web"
06    )
07    //http://localhost:8080/index.gohtml
08    func main() {
09       web.RegisterRouter()
10       fmt.Println("start Go Web Server at port 8080")
11       err := http.ListenAndServe(":8080", nil)
12       if err != nil {
13           fmt.Println(err)
14       }
15    }
```

在示例程序 11-17 中，第 09 行 web.RegisterRouter()将 web 包中定义的静态路径映射逻辑以及动态 api 处理程序进行注册。第 11 行 err := http.ListenAndServe(":8080", nil)语句启动 HTTP 服务，并在端口 8080 上监听客户端的请求。

下面给出 index.html 页面程序，它用于模拟 Web 服务器上的静态页面，该页面非常简单，只是加载了一些 CSS 文件和图片等资源，并利用 Ajax 向后台服务器发送 HTTP 请求，用于登录验证。index.html 中的具体代码可参考示例程序 11-18。

示例程序 11-18　index.html：chapter11\code06\web\index.html

```
01 <!DOCTYPE html>
02 <html>
03 <head>
04     <link href="/css/index.css" rel="stylesheet" type="text/css" />
05     <link rel="stylesheet" href="/font/font-awesome/css/font-awesome.min.css">
06 </head>
07 <body>
08     <h1>Hello Go</h1>
09     <img class="avatar" src="/images/avatar5.png" />
10     <i class="fa fa-camera-retro fa-3x"></i>
11     <div>
12         <span style="width:60px;display: inline-block;">用户名:</span>
13         <input type="text" id="uname" />
14     </div>
15     <div style="margin-top: 6px;">
16         <span style="width:60px;display: inline-block;">密 码:</span>
17         <input type="password" id="pwd" />
18     </div>
19     <br/>
20     <div><input type="button" id="btnlogin" value="登录" /></div>
21     <div id="msg"></div>
22     <script src="/js/jquery-3.3.1.js"></script>
23     <script>
24         $(document).ready(function() {
25             $("#btnlogin").on("click", function(e) {
26                 var json = {};
27                 json.api = "login";
28                 json.token = "CUEADS123RQ3INNFADKMKYd2017";
29                 var data = {};
30                 data.uname = $("#uname").val();
31                 data.pwd = $("#pwd").val();
32                 json.data = JSON.stringify(data);
33                 console.log(json)
34                 $.post("/api", json, function(result) {
35                     console.log(result)
36                     $("#msg").text(result);
37                 });
38             });
39         });
40     </script>
41 </body>
42 </html>
```

在示例程序 11-18 中，第 22 行<script src="/js/jquery-3.3.1.js"></script>语句引入了 jquery 库，当向服务器请求/js/jquery-3.3.1.js 资源时，后台注册的 http.Handle("/js/", http.StripPrefix("/js/", http.FileServer(http.Dir("js/"))))将其映射到 server.go 所在目录下的 js 目录中，并查找名为 jquery-3.3.1.js 的文件，并返回到客户端。

第 11~18 行定义了 2 个字段信息，分别是用户名和密码。用户单击 id 为 btnlogin 的登录按钮时，会通过 Ajax 发送 POST 请求，请求的地址为/api，用 http.HandleFunc("/api", handleController) 注册的 handleController 程序会进行拦截处理。

在 server 目录中执行 go run server.go 命令，成功启动 Web 服务器后，打开浏览器输入"http://localhost:8080/index.gohtml"，浏览器会向 Web 服务器发送 HTTP 请求，此时会被 http.HandleFunc("/", handleIndex)注册的 handleIndex 处理程序拦截，获取请求的文件名 index.gohtml，并将.gohtml 替换为.html，即访问后台的 index.html 页面，最后读取这个页面的内容，并返回给浏览器显示出来。在"用户名"文本框中输入"root"，在"密码"文本框中输入"123"，再单击"登录"按钮，就会返回登录成功的 JSON 信息，如图 11.18 所示。

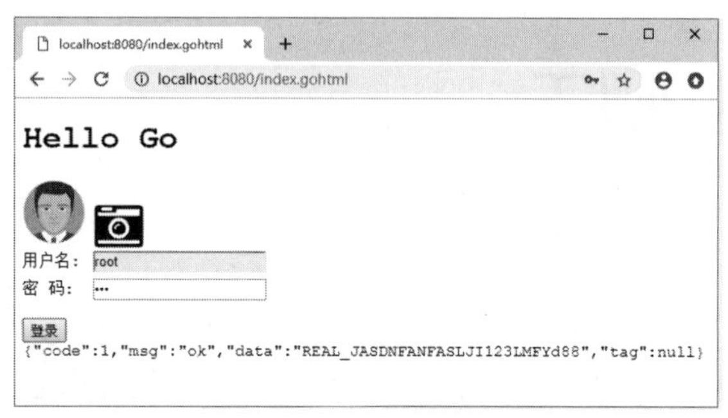

图 11.18　Web 服务器示例程序运行时的页面

如果输入了服务器不识别的 HTML 页面， handleIndex 处理程序则会直接读取 error.html 的内容并返回，如图 11.19 所示。

图 11.19　Web 服务器请求资源出错后的页面显示

> **注　意**
>
> 此 Web 服务器访问的静态资源目录都是硬编码的，实际上可以改成遍历网站根目录下的各个子目录，实现自定义静态资源目录和文件的路径映射。

11.5　小　结

本章重点介绍了用 Go 语言实现 HTTP/HTTPS 的 Web 服务器功能、WebSocket 通信以及 SSE 通信，它们是当前 Web 应用中常用的三种技术。当然用 Go 语言实现 RPC 也是非常简单的，感兴趣的读者可以自行学习。

第12章

实战：并发聊天

本章是实战的章节，通过单独的一章来详细介绍如何用 Go 语言实现一款简单的并发聊天系统。虽然开发一款操作简单、功能强大、支持高并发、高可用、运行稳定和高效的聊天软件是非常难的，但是聊天软件的基本功能相对简单，比如群聊和单聊。本章介绍如何通过 Go 语言中的 TCP 协议来实现一个简单的并发聊天系统，涉及的主要知识点有：

- TCP 协议：掌握 TCP 协议的基本概念。
- 聊天服务器：使用 Go 语言实现一个并发聊天服务器。
- 聊天客户端：使用 C#语言实现一个聊天客户端，并与服务器通信。
- 数据库通信：使用 Go 语言实现与数据库的通信。

12.1 需求描述

QQ 和微信都是社交软件，它们的核心功能就是聊天，支持群聊和单聊。一般来说，聊天工具又称 IM（Instant Messaging，即时通信）软件，通过网络的客户端与服务端提供实时文字以及语言等数据传输。

从技术角度来分，可分为基于服务器的即时通信工具软件和基于 P2P 技术的即时通信工具软件。大部分的即时通信服务都提供会话的状态信息：显示好友名单和好友是否在线等。

这里我们并不打算实现一款功能完善的聊天软件，因为那样将会非常复杂，要考虑的功能细节非常多，不利于重点突出 Go 语言实现并发聊天系统相关的核心功能。本章实战演练的并发聊天系统的功能性需求如下：

- 支持并发聊天。
- 支持个性化用户名。

- 支持群发和单发。
- 支持消息持久化到数据库。
- 支持把非活跃用户（超时）踢出的功能。
- 支持系统命令，如查询当前连接数和协程数。
- 客户端有可视化界面。

另外，给出一些非功能性需求：

- 代码简洁，易维护。
- 软件操作简单。
- 服务器性能好。

注 意

软件需求包含功能性需求，还有非功能性需求，比如性能、响应速度等。非功能性需求如果给出比较具体的指标，如百万条记录查询响应在 3 秒内，则需要进行模拟测试后才能验证是否满足。

12.2 需求分析

根据软件工程的开发基本过程，当提出软件的需求描述后，就需要对相关需求进行分析并给出相关技术方案。现在根据上述罗列的并发聊天系统的核心需求，对其功能性需求进行分析：

- 支持并发聊天：一般来说，在线聊天的用户都是多个，而且可能会同时聊天。因此，为了提高聊天的效率，减少延迟，可以在每个客户端第一次建立连接时为其分配一个专用的信道，类似于专线。
- 支持个性化用户名：一般来说，系统无法直接识别当前用户的用户名，而可以识别一个 IP 和端口号组合的唯一信息作为客户端的标识，但是这个客户端标识对用户来说并不友好。因此，可以在首次使用聊天软件时输入用户名，比如 Jack。这个用户名必须唯一，不能重复，类似于 QQ 软件中的 QQ 号。
- 支持群发和单发：使用过 QQ 的人都知道，QQ 可以建立群聊，也可以进行单独的聊天。这里可以简化处理，在默认情况下，用户登录后发送消息是群发，所有在线用户都可以看到消息，如果消息中有特殊字符，如@Jack，则表明要与用户名为 Jack 的人进行单聊，只有 Jack 的客户端可以收到消息，其他用户不能收到该消息。
- 支持消息持久化到数据库：默认情况下，聊天服务器只是一个应答和中转的服务器，并不存储消息。若想持久化消息，则可将聊天消息保存到数据库中。
- 支持把非活跃用户（超时）踢出的功能：为了防止客户端长时间不使用且不退出而占用服务器连接资源，服务器端可以设置非活跃用户超时时间，超时后自动关闭该客户端。
- 支持系统命令，如查询当前连接数和协程数：可以通过特殊字符（如$SYSCMD$）表示不同的系统命令。系统命令可以从聊天服务器获取当前的连接数和协程数，方便进行性能分析以及协程泄漏检测等。

- 客户端有可视化界面：聊天软件除了需要服务器外，还需要客户端。用户对客户端的操作感受会直接影响到对整个聊天软件的评价。对于一般用户而言，他们更容易接受的是可视化界面，比如类似QQ客户端程序。

12.3 技术选型

开发软件最重要的就是准确获取需求，但是这个环节很难，有时候客户也无法准确表达需求。非功能性需求（例如技术需求）相当于一把标尺，把不适用业务场景的技术排除在外。

技术选型需要考虑到软件的非功能性需求，一般是根据业务需求和行业特性来决定的，如金融行业，对正确性、稳定性、安全性等要求高，而互联网行业则要求快速迭代，性能高。

上面给出的并发聊天非功能性需求中提到代码简洁、易维护，这对于任何一个企业软件来说都是至关重要的，甚至比性能有时候还重要一点。对于一个复杂的软件，随着功能的升级，代码量越来越大，多人协作，如果没有一定的编码规范以及注释，后期如果人员离职，就很可能导致若干代码无法维护，或者维护代价极大。因此，在进行技术选型时，需要结合软件的需求以及所属行业进行综合考虑。

聊天软件需要借助网络，同时对性能要求也较高，并且要求代码简洁、易维护。Go 语言最近发展很迅速，号称 21 世纪的 C 语言，非常适合网络服务且性能也很高。Go 语言代码简洁且从语法层面对代码规范做了约束，不同开发人员编写的代码一致性比较高，可读性强，再配合注释以及文档，即可很好地降低代码维护难度。因此，服务器采用的编程语言为 Go 语言。

注 意

C 语言或 C++性能上可能比 Go 语言高，但是开发的难度比 Go 语言要大很多，而且代码的可读性比 Go 语言低。

关于软件操作简单，更多的还是强调聊天客户端软件的可视化，且界面操作简单。对于客户端，如果考虑跨平台，就可以选用 Qt 语言。Qt 是由 Qt Company 开发的跨平台 C++图形用户界面应用程序开发框架，既可以开发 GUI 程序，也可以开发非 GUI 程序。当然，也可以用 H5 技术开发跨平台的界面，选用 Web 形式。

这里我们不考虑跨平台的问题，否则要同时实现 PC 端和手机端（iOS 和 Android），开发工作量太大。这里我们只考虑兼容 Windows 操作系统。可以用 C#语言开发 WinForm 程序，这种技术已经非常成熟，且开发用户界面（UI）的速度很快。

另外，聊天消息持久化到数据库的需求，可以选择开源免费的数据库。MySQL 就是一个很好的选择。MySQL 可以说是当前最流行的关系型数据库管理系统之一，尤其是在 Web 应用方面。国内外很多互联网企业一开始都是将它作为首选数据库。

MySQL 所使用的 SQL 语言是用于访问数据库的常用标准化语言。MySQL 软件采用了双授权政策，分为社区版和商业版，由于其体积小、速度快、总体拥有成本低，尤其是开放源码这一特点，一般中小型网站的开发都选择 MySQL 作为 Web 数据库。

12.4 架　构

架构是软件架构的简称，是有关软件整体结构与组件的抽象描述，用于指导软件系统各个方面的设计。当软件规模较大时，通过架构图的设计可以从宏观上掌握软件的整体与部件的构成关系。软件架构图类似于建筑设计图，通过把它的各部件有机地进行耦合，构成一个整体。一般来说，软件架构设计要达到如下目标：

- 可靠性（Reliable）：对于软件的运营以及为客户提供服务来说极为重要，因此软件系统上线前要进行大量测试，尽量保证可靠性。如果考虑到单台服务器宕机，怎么样可以继续提供服务，对于用户无感，就需要借助高可用的架构设计。当某台机器宕机后，可以迅速、自动切换到备用服务器上来提供服务。
- 可伸缩性（Scalable）：软件必须能够在用户数增加很快的情况下保持合理的性能。只有这样，才能快速适应市场的不断扩展。当用户增长到一定量后，可以考虑采用分布式架构，通过负载均衡等技术来分摊用户增长带来的服务器压力。
- 可扩展性（Extensible）：在新技术出现或者新需求出现后，软件可以对现有系统进行功能和性能的扩展。
- 可维护性（Maintainable）：软件系统的维护包括两方面，一是排除现有的错误，二是将新的软件需求反映到现有系统中去。一个易于维护的系统可以有效地降低技术支持的花费。
- 客户体验（Customer Experience）：软件系统必须易于使用。
- 个性化定制（Customizable）：同样的一套软件，可以根据客户的不同需求进行个性化。当然，真正实现完全个性化对于技术要求很高。
- 安全性（Secure）：软件系统中的数据有时候价值极高，需要根据情况来保证敏感数据的安全性。

以上这些是软件架构追求的目标，但是真正能够完全满足上述全部目标的软件架构屈指可数。下面给出并发聊天系统的网络架构图，如图 12.1 所示。

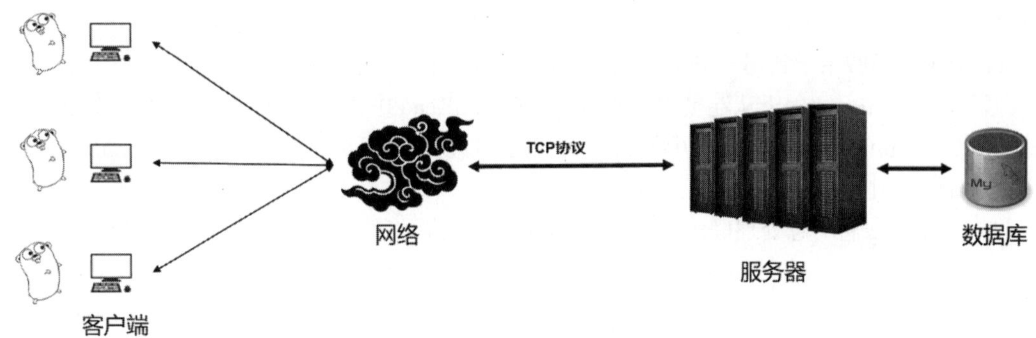

图 12.1　并发聊天系统的网络架构图

从图 12.1 可知，整个并发聊天系统是基于网络的，通过 TCP 协议进行通信。每个用户用聊天客户端与聊天服务器进行通信。同时聊天服务器可以将数据持久化到数据库中。这个数据库可以单独用一个服务器来提供服务，也可以与聊天服务器共享同一个服务器。

一般来说，软件开发需要将相关代码拆分到不同的模块或者文件中，以方便维护。不同模块或者函数的有机组合就组成了软件系统。下面给出聊天服务器的内部逻辑架构图，如图 12.2 所示。

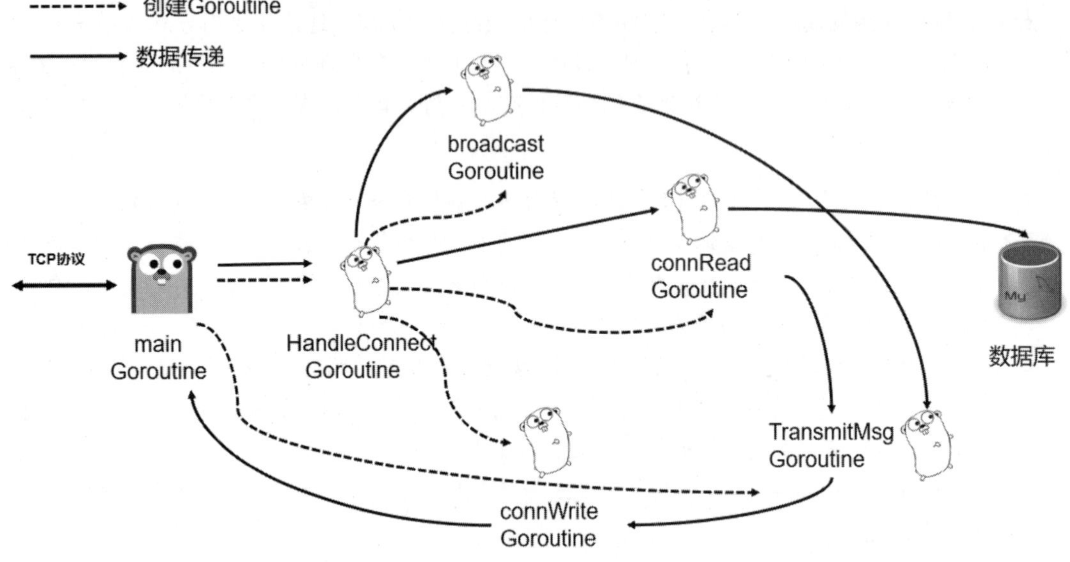

图 12.2 并发聊天服务器内部逻辑的架构图

在图 12.2 中，虚线箭头代表前一个函数创建一个新的协程（Goroutine），实线箭头代表数据传递。例如，主协程（main Goroutine）后面有一个虚线箭头，指向 HandleConnect 这个函数，就代表在 main 函数中用 go HandleConnect 创建了一个新的协程来处理客户端请求，每个客户端都会开启一个新的协程用于实现并发通信。同时，主协程开启一个新的传送信息协程（TransmitMsg Goroutine）用于对消息的分发和处理。

处理连接协程（HandleConnect Goroutine）中有 3 个虚线箭头，分别指向广播协程（broadcast Goroutine）、连接读协程（connRead Goroutine）和连接写协程（connWrite Goroutine），表示在处理连接（HandleConnect）中分别用 go broadcast、go connRead 和 go connWrite 开启了 3 个协程进行并发处理。

broadcast 函数用于新用户登录系统后进行广播，会循环遍历全局用户列表，逐个通过信道进行数据传输。connRead 用于从连接中读取信息，在 connRead 中将接收到的消息转发到 TransmitMsg 协程上。TransmitMsg 会根据消息中的关键字有无@以及$$来区分群发和单发等。connRead 中会将读到的数据持久化到数据库中。

TransmitMsg 将消息处理好，最终通过 connWrite 协程将数据写回到连接上，即返回到客户端。

12.5　代码分析

根据并发聊天服务器内部逻辑的架构图，给出该软件系统的目录结构，如图 12.3 所示。

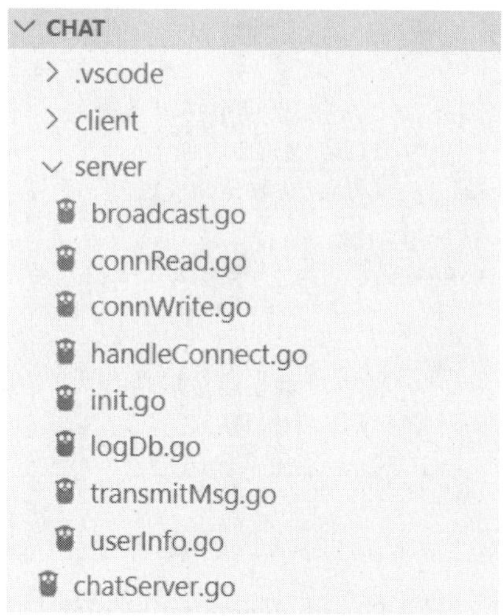

图 12.3　并发聊天服务器程序的目录结构

从图 12.3 可以看出，不少文件都是和逻辑图上的函数对应的，比如 handleConnect.go 对应 HandleConnect 协程、broadcast.go 对应 broadcast 协程、connRead.go 对应 connRead 协程、connWrite.go 对应 connWrite 协程、transmitMsg.go 对应 transmitMsg 协程。另外，logDb.go 对应数据库持久化。

下面分别对这些服务器端的程序代码进行分析，首先给出并发聊天服务器的启动文件，具体的代码可参考示例程序 12-1。

示例程序 12-1　并发聊天服务器启动文件：chapter12\chat\server\chatServer.go

```
package main
import (
  "flag"
  "fmt"
  "net"
  "strconv"
  "time"
  "github.com/fatih/color"
  "go.introduce/chapter12/chat/server"
)
var ccS = color.New(color.FgGreen, color.Bold)    //绿色
var ccF = color.New(color.FgRed, color.Bold)      //红色
// go run .\chatServer.go -port 8000
func main() {
  port := flag.Int("port", 7777, "设置服务器端口")
  flag.Parse()
```

```
17      fmt.Printf("◆ 服务器正在[:%s]启动...\n", strconv.Itoa(*port))
18      listener, err := net.Listen("tcp", "127.0.0.1:"+strconv.Itoa(*port))
19      if err != nil {
20          ccF.Println("服务器启动失败:", err)
21          return
22      }
23      //启动一个新协程监听消息
24      go server.TransmitMsg()
25      ccS.Println("◆ 已成功启动,正等待客户端连接......")
26      for {
27          //不停顿直接循环 1000，如果集中并发量很大，可能直接崩溃
28          time.Sleep(20 * time.Millisecond)
29          conn, err := listener.Accept()
30          if err != nil {
31              ccF.Println("接受客户端连接失败:", err)
32              return
33          }
34          ccS.Printf("[%v]的客户端已连接成功\n", conn.RemoteAddr())
35          //并发聊天，一个客户端一个协程
36          go server.HandleConnect(conn)
37      }
38  }
```

在示例程序 12-1 中，第 08 行导入的 github.com/fatih/color 是第三方包，需要提前安装。如果执行 go get -u github.com/fatih/color 命令自动安装而失败了，则可以手动下载该程序，并解压到源代码目录中，再执行 go install github.com/fatih/color 命令进行手动安装。这个包的作用是可以在控制台打印的时候使用不同的颜色，比如错误用红色、成功用绿色等。var ccF = color.New(color.FgRed, color.Bold)语句定义了一个红色的字体，且颜色加粗。

第 15 行 flag.Int("port", 7777, "设置服务器端口")语句用于命令行参数的解析，默认服务器端口为 7777，但是用户可以通过 go run chatServer.go -port 8000 命令把启动端口号修改为 8000。可用 net.Listen("tcp", "127.0.0.1:"+strconv.Itoa(*port))语句开启服务器对客户端的 TCP 监听。

第 26~37 行在 for 循环中用 conn, err := listener.Accept()语句不停地监听客户端请求，listener.Accept()在未接收请求之前是阻塞的，一旦监听到客户端的 TCP 请求，成功建立连接后就会开辟出一个连接 conn，并用 go server.HandleConnect(conn)命令为每个客户端卡开启一个新的协程进行处理，也就是并发处理客户端的请求。

并发聊天服务器端的程序绝大部分处于 server 包中，除了启动程序属于 main 包之外。server 包中包内了全局变量，可以在包内的不同文件中进行访问。下面给出定义全局变量的示例文件，具体的代码可参考示例程序 12-2。

示例程序 12-2　全局变量的定义：chapter12\chat\server\init.go

```
package server
import "github.com/fatih/color"
//全局信道，处理从各个客户端读到的消息
var message = make(chan []byte)
//用于存储在线用户信息
var onlineUsers = make(map[string]userInfo)
```

```
07    var ccS = color.New(color.FgGreen, color.Bold) //绿色
08    var ccF = color.New(color.FgRed, color.Bold)   //红色
```

在示例程序 12-2 中，第 04 行定义了 message 信道，用于聊天数据在不同的协程间传输，处理从各个客户端读到的消息。第 06 行定义了一个 onlineUsers，用于存储在线用户信息。它是一个 map 类型，键的类型是 string，用于存储客户端的地址信息，即 conn.RemoteAddr().String()的值，而值的类型是自定义的结构体类型 userInfo，代表当前客户端用户信息的封装。第 07 行的 ccS 和 08 行的 ccF 定义了两个全局的带颜色的控制台打印对象。

onlineUsers 这个全局变量中用到了结构体类型 userInfo。下面给出自定义 userInfo 类型的示例程序，具体的代码可参考示例程序 12-3。

示例程序 12-3　结构体 userInfo：chapter12\chat\server\ userInfo .go

```
package server
//userInfo 用于存储用户信息
type userInfo struct {
  name    string
  perC    chan []byte
  AddUser chan []byte //广播用户进入或退出
}
```

在示例程序 12-3 中，结构体 userInfo 中有 3 个字段，其中 string 类型的 name 代表客户端用户名，perC 是一个信道，可以传输的数据类型是[]byte，这也是默认连接 net.Conn 对象读取和写入的数据类型，二者是匹配的。每个客户端除了新用户上线的消息通知外，其他消息传输都是通过信道 perC 完成的。与此对应的信道 AddUser 用于新用户登录或者用户退出时的消息传递。

前面说到，并发聊天服务器在成功启动后会一直监听客户端的 TCP 请求，一旦建立连接，就会分别为每个客户端创建一个新的 HandleConnect 协程来处理请求。下面给出 HandleConnect 示例程序，具体的代码可参考示例程序 12-4。

示例程序 12-4　客户端请求处理程序：chapter12\chat\server\handleConnect.go

```
package server
import (
  "net"
  "time"
)
//HandleConnect 处理客户端请求
func HandleConnect(conn net.Conn) {
  defer conn.Close()
  //信道 overTime 用于超时处理
  overTime := make(chan bool)
  bufUName := make([]byte, 4096)
  n, err := conn.Read(bufUName) //读取用户名
  if err != nil {
      ccF.Println("连接读取失败:", err)
      return
  }
  userName := string(bufUName[:n])
  perC := make(chan []byte)
```

```
19     perAddUser := make(chan []byte)
20     //!!!未判断用户名重复问题
21     user := userInfo{name: userName, perC: perC, AddUser: perAddUser}
22     onlineUsers[conn.RemoteAddr().String()] = user
23     //新客户端连接后广播
24     go broadcast(userName)
25     //监听客户端自己的信道，conn 是每个客户端独有的
26     go connWrite(conn, user)
27     //循环读取客户端发来的消息
28     go connRead(conn, overTime)
29     for {
30         select {
31         case <-overTime:
32         case <-time.After(time.Second * 300):
33             _, _ = conn.Write([]byte("已被系统踢出\n"))
34             thisUser := onlineUsers[conn.RemoteAddr().String()].name
35             for _, v := range onlineUsers {
36                 if thisUser != "" {
37                     v.AddUser <- []byte("用户[" + thisUser + "]已被踢出\n")
38                 }
39             }
40             delete(onlineUsers, conn.RemoteAddr().String())
41             return
42         }
43     }
44 }
```

在示例程序 12-4 中，第 10 行的 overTime := make(chan bool)语句创建的信道 overTime 用于非活跃用户的超时处理，即会被后台服务器自动踢出，并从 onlineUsers 全局用户列表中删除该用户的信息。

用户发出 TCP 请求后，客户端首先需要输入自己的用户名，比如 Jack，此时服务器会将接收到的用户名 Jack 存储到变量 userName 中，并实例化一个 userInfo 类型的用户实例 user，然后加入到 onlineUsers 中。

第 24 行 go broadcast(userName)开启广播机制，通知 onlineUsers 中的用户有一个名为 userName 的用户已加入聊天室。广播 broadcast 的逻辑处理非常简单，具体的代码可参考示例程序 12-5。

示例程序 12-5　新用户上线后广播：chapter12\chat\server\broadcast.go

```
package server
func broadcast(userName string) {
    for _, v := range onlineUsers {
        v.AddUser <- []byte("用户[" + userName + "]已加入聊天室\n")
    }
}
```

在示例程序 12-5 中，通过 for range 循环遍历在线用户列表 onlineUsers，并通过信道 AddUser 通知每个在线用户。

注　意

在 Go 语言中，map 对象不是线程安全的，因此多个协程并发访问 onlineUsers 可能有问题。

在 HandleConnect 协程中，还会执行 go connRead(conn, overTime)命令调用 connRead 函数读取每个客户端连接 conn 的消息，具体的代码可参考示例程序 12-6。

示例程序 12-6　客户端读取消息：chapter12\chat\server\ connRead.go

```
package server
import "net"
func connRead(conn net.Conn, overTime chan bool) {
   buf := make([]byte, 4096)
   for {
       n, err := conn.Read(buf)
       //与服务器通信的客户端用户名
       thisUser := onlineUsers[conn.RemoteAddr().String()].name
       if n == 0 {
           for _, v := range onlineUsers {
               if thisUser != "" {
                   v.AddUser <- []byte("用户[" + thisUser + "]已退出\n")
               }
           }
           delete(onlineUsers, conn.RemoteAddr().String())
           return
       }
       if err != nil {
           ccF.Println("连接读取失败:", err)
           return
       }
       //处理消息内容
       var msg []byte
       //不等于"\n"
       if buf[0] != 10 {
           //控制台客户端: buf[n-1]->13,buf[n]->10
           //ccF.Println("buf[:n]:", buf[:n])
           //buf[:n-2]去除\n 换行符 10 和 enter 回车符 13
           msg = append([]byte("["+thisUser+"]说>:"), buf[:n-2]...)
       } else {
           msg = nil
       }
       //发送消息到信道
       overTime <- true
       message <- msg
       LogToDb(string(msg), thisUser)
   }
}
```

在示例程序 12-6 中，对每个客户端连接 conn 进行消息读取是一个无限循环，需要一直读取。conn.Read 方法可以用 conn.SetReadDeadline 设置读取的超时时间。当 conn.Read 返回 0 字节时，表示等待的一方已经正常关闭了 TCP 连接。

conn.Read 并不是阻塞的，但是可以通过往信道中写入数据进入阻塞状态，直到有其他协程进行读取。一般来说，conn.Read 在 TCP 连接上返回 0 通常说明客户端已经关闭了连接。此时可以通知在线的其他用户，该用户已退出。第 36 行的 LogToDb(string(msg), thisUser)语句调用了一个将聊天消息持久化到数据库的方法。

注　意

conn.Read 可能会从控制台读取数据，此时末尾有 2 个特殊字符，比如\n 和回车符，它们对应的字节值分别是 10 和 13。因此，第 29 行用 buf[:n-2]剔除了后两个字节。这会导致一个问题，即如果后面没有\n 和回车符，则实际的消息可能不完整。

等服务器对接收到的数据进行处理后，需要通知到客户端，可以通过 conn.Write 写入消息数据，这样客户端就可以接收到写入的消息并显示。当然我们可以调用 conn.SetWriteDeadline 方法来设置写入超时。connWrite 中的具体代码可参考示例程序 12-7。

示例程序 12-7　客户端写入：chapter12\chat\server\connWrite.go

```
package server
import "net"
func connWrite(conn net.Conn, user userInfo) {
   for {
        select {
        case msg1 := <-user.AddUser:
             _, _ = conn.Write(msg1)
        case msg2 := <-user.perC:
             _, _ = conn.Write(msg2)
        }
   }
}
```

在示例程序 12-7 中，connWrite 函数接收 2 个参数，一个是客户端连接 conn；另一个是需要发送消息的用户 userInfo。函数体内是一个 for 循环，用 select 来监听信道 user.AddUser 和 user.perC 上的消息。如果有多个满足条件的信道消息，就会随机选择一条来执行。

在示例程序 12-6 中的第 36 行使用 LogToDb 方法将聊天消息持久化到数据库中，下面给出该方法的示例，具体的代码可参考示例程序 12-8。

示例程序 12-8　消息数据库写入：chapter12\chat\server\ LogToDb.go

```
package server
import (
   "database/sql"
   "fmt"
   "time"
   _ "github.com/go-sql-driver/mysql"
)
var MysqlDb *sql.DB
var dbErr error
const (
```

```
    USER_NAME = "root"
    PASS_WORD = "root"
    HOST      = "localhost"
    PORT      = "3306"
    DATABASE  = "go_chat"
    CHARSET   = "utf8"
)
func init() {
    dbDSN := fmt.Sprintf("%s:%s@tcp(%s:%s)/%s?charset=%s", USER_NAME, PASS_WORD, HOST, PORT, DATABASE, CHARSET)
    //如写成 MysqlDb, err := sql.Open("mysql", dbDSN)，则全局变量 MysqlDb 的值可能是 nil
    MysqlDb, dbErr = sql.Open("mysql", dbDSN)
    //defer MysqlDb.Close();
    if dbErr != nil {
        fmt.Println("Mysql Open:", dbErr)
    }
    MysqlDb.SetMaxOpenConns(50)
    MysqlDb.SetMaxIdleConns(10)
    MysqlDb.SetConnMaxLifetime(30 * time.Second)
    //Ping 确定连接是否可用
    if dbErr = MysqlDb.Ping(); dbErr != nil {
        panic("Mysql 数据库连接失败: " + dbErr.Error())
    }
}
//LogToDb 插入数据到数据库
func LogToDb(msg string, address string) int64 {
    defer func() {
        if err := recover(); err != nil {
            fmt.Println("LogToDb:", err)
        }
    }()
    //可以进行增/删/改操作(query string, args ...interface{})
    //MysqlDb 可能是 nil
    ret, err := MysqlDb.Exec("insert into chat_logs (message,address) values(?,?)", msg, address)
    if err != nil {
        fmt.Println("LogToDb 错误:", err)
        return -1
    }
    rows, _ := ret.RowsAffected()
    return rows
}
```

在示例程序 12-8 中，注意一下导入的包 database/sql 和 github.com/go-sql-driver/mysql。database/sql 是标准库中的包，提供了保证 SQL 或类 SQL 数据库的通用接口。使用 database/sql 包时必须注入至少一个数据库驱动，而 github.com/go-sql-driver/mysql 是 Go 语言实现的 MySQL 数据库驱动库。使用的时候，一般我们调用驱动库的 init 方法注册驱动即可，因此导入的时候前面用_符号。

一般来说，数据库的连接会涉及 IP 地址（HOST）、端口（PORT）、数据库名（DATABASE）、用户名（USER_NAME）以及密码（PASS_WORD）等信息，第 10~17 行定义了相关变量。

fmt.Sprintf 可以当作格式化模板数据，用变量替换模板中的占位符。MysqlDb, dbErr = sql.Open("mysql", dbDSN)语句可以打开一个 mysql 的数据库连接，数据库对象为 MysqlDb。第 30 行用 MysqlDb.Ping()方法确认该数据库是否可用。

SetMaxOpenConns、SetMaxIdleConns 和 SetConnMaxLifetime 可以对数据库连接的一些参数进行设置，用于调优性能。MysqlDb.Exec 方法可以执行非查询的 SQL，它支持 SQL 占位符，可以在一定程度上防止 SQL 注入。Exec 方法的第一个参数是 string 类型的 SQL；第二个参数类型是 args ...interface{}，可以用于传入任意数量、任意类型的值。

前面提到，并发聊天服务器支持群发和单发，同时支持用系统命令查询当前的连接 conn 数量以及协程数量。下面给出 TransmitMsg 的示例程序，具体的代码可参考示例程序 12-9。

示例程序 12-9　消息转发处理：chapter12\chat\server\TransmitMsg.go

```
package server
import (
   "fmt"
   "runtime"
   "strconv"
   "strings"
)
//监听全局信道 message，并转发数据
func TransmitMsg() {
   defer func() {
       if err := recover(); err != nil {
           fmt.Println("TransmitMsg:", err)
       }
   }()
   for {
       select {
       case msg := <-message:
           strMsg := string(msg)
           ccF.Println(strMsg)
           //群发，消息中没有@符号
           if !strings.Contains(strMsg, "@") {
               if strings.Contains(strMsg, "$NUMGO$") {
                   //获取 NumGoroutine
                   arr2 := strings.Split(strMsg, "]说>:")
                   if len(arr2) == 2 {
                       sender := strings.TrimLeft(arr2[0], "[")
                       for _, v := range onlineUsers {
                           if v.name == strings.Trim(sender, " ") {
                               v.perC <- []byte("NumGoroutine:" +
                           strconv.Itoa(runtime.NumGoroutine()) + "\n")
                               break
                           }
                       }
                   }
```

```
            } else if strings.Contains(strMsg, "$NUMCONN$") {
                //获取 CONNECTION 数量
                ccF.Println("$NUMCONN$")
                arr2 := strings.Split(strMsg, "]说>:")
                if len(arr2) == 2 {
                    sender := strings.TrimLeft(arr2[0], "[")
                    for _, v := range onlineUsers {
                        if v.name == strings.Trim(sender, " ") {
                            v.perC <- []byte("NumConn:" +
                             strconv.Itoa(len(onlineUsers)) + "\n")
                            break
                        }
                    }
                }
            } else {
                arr2 := strings.Split(strMsg, "]说>:")
                if len(arr2) == 2 {
                    sender := strings.TrimLeft(arr2[0], "[")
                    for _, v := range onlineUsers {
                        if v.name == strings.Trim(sender, " ") {
                            v.perC <- []byte("群发成功\n")
                        } else {
                            v.perC <- append(msg, []byte("\n")...)
                        }
                    }
                }
            }
        } else if strings.Contains(strMsg, "@") {
            //单发 hello world@username
            arr := strings.Split(strMsg, "@")
            if len(arr) == 2 {
                arr2 := strings.Split(arr[0], "]说>:")
                //fmt.Println(arr2)
                if len(arr2) == 2 {
                    sender := strings.TrimLeft(arr2[0], "[")
                    for _, v := range onlineUsers {
                        if v.name == strings.Trim(arr[1], " ") {
                            v.perC <- []byte(arr[0] + "\n")
                        } else if v.name == strings.Trim(sender," ") {
                            v.perC <- []byte("单发成功\n")
                        } else {
                            //v.perC <- []byte("******\n")
                        }
                    }
                }
            }
        } else {
            ccF.Println("未识别消息")
        }
    }
```

```
        }
    }
```

在示例程序 12-9 中，TransmitMsg 函数中通过 for 循环配合 select...case 对信道 message 数据不断进行监听，一旦信道中有消息可以读取，就会读取到。读取到的数据格式是[]byte，这里转换成 string 类型，以便对消息中的字符进行解析。

用 strings.Contains(strMsg, "@")来判断传递的文本消息是否包含特殊字符，如果包含@符号，那么@后表示用户名，也就是单发，程序会循环遍历在线用户名，然后匹配@的用户名与在线用户名一致的用户，并将消息发送到对应用户的 perC 信道上，然后 connWrite 会将它写回客户端。类似的，如果当前用户是发送者，就将消息“单发成功\n”发送到自身的 perC 信道上，然后 connWrite 会将它写回客户端。

如果不带@，则表示群发。群发逻辑相对简单，循环遍历在线用户，并将消息发送到每个用户的 perC 信道上，然后 connWrite 会将它写回客户端。

如果消息中不带@符号且有$NUMGO$，则表示调用系统命令，若要查看协程的数量，则用 runtime.NumGoroutine()返回即可。当客户端发送$NUMCONN$时，也表示调用系统命令，若要查看连接 conn 的数量，则可用 len(onlineUsers)返回在线人数。

注　意

这里可以用$NUMCONN$和$NUMGO$两个系统命令辅助进行协程泄漏检测。假如连接数量先增长再降低，而协程不是相应地先增长再降低，而是一直增长，就很可能发生了协程泄漏。

在 chat 目录中还有一个 client 目录，里面有一个 Go 语言开发的聊天控制台客户端，示例文件为 chatClient.go，这里不再赘述。要开启并发聊天服务器，在 chat 目录中打开命令行窗口，执行 go run chatServer.go -port 7777 命令即可在端口 7777 上开启服务器。

在 chat\client 目录中，打开 3 个命令行窗口，分别执行如下命令来模拟 3 个客户端：

- CMD 窗口 1：go run chatClient.go -uname jack。
- CMD 窗口 2：go run chatClient.go -uname zhangsan。
- CMD 窗口 3：go run chatClient.go -uname lisi。

-uname jack 表示登录聊天的用户其名为 jack，之后就可以用@jack 和他进行单聊。关于控制台聊天的示例界面如图 12.4 所示。

至此，并发聊天系统的服务器程序搭建完成。下面给出并发聊天系统的可视化客户端程序的开发，这里选用 Visual Studio 2017 社区版（免费）来开发 WinForm 界面。在 Visual Studio 2017 开发工具中的客户端程序如图 12.5 所示。

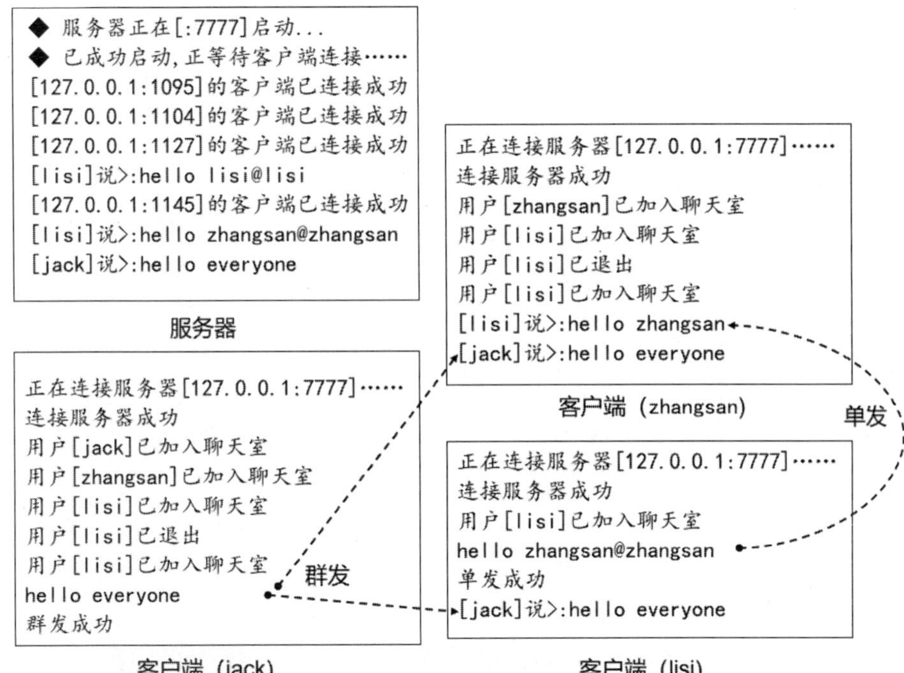

图 12.4　并发聊天控制台

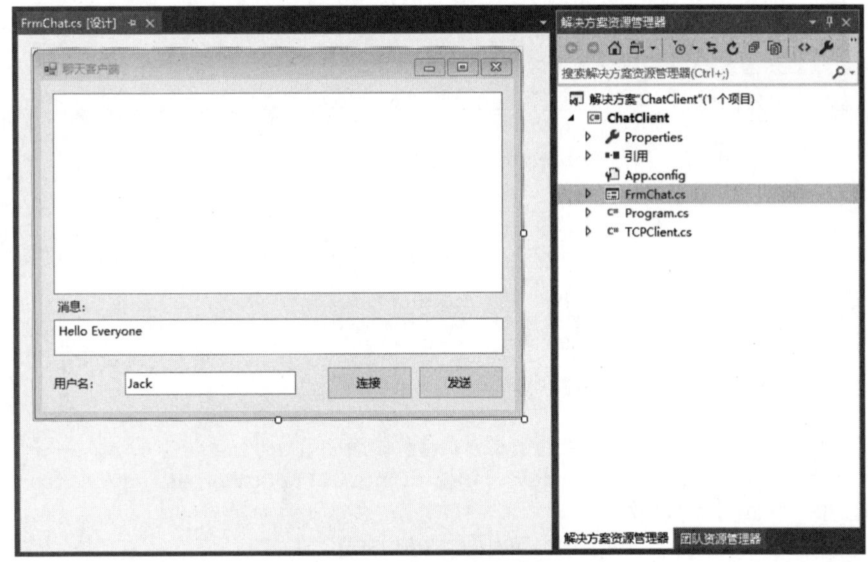

图 12.5　聊天客户端程序

其中有两个核心的文件，一个是 TCPClient.cs 文件，另一个是界面 UI 对应的文件 FrmChat.cs。下面是 TCPClient.cs 示例程序，具体的代码可参考示例程序 12-10。

示例程序 12-10　TCPClient：chapter12\ChatClient\ChatClient\TCPClient.cs

```
using System;
using System.Collections.Generic;
using System.Linq;
```

```
using System.Net;
using System.Net.Sockets;
using System.Text;
using System.Threading.Tasks;
namespace ChatClient
{
    class TCPClient
    {
        private Socket _ClientSocket;
        private IPEndPoint SeverEndPoint;
        public TCPClient(int PORT=7777)
        {
            //服务器通信地址
            SeverEndPoint = new IPEndPoint(IPAddress.Parse("127.0.0.1"),
             PORT);
            //建立客户端 Socket
            _ClientSocket = new Socket(AddressFamily.InterNetwork,
             SocketType.Stream, ProtocolType.Tcp);
            try
            {
                _ClientSocket.Connect(SeverEndPoint);
                Console.WriteLine("连接服务器端成功！");
            }
            catch (Exception ex)
            {
                Console.WriteLine(ex.Message);
            }
        }
        public void SendMsg(string strMsg)
        {
            //注意：服务会将消息自动移除 2 个字节
            Byte[] byeArray = Encoding.UTF8.GetBytes(strMsg+"\r\n");
            //发送数据
            _ClientSocket.Send(byeArray);
        }
        public void Login(string userName)
        {
            //注意：服务会将消息自动移除 2 个字节
            Byte[] byeArray = Encoding.UTF8.GetBytes(userName);
            //发送数据
            _ClientSocket.Send(byeArray);
        }
        public string GetMsg()
        {
            byte[] data = new byte[1024];
            //传递一个 byte 数组，用于接收数据
            int length = _ClientSocket.Receive(data);
            string message = Encoding.UTF8.GetString(data, 0, length);
            return message;
        }
```

```
        public void Close()
        {
            //关闭连接
            _ClientSocket.Shutdown(SocketShutdown.Both);
            //清理连接资源
            _ClientSocket.Close();
        }
    }
}
```

在示例程序 12-10 中，using System.Net.Sockets 和 using System.Net 语句相当于导入 Go 语言中的包，从而可以使用.NET 框架下的网络和 Socket 对象。new Socket(AddressFamily.InterNetwork, SocketType.Stream, ProtocolType.Tcp)实例化一个 ClientSocket 对象，并通过_ClientSocket.Connect (SeverEndPoint)与服务器通信，建立连接。

连接一旦建立，就可以通过_ClientSocket.Send(byeArray)进行数据发送，通过_ClientSocket.Receive 接收数据。当客户端退出时，要用_ClientSocket.Shutdown 和_ClientSocket. Close()来关闭和清理连接资源。

注　意

客户端在往服务器发送数据时，会在消息 strMsg 后追加"\r\n"，这是由于服务器在接收到消息后会暴力移除末尾 2 个字节。

最后，给出用户界面 FrmChat 窗体的逻辑处理代码（还有一个设计资源代码）。它主要用于处理界面上的按钮单击事件等逻辑，具体的代码可参考示例程序 12-11。

示例程序 12-11　FrmChat 窗体：chapter12\ChatClient\ChatClient\FrmChat.cs

```
using System;
using System.Collections.Generic;
using System.ComponentModel;
using System.Data;
using System.Drawing;
using System.Linq;
using System.Text;
using System.Threading;
using System.Threading.Tasks;
using System.Windows.Forms;
namespace ChatClient
{
    public partial class FrmChat : Form
    {
        public FrmChat()
        {
            InitializeComponent();
        }
        System.Windows.Forms.Timer CheckReceiveTimer = new
         System.Windows.Forms.Timer();
        TCPClient tcpClient;
```

```
        private void FrmChat_Load(object sender, EventArgs e)
        {
            tcpClient = new TCPClient(7777);
            CheckReceiveTimer.Interval = 1000;
            CheckReceiveTimer.Tick += CheckReceiveTimer_Tick;
        }
        private void CheckReceiveTimer_Tick(object sender, EventArgs e)
        {
            try
            {
                ThreadStart thStart = new ThreadStart(Pro);
                  //threadStart 委托
                Thread thread = new Thread(thStart);
                thread.Priority = ThreadPriority.Highest;
                thread.IsBackground = true; //关闭窗体继续执行
                thread.Start();
            }
            catch(Exception ex)
            {
                Console.WriteLine(ex.Message);
            }
        }
        public void Pro()
        {
            string msg = tcpClient.GetMsg();
            if (this.txtLog.InvokeRequired)
            {
                txtLog.Invoke(new Action<TextBox, string>(SetTxtValue),
                  txtLog, msg);
            }
            else
            {
                txtLog.Text +=msg + "\r\n";
            }
        }
        private void SetTxtValue(TextBox txt, string value)
        {
            txt.Text += value+"\r\n";
        }
        private void btnSend_Click(object sender, EventArgs e)
        {
            try
            {
                tcpClient.SendMsg(this.txtMsg.Text);
            }
            catch (Exception ex)
            {
                MessageBox.Show(ex.Message);
            }
        }
```

```
        //用户名登录
        private void btnDial_Click(object sender, EventArgs e)
        {
            try
            {
                tcpClient.Login(this.txtUserName.Text);
                this.txtLog.Text ="["+this.txtUserName.Text+ "]
                  连接成功\r\n";
                CheckReceiveTimer.Enabled = true;
                this.btnDial.Enabled = false;
                this.txtUserName.ReadOnly = true;
            }
            catch (Exception ex)
            {
                MessageBox.Show(ex.Message);
            }
        }
        private void FrmChat_FormClosing(object sender,
         FormClosingEventArgs e)
        {
            tcpClient.Close();
        }
    }
}
```

在示例程序 12-11 中，关于 C#相关的语法和用户界面的开发，已经超出了本书的范围，这里不再赘述。若读者不了解的话，可以单独学习 C#相关知识。运行此程序，会生成一个 ChatClient.exe 可执行文件。我们可以同时打开多个 ChatClient 实例并进行操作。

下面模拟打开 3 个聊天客户端程序的效果。首先在“用户名”文本框中输入当前的用户名，然后单击“连接”按钮。此时会与服务器建立连接，并发送用户名信息。为了防止用户中途修改用户名，可将用户名文本框设置为只读、“连接”按钮设置为禁用。

与服务器连接成功后，在“消息”文本框中输入消息，并单击“发送”按钮。在窗体上设置一个定时器，每隔 1 秒从服务器上读取一次消息并显示到界面上。具体的界面截图如图 12.6 所示。

关于 MySQL 数据库的安装和创建数据库，这里不再多加说明。下面给出创建数据库中 chat_logs 表的 SQL 脚本：

```
CREATE TABLE `go_chat`.`chat_logs` (
  `id` BIGINT NOT NULL auto_increment,
  `message` VARCHAR(1000) NULL,
  `addtime` DATETIME DEFAULT CURRENT_TIMESTAMP ,
  `address` VARCHAR(50) NULL,
  PRIMARY KEY (`id`));
```

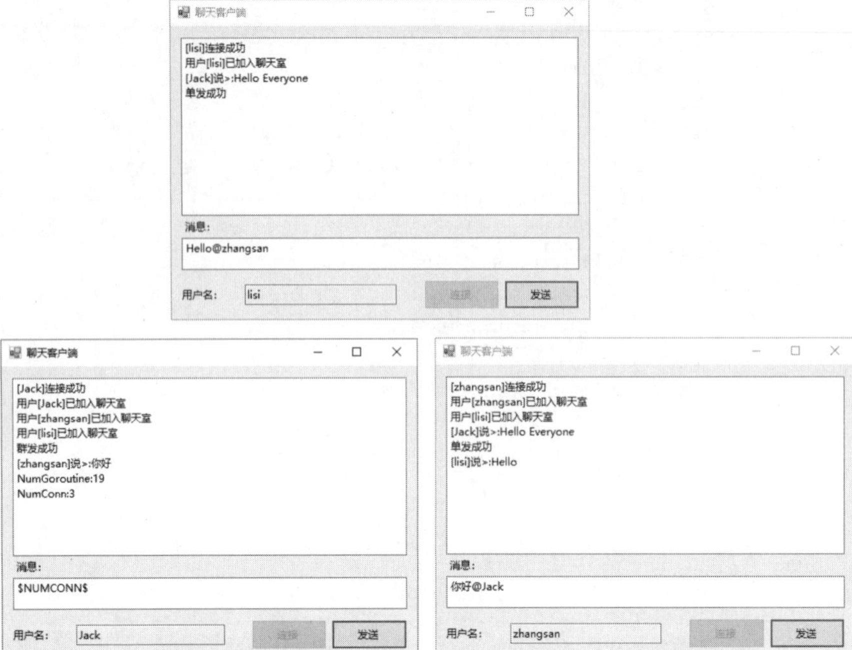

图 12.6　聊天客户端程序

一旦开始聊天，就会在数据库中插入聊天的数据，如图 12.7 所示。

Result Grid | Filter Rows: | Edit: | Export/Import

id	message	addtime	address
1515	[Jack]说>:$NUMCONN$	2020-02-12 14:23:24	Jack
1514	[Jack]说>:$NUMGO$	2020-02-12 14:22:43	Jack
1513	[lisi]说>:Hello@zhangsan	2020-02-12 14:22:10	lisi
1512	[zhangsan]说>:你好@Jack	2020-02-12 14:21:55	zhangsan
1511	[Jack]说>:Hello Everyone	2020-02-12 14:21:32	Jack
1510	[jack]说>:hello everyone	2020-02-12 14:01:03	jack
1509	[lisi]说>:hello zhangsan@zhangsan	2020-02-12 14:00:37	lisi
1508	[lisi]说>:hello lisi@lisi	2020-02-12 14:00:02	lisi

图 12.7　数据库表 chat_logs 查询

注　意

本章的并发聊天程序只是一个简化版的软件，很多细节上还不完善，如错误处理和性能优化等。因此，不能直接用于生产环境。

12.6　小　结

本章是本书的最后一章，以实战并发聊天软件收尾。本章重点介绍了如何用 Go 语言开发并发的聊天系统，其中涉及的内容有 TCP 协议、聊天服务器开发、聊天客户端开发等，并简要介绍了 Go 语言与数据库 MySQL 通信。

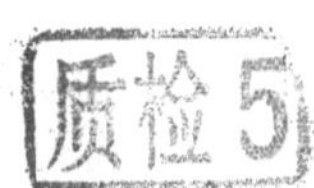